中国农业标准经典收藏系列

最新中国农业行业标准

第七辑

综合分册

农业标准出版研究中心　编

中国农业出版社

图书在版编目（CIP）数据

最新中国农业行业标准．第7辑．综合分册／农业标
准出版研究中心编．—北京：中国农业出版社，2012.1
（中国农业标准经典收藏系列）
ISBN 978-7-109-16173-3

Ⅰ.①最… Ⅱ.①农… Ⅲ.①农业—行业标准—汇编
—中国 Ⅳ.①S-65

中国版本图书馆 CIP 数据核字（2011）第 209692 号

中国农业出版社出版
（北京市朝阳区农展馆北路 2 号）
（邮政编码 100125）
责任编辑 刘 伟 李文宾

北京通州皇家印刷厂印刷 新华书店北京发行所发行
2012 年 1 月第 1 版 2012 年 1 月北京第 1 次印刷

开本：880mm×1230mm 1/16 印张：28.25
字数：901 千字
定价：168.00 元
（凡本版图书出现印刷、装订错误，请向出版社发行部调换）

出　版　说　明

　　2011 年初，我中心出版了《中国农业标准经典收藏系列·最新中国农业行业标准》（共六辑），将 2004—2009 年由我社出版的 1 800 多项标准汇编成册，得到了广大读者的一致好评。无论从阅读方式还是从参考使用上，都给读者带来了很大方便。为了加大农业标准的宣贯力度，扩大标准汇编本的影响，满足和方便读者的需要，我们在总结以往出版经验的基础上策划了《最新中国农业行业标准·第七辑》。

　　以往的汇编本专业细分不够，定价较高，且忽视了专业读者群体。本次汇编弥补了以往的不足，对 2010 年出版的 280 项农业标准进行了专业细分，根据专业不同分为畜牧兽医、水产、种植业、土壤肥料、植保、农机、公告和综合 8 个分册。

　　本书收集整理了 2010 年由农业部发布的农产品加工、能源、技能培训和其他方面的农业行业标准 46 项，并在书后附有 8 个标准公告供参考。

　　特别声明：

　　1. 汇编本着尊重原著的原则，除明显差错外，对标准中涉及的量、符号、单位和编写体例均未做统一改动。

　　2. 从印制工艺的角度考虑，原标准中的彩色部分在此只给出黑白图片。

　　本书可供农业生产人员、标准管理干部和科研人员使用，也可供大中专院校师生参考。

农业标准出版研究中心

2011 年 10 月

目　　录

技能培训类

其他

附录

农产品加工类

ICS 65.120
B 25

中华人民共和国农业行业标准

NY/T 471—2010
代替 NY/T 471—2001

绿色食品 畜禽饲料及饲料
添加剂使用准则

Green food—Guideline for use of feeds and feed
additives in livestock and poultry

2010-05-20 发布

2010-09-01 实施

中华人民共和国农业部 发布

前　言

本标准的附录 A 为规范性附录。

本标准是 NY/T 471—2001《绿色食品　饲料及饲料添加剂使用准则》的修订版。

本标准与 NY/T 471—2001 的主要差异如下：

——增加了生产 AA 级绿色食品　畜禽产品中对饲料及饲料添加剂的要求；

——增加了对饲料及饲料添加剂的卫生要求；

——增加了对绿色食品　畜禽产品的生产、贮存、运输的要求；

——增加了对绿色食品　畜禽产品生产中使用的维生素、常量元素、微量元素、氨基酸、非蛋白氮的要求；

——修订了生产绿色食品不应使用的饲料添加剂品种目录。

本标准由中国绿色食品发展中心提出并归口。

本标准起草单位：中国农业科学院饲料研究所。

本标准主要起草人：刁其玉、屠焰、鞠翠芳。

本标准于 2001 年首次发布，本次为第一次修订。

绿色食品　畜禽饲料及饲料添加剂使用准则

1　范围

本标准规定了生产绿色食品　畜禽产品允许使用的饲料和饲料添加剂的基本要求、使用原则的基本准则。

本标准适用于生产 A 级和 AA 级绿色食品　畜禽产品生产过程中饲料和饲料添加剂的使用。

2　规范性引用文件

下列文件对于本文件的应用是必不可少的。凡是注日期的引用文件,仅注日期的版本适用于本文件。凡是不注日期的引用文件,其最新版本(包括所有的修改单文件)适用于本文件。

GB/T 10647　饲料工业术语

GB 13078　饲料卫生标准

GB/T 16764　配合饲料企业卫生规范

GB/T 19424　天然植物饲料添加剂通则

NY/T 393　绿色食品　农药使用准则

NY/T 915　饲料用水解羽毛粉

中华人民共和国国务院 2001 第 327 号令　《饲料和饲料添加剂管理条例》

中华人民共和国农业部公告第 977 号(2008)　《单一饲料产品目录》

中华人民共和国农业部公告第 1126 号(2008)　《饲料添加剂品种目录》

中华人民共和国农业部公告第 1224 号(2009)　《饲料添加剂安全使用规范》

3　术语和定义

GB/T 10647 确立的以及下列术语和定义适用于本标准。

3.1

天然植物饲料添加剂　natural plant feed additives

以一种或多种天然植物全株或其部分为原料,经物理提取或生物发酵法加工,具有营养、促生长、提高饲料利用率和改善动物产品品质等功效的饲料添加剂。

4　基本要求

4.1　质量要求

4.1.1　饲料和饲料添加剂应符合单一饲料、饲料添加剂、配合饲料、浓缩饲料和添加剂预混合产品质量标准的规定。其中,单一饲料应符合《单一饲料产品目录》的要求。

4.1.2　饲料添加剂和添加剂预混合饲料应来源于有生产许可证的企业,并且具有产品标准及其文号。进口饲料和饲料添加剂应具有进口产品许可证及配套的质量检验手段,并应为经进出口检验检疫部门鉴定合格的产品。

4.1.3　感官要求。具有该饲料应有的色泽、气味及组织形态特征,质地均匀,无发霉、变质、结块、虫蛀及异味、异物。

4.1.4　配合饲料应营养全面,各营养素间相互平衡。

4.2　卫生要求

4.2.1 饲料和饲料添加剂的卫生指标应符合 GB 13078 的规定，且使用中符合 NY/T 393 的要求。

4.2.2 饲料用水解羽毛粉应符合 NY/T 915 的要求。

5 使用原则

5.1 饲料原料

5.1.1 饲料原料可以是已经通过认定的绿色食品；也可以是来源于绿色食品标准化生产基地的产品；或经绿色食品工作机构认定、按照绿色食品生产方式生产、达到绿色食品标准的自建基地生产的产品。

5.1.2 不应使用转基因方法生产的饲料原料。

5.1.3 不应使用以哺乳类动物为原料的动物性饲料产品(不包括乳及乳制品)饲喂反刍动物。

5.1.4 遵循不使用同源动物源性饲料的原则。

5.1.5 不应使用工业合成的油脂。

5.1.6 不应使用畜禽粪便。

5.1.7 生产AA级绿色食品 畜禽产品的饲料原料，除须满足上述要求外，还应满足：

5.1.7.1 不应使用化学合成的生产资料作为饲料原料。

5.1.7.2 原料生产过程应使用有机肥、种植绿肥、作物轮作、生物或物理方法等技术培肥土壤、控制病虫草害、保护或提高产品品质。

5.2 饲料添加剂

5.2.1 饲料添加剂品种应是《饲料添加剂品种目录》中所列的饲料添加剂和允许进口的饲料添加剂品种，或是农业部公布批准使用的饲料添加剂品种，但附录 A 中所列的饲料添加剂品种除外。

5.2.2 饲料添加剂的性质、成分和使用量应符合产品标签。

5.2.3 矿物质饲料添加剂的使用按照营养需要量添加，尽量减少对环境的污染。

5.2.4 不应使用任何药物饲料添加剂。

5.2.5 天然植物饲料添加剂应符合 GB/T 19424 的要求。

5.2.6 化学合成维生素、常量元素、微量元素和氨基酸在饲料中的推荐量以及限量参考《饲料添加剂安全使用规范》的规定。

5.2.7 生产AA级绿色食品 畜禽产品的饲料添加剂，除须满足上述要求外，还不应使用化学合成的饲料添加剂。

5.3 加工、贮存和运输

5.3.1 饲料企业的工厂设计与设施卫生、工厂卫生管理和生产过程的卫生应符合 GB/T 16764 的要求。

5.3.2 在配料和混合生产过程中，严格控制其他物质的污染。

5.3.3 生产绿色食品的饲料和饲料添加剂的加工、贮存、运输全过程都应与非绿色食品饲料严格区分管理。

5.3.4 贮存中不应使用任何化学合成的药物毒害虫鼠。

附　录　A

（规范性附录）

生产绿色食品　畜禽产品不应使用的饲料添加剂品种

种　类	品　种 a	备　注
矿物元素及其络（螯）合物	稀土（铈和镧）壳糖胺螯合盐	
非蛋白氮	尿素、碳酸氢铵、硫酸铵、液氨、磷酸二氢铵、磷酸氢二铵、缩二脲、异丁叉二脲、磷酸脲	反刍动物也不应使用
抗氧化剂	乙氧基喹啉、二丁基羟基甲苯（BHT），丁基羟基茴香醚（BHA）	
防腐剂	苯甲酸、苯甲酸钠	
着色剂	各种人工合成的着色剂	
调味剂和香料	各种人工合成的调味剂和香料	
黏结剂、抗结块剂和稳定剂	羟甲基纤维素钠、聚氧乙烯 20 山梨醇酐单油酸酯、聚丙烯酸钠	
a　本表所列饲料添加剂品种，以及不在《饲料添加剂品种目录》中的饲料添加剂品种均不允许在绿色食品　畜禽产品生产中使用。		

ICS 67.080.20
X 26

中华人民共和国农业行业标准

NY/T 494—2010
代替 NY/T 494—2002

魔 芋 粉

Konjac flour

2010-05-20 发布

2010-09-01 实施

中华人民共和国农业部 发布

前　言

本标准代替 NY/T 494—2002《魔芋粉》。

本标准与 NY/T 494—2002 相比主要变化如下：

——规定了产品的代号、标记。

——调整了原来普通魔芋粉特级、一级、二级和纯化魔芋粉特级、一级的部分指标。在品种上增加了普通魔芋粉三级、四级和纯化魔芋粉二级、三级，并规定了相应的感官要求及理化指标要求；增加了根据应用领域不同而分别采用黏度（N）和葡甘聚糖（P）为强制性指标项目的标记。

——在理化指标中增加了 pH 的测定。

——调整了魔芋粉保存条件与保质期。

本标准附录 A 是规范性附录。

本标准由中华人民共和国农业部种植业管理司提出并归口。

本标准起草单位：西南大学、四川省产品质量监督检验检测院、成都新星成明生物科技有限公司、湖北省十堰花仙子魔芋制品有限公司、成都市圣特蒙魔芋微粉有限责任公司、绵阳都乐魔芋制品有限责任公司、宜昌一致魔芋生物科技有限公司。

本标准主要起草人：张盛林、陈燕、文永勤、黄明发、刘海利、牛义、王启军、彭小明、吴杰、熊伟、彭洪颐、吴平。

本标准所代替标准的历次版本发布情况为：

——NY/T 494—2002。

魔 芋 粉

1 范围

本标准规定了魔芋粉(又称魔芋胶)的术语和定义、分类、要求、试验方法、检验规则、标志标签及包装、运输、贮存。

本标准适用于食用及医药用原料的魔芋粉。

2 规范性引用文件

下列文件中的条款通过本标准的引用而成为本标准的条款。凡是注日期的引用文件,其随后所有的修改单(不包括勘误的内容)或修订版均不适用于本标准,然而,鼓励根据本标准达成协议的各方研究是否可使用这些文件的最新版本。凡是不注日期的引用文件,其最新版本适用于本标准。

GB 191 包装储运图示标志

GB/T 5009.3 食品中水分的测定

GB/T 5009.4 食品中灰分的测定

GB/T 5508 粮食、油料检验 粉类含砂量测定法

GB 7718 预包装食品标签通则

3 术语和定义

下列术语和定义适用于本标准。

3.1

普通魔芋粉 common konjac flour

用魔芋干(包括片、条、角)经物理干法以及鲜魔芋采用粉碎后快速脱水或经食用酒精湿法加工初步去掉淀粉等杂质制得的粒度≤0.425 mm(40目)的颗粒占90%以上的魔芋粉。

3.2

普通魔芋精粉 common konjac fine flour

用魔芋干(包括片、条、角)经物理干法以及鲜魔芋采用粉碎后快速脱水或经食用酒精湿法加工初步去掉淀粉等杂质制得的粒度在0.125 mm~0.425 mm(120目~40目)的颗粒占90%以上的魔芋粉。

3.3

普通魔芋微粉 common konjac particulate flour

用魔芋干(包括片、条、角)经物理干法以及鲜魔芋采用粉碎后快速脱水或经食用酒精湿法加工初步去掉淀粉等杂质制得的粒度≤0.125 mm(120目)的颗粒占90%以上的魔芋粉。

3.4

纯化魔芋粉 purified konjac flour

用鲜魔芋经食用酒精湿法加工或用魔芋精粉经食用酒精提纯到葡甘聚糖含量在70%以上,粒度≤0.425 mm(40目)的颗粒占90%以上的魔芋粉。

3.5

纯化魔芋精粉 purified konjac fine flour

用鲜魔芋经食用酒精湿法加工或用魔芋精粉经食用酒精提纯到葡甘聚糖含量在70%以上,粒度在0.125 mm~0.425 mm(120目~40目)的颗粒占90%以上的魔芋粉。

3.6

纯化魔芋微粉 purified konjac particulate flour

用鲜魔芋经食用酒精湿法加工或用魔芋精粉经食用酒精提纯到葡甘聚糖含量在70%以上，粒度≤0.125 mm(120目)的颗粒占90%以上的魔芋粉。

4 代号与标记

本标准所规定的魔芋粉依其黏度和葡甘聚糖的特性指标可分别应用于不同的领域，以 N(黏度)或 P(葡甘聚糖)标记，分别代表以黏度或葡甘聚糖含量作为魔芋粉质量指标的魔芋粉。若需要可以命名及代号如下：

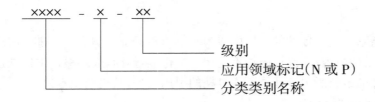

5 要求

5.1 感官指标

感官指标应符合表1要求。

表 1 感官指标

类	别	级别	颜 色	形 状	气 味
普通魔芋粉	普通魔芋精粉	特级	白色，允许有极少量黄色、褐色或黑色颗粒	普通魔芋精粉颗粒状、无结块、无霉变；普通魔芋微粉粉末状，少量颗粒状	允许有魔芋固有的鱼腥气味和极轻微的 SO₂ 气味
		一级	白色，允许有少量黄色、褐色或黑色颗粒		
	普通魔芋微粉	二级	白色或黄色，允许有少量褐色或黑色颗粒		
		三级	黄色或褐色，允许有少量黑色颗粒		
		四级	褐色或黑色		
纯化魔芋粉	纯化魔芋精粉	特级	白色，允许有极少量淡黄色颗粒	纯化魔芋精粉颗粒状、无结块、无霉变；纯化魔芋微粉粉末状，少量颗粒状	允许有极轻微的魔芋固有的鱼腥气味和酒精气味
		一级	白色，允许有少量黄色或褐色颗粒		
		二级	白色或黄色，允许有少量褐色或黑色颗粒		
	纯化魔芋微粉	三级	黄色或褐色，允许有少量黑色颗粒		

5.2 理化指标

理化指标应符合表2要求。

表 2 理化指标

项 目	普通魔芋粉					纯化魔芋粉			
	特级	一级	二级	三级	四级	特级	一级	二级	三级
黏度(4 号转子，12 r/min，30℃)，mPa·s ≥	18 000	14 000	8 000	2 000	—	28 000	23 000	18 000	13 000
葡甘聚糖(以干基计)，% ≥	70	65	60	55	50	85	80	75	70
pH(1%水溶液)	5.0～7.0								
水分，% ≤	11.0	12.0	13.0	14.0	15.0	10.0		11.0	12.0
灰分，% ≤	4.5	4.5	5.0	5.5	6.0	3.0		4.5	
含沙量，% ≤	0.04			0.1	0.2	0.04			
粒度(按定义要求)，% ≥	90								
注：黏度和葡甘聚糖含量两项指标为强制性项目，但在不同的应用领域二者各有侧重，可分别以葡甘聚糖含量或黏度指标作为判断魔芋粉质量的主要指标。									

6 试验方法

6.1 感官检验

颜色、形状检验用肉眼检查,气味用鼻嗅。

6.2 理化指标检验

6.2.1 黏度

6.2.1.1 仪器及用具

NDJ-1型或NDJ-5S型旋转黏度计、恒温水浴槽、感量0.01 g天平、500 mL烧杯、直流调速翼形搅拌器等。

6.2.1.2 测定步骤

量取500 mL 30℃的蒸馏水或去离子水注入500 mL烧杯中,然后将烧杯放入(30±1)℃恒温水浴槽恒温,将直流调速翼形搅拌器放入烧杯中,调整好位置,开启搅拌,调整转速在150 r/min。用感量为0.01 g的天平称取5.00 g待测样品,缓缓加入烧杯中。普通魔芋精粉和纯化魔芋精粉恒温连续搅拌1 h(普通魔芋微粉和纯化魔芋微粉恒温连续搅拌10 min)后,停止搅拌,取出烧杯,马上用4号转子以转速12 r/min进行第一次黏度测定。测定完后将烧杯又放入(30±1)℃恒温水浴槽恒温搅拌。普通魔芋精粉和纯化魔芋精粉每间隔0.5 h重复测定一次(普通魔芋微粉和纯化魔芋微粉每间隔10 min重复测定一次),直至黏度计读数达到最大值并明显开始下降为止。每次测定时应连续读取3个测定值,并计算平均值,以最大平均值计算黏度。

6.2.1.3 结果计算

样品中的黏度 η 按式(1)计算:

$$\eta = K \cdot \theta \quad\cdots\cdots\cdots\cdots\cdots\cdots\cdots\cdots\cdots\cdots\cdots\cdots\cdots\cdots\cdots\cdots\cdots\cdots (1)$$

式中:

η——样品黏度,单位为毫帕斯卡·秒(mPa·s);

K——系数(当采用4号转子12 r/min时,$K=500$);

θ——旋转黏度计指针读数最大平均值。

在重复性条件下,获得的两次独立测定结果的绝对差值不超过1 000 mPa·s。

6.2.2 葡甘聚糖

按附录A规定执行。

6.2.3 pH

6.2.3.1 试样制备

取6.2.1.2条测定黏度的试液。

6.2.3.2 测定

用pH试纸(测量范围:3.8~5.4及5.4~7.0;pH单位刻度:0.5)或酸度计测定。

6.2.4 水分

按GB/T 5009.3规定执行。

6.2.5 灰分

按GB/T 5009.4规定执行。

6.2.6 含沙量

按GB/T 5508规定执行。

6.2.7 粒度检验

称取50 g混合均匀的待检样品(称准至0.01 g),置于按定义要求孔径的分样筛内,盖上分样筛盖并卡紧,连续筛分10 min后,分别称量各级样品质量,并计算其所占样品的百分含量。通过该目数分样筛

的粒度百分数按式(2)计算:

$$粒度含量(\%) = \frac{m_1}{m} \times 100 \quad\text{……………………………} (2)$$

式中:

m_1——符合各级分样筛要求的样品质量,单位为克(g);

m——样品的质量,单位为克(g)。

在重复性条件下,获得的两次独立测定结果的相对值不超过算术平均值的5%。

7 检验规则

7.1 组批

由同一种原料、同一班次生产的同一规格的产品为一批。

7.2 抽样

每批产品随机抽取样品1 000 g,经缩分至500 g,取250 g为检验样,余下250 g为备查样。

7.3 出厂检验

出厂检验项目为:感官、黏度、pH、水分、粒度。

7.4 型式检验

7.4.1 型式检验正常生产情况下,每半年一次。发生下列任一情况亦应进行:

    a) 更改关键工艺;

    b) 长期停产后恢复生产;

    c) 国家质量监督机构提出进行型式检验要求。

7.4.2 型式检验项目

型式检验项目包括本标准要求中的全部项目。

7.5 判定规则

7.5.1 在出厂检验结果中,感官、pH、水分、黏度、粒度等项目有不符合本标准时,应重新自同批产品中按两倍量抽取样本,对不合格项目进行复检。复检结果若仍有一项不合格,则判该批产品为不合格品,可判定降级。

7.5.2 型式检验中,有任何一项不符合本标准要求时,则判该批产品为不合格品。

8 标志、标签

8.1 产品标签上应按GB 7718的有关规定标注:产品名称、类别、等级、净含量、生产企业(或销售企业)名称和地址、生产日期、保质期和产品标准代号。

8.2 产品外包装袋上应标明产品名称、类别、生产企业名称、地址、净含量及等级。

8.3 贮运图示的标志应符合GB 191的有关规定。

9 包装、运输及贮存

9.1 包装

9.1.1 产品内层包装用聚乙烯薄膜袋,外包装采用编织袋、纸箱或复合袋;包装材料应符合相应卫生标准要求。

9.1.2 包装规格分为25 kg/袋(箱)、20 kg/袋(箱)。单件净含量偏差不得超过±1%,检验批平均净含量不得低于标识净含量。

9.2 运输

9.2.1 产品在运输、装卸时应小心轻放,严禁撞击、挤压和日晒雨淋。

9.2.2 运输工具应清洁、卫生，不得与有毒、有害、有腐蚀性和易挥发、有异味的物质混装混运。

9.3 贮存

9.3.1 产品应贮存在干燥、防潮、避光的库房中。最适宜的贮存温度为 20℃以下，相对湿度低于 65%。

9.3.2 产品不得与有毒、有害、有腐蚀性和易挥发、有异味的物质同库贮存。

9.3.3 普通魔芋粉保质期不低于 1.5 年，纯化魔芋粉保质期不低于 2 年。

附　录　A

（规范性附录）

魔芋粉中葡甘聚糖含量测定

A.1　原理

魔芋葡甘聚糖经酸水解后生成 D-甘露糖和 D-葡萄糖两种还原糖,3,5-二硝基水杨酸与还原糖在碱性介质中共沸后被还原成棕红色的氨基化合物,在一定范围内,还原糖的量同反应液的颜色强度呈正比例关系,从而利用分光光度法可测知样品中魔芋葡甘聚糖的含量。

A.2　仪器

分光光度计、电磁搅拌器、4 000 r/min 以上离心机、分析天平、恒温水浴锅、容量瓶(100 mL、25 mL)、刻度吸管(5 mL、2 mL)。

A.3　试剂

A.3.1　显色剂:3,5-二硝基水杨酸溶液。

甲液:溶解 6.9 g 结晶的重蒸馏的苯酚于 15.2 mL 10%氢氧化钠溶液中,并稀释至 69 mL,在此溶液中加入 6.9 g 亚硫酸氢钠。

乙液:称取 225 g 酒石酸钾钠,加入到 300 mL 10%氢氧化钠溶液中,再加入 880 mL 1%3,5-二硝基水杨酸溶液。

将甲液与乙液混合,贮于棕色试剂瓶中。在室温下,放置 7~10 天以后使用。

A.3.2　硫酸溶液(3 mol/L)。

A.3.3　氢氧化钠溶液(6 mol/L)。

A.3.4　0.1 mol/L 甲酸-氢氧化钠缓冲溶液:取 1 mL 甲酸于 250 mL 容量瓶中,加 60 mL 蒸馏水,再称取 0.25 g 氢氧化钠溶解后加入,定容至 250 mL。

A.3.5　葡萄糖标准溶液(1.0 mg/mL):在分析天平上准确称取 0.100 0 g 分析纯葡萄糖(预先在 105℃干燥至恒重),溶于蒸馏水中,定容至 100 mL。

A.4　操作方法

A.4.1　葡萄糖标准曲线

依次移取 0.4 mL、0.8 mL、1.2 mL、1.6 mL、2.0 mL 标准葡萄糖工作液、2.0 mL 蒸馏水于 6 个 25 mL 容量瓶中,加蒸馏水补足至 2 mL,再在每个容量瓶中加入 1.5 mL 3,5-二硝基水杨酸试剂,摇匀后将 6 个容量瓶放在沸水浴中加热 5 min,立即冷却。用蒸馏水定容至刻度,摇匀。用 1 cm 比色皿在 550 nm 处测其吸光度。以蒸馏水显色反应液作空白调零,记录不同浓度葡萄糖工作液的吸光度。以葡萄糖毫克数为横坐标(X),吸光度为纵坐标(Y),绘制标准工作曲线(或建立吸光度为 Y、标准葡萄糖毫克数为 X 的回归方程)。

A.4.2　魔芋葡甘聚糖测定

A.4.2.1　魔芋葡甘聚糖提取液的制备:用干燥光滑的称量纸准确称取样品 0.190 0 g~0.200 0 g,加入盛有 50 mL 甲酸-氢氧化钠缓冲液并处于电磁搅拌状态的 100 mL 容量瓶中,30℃搅拌溶胀 4 h,或在室温下搅拌 1～2 h 溶胀过夜,用甲酸-氢氧化钠缓冲液定容至 100 mL(先将空容量瓶用蒸馏水定容至刻度,再加入磁棒,标记液面升高的刻度作为样品溶液定容的刻度)。搅拌均匀后在离心机上以 4 000 r/min 的转速离心 20 min,此上清液即为魔芋葡甘聚糖提取液。

A.4.2.2 魔芋葡甘聚糖水解液的制备:准确移取 5.0 mL 魔芋葡甘聚糖提取液于 25 mL 容量瓶中(用洗耳球反复吹洗移液管,直至管内壁粘附的黏性样品溶液完全进入容量瓶),准确加入 3 mol/L 硫酸 2.5 mL,摇匀,在沸水浴水中具塞密封水解 1.5 h,冷却。加入 6 mol/L 氢氧化钠 2.5 mL,摇匀,加蒸馏水定容至 25 mL。

A.4.2.3 魔芋葡甘聚糖的测定:分别移取以上制得的葡甘聚糖提取液、水解液和蒸馏水 2.0 mL 于 3 个 25 mL 容量瓶中,分别加入 1.5 mL 3,5-二硝基水杨酸试剂,在沸水浴中加热 5 min,冷却后用蒸馏水定容至 25 mL,在分光光度计 550 nm 处比色,以蒸馏水显色反应液作空白调零,测定水解液和提取液的吸光度值。在标准曲线上查出(或通过回归方程计算)吸光度所对应的葡萄糖毫克数。

A.4.3 结果计算

结果按式(A.1)计算:

$$魔芋粉中葡甘聚糖含量(以干基计)(\%) = \frac{\varepsilon(5T - T_0) \times 50}{m \times (1-w) \times 1\,000} \times 100 \qquad (A.1)$$

式中:

ε——葡甘聚糖中葡萄糖和甘露糖残基分子量与其水解后生成的葡萄糖和甘露糖分子量之比 ε ＝0.9;

T——在标准曲线上查出的葡甘聚糖水解液葡萄糖毫克数,单位为毫克(mg);

T_0——在标准曲线上查出的葡甘聚糖提取液葡萄糖毫克数,单位为毫克(mg);

m——魔芋粉样品质量,单位为克(g);

w——样品含水量,%。

在重复性条件下,获得的两次独立测定结果的相对值不超过算术平均值的 5%。

ICS 67.080.10
X 24

中华人民共和国农业行业标准

NY/T 844—2010
代替 NY/T 844—2004,NY/T 428—2000

绿色食品　温带水果

Green food—Temperate fruits

2010-05-20 发布

2010-09-01 实施

中华人民共和国农业部 发布

前　言

本标准代替 NY/T 844—2004《绿色食品　温带水果》、NY/T 428—2000《绿色食品　葡萄》。

本标准与 NY/T 844—2004 相比，主要变化如下：

——适用范围增加了柰子、越橘（蓝莓）、无花果、树莓、桑葚和其他，并在要求中增加其相应内容；

——对规范性引用文件进行了增减和修改；

——感官要求中删除了对水果大小的要求；

——卫生要求增加黄曲霉毒素 B_1、仲丁胺、氧乐果项目及其限量；

——对检验规则、包装、运输和贮存分别引用绿色食品标准 NY/T 1055、NY/T 658 和 NY/
　　T 1056。

本标准由中国绿色食品发展中心提出并归口。

本标准主要起草单位：农业部蔬菜水果质量监督检验测试中心（广州）。

本标准主要起草人：王富华、万凯、王旭、李丽、何舞、杨慧、杜应琼。

本标准于 2004 年首次发布，本次为第一次修订。

绿色食品　温带水果

1　范围

本标准规定了绿色食品温带水果的术语和定义、要求、检验方法、检验规则、标志、包装、运输和贮藏。

本标准适用于绿色食品温带水果，包括苹果、梨、桃、草莓、山楂、柰子、越橘（蓝莓）、无花果、树莓、桑葚、猕猴桃、葡萄、樱桃、枣、杏、李、柿、石榴和除西甜瓜类水果之外的其他温带水果。

2　规范性引用文件

下列文件对于本文件的应用是必不可少的。凡是注日期的引用文件，仅注日期的版本适用于本文件。凡是不注日期的引用文件，其最新版本（包括所有的修改单）适用于本文件。

GB/T 191　包装储运图示标志

GB/T 5009.11　食品中总砷及无机砷的测定

GB/T 5009.12　食品中铅的测定

GB/T 5009.15　食品中镉的测定

GB/T 5009.17　食品中总汞及有机汞的测定

GB/T 5009.18　食品中氟的测定

GB/T 5009.19　食品中有机氯农药多组分残留量的测定

GB/T 5009.23　食品中黄曲霉毒素 B_1、B_2、G_1、G_2 的测定

GB/T 5009.34　食品中亚硫酸盐的测定

GB/T 5009.94　植物性食品中稀土的测定

GB/T 5009.123　食品中铬的测定

GB 7718　预包装食品标签通则

GB/T 10650—2008　鲜梨

GB/T 10651—2008　鲜苹果

GB/T 23380　水果、蔬菜中多菌灵残留的测定　高效液相色谱法

NY/T 391　绿色食品　产地环境技术条件

NY/T 393　绿色食品　农药使用准则

NT/T 394　绿色食品　肥料使用准则

NY/T 444—2001　草莓

NY/T 586—2002　鲜桃

NY/T 658　绿色食品　包装通用准则

NY/T 761　蔬菜和水果中有机磷、有机氯、拟除虫菊酯和氨基甲酸酯类农药多残留的测定

NY/T 839—2004　鲜李

NY/T 946　蒜薹、青椒、柑橘、葡萄中仲丁胺残留量测定

NY/T 1055　绿色食品　产品检验规则

NY/T 1056　绿色食品　贮藏运输准则

SB/T 10092—1992　山楂

3　术语和定义

NY/T 391 和 GB/T 10651 中确立的以及下列术语和定义适用于本标准。

3.1

生理成熟 physiological ripe

果实已达到能保证正常完成熟化过程的生理状态。

3.2

后熟 full ripe

达到生理成熟的果实采收后,经一定时间的贮存使果实达到质地变软,出现芳香味的最佳食用状态。

4 要求

4.1 产地环境

应符合 NY/T 391 的规定。

4.2 生产过程农药和肥料使用

应分别符合 NY/T 393 和 NY/T 394 的规定。

4.3 感官指标

4.3.1 苹果

应符合 GB/T 10651—2008 表 1 中二等果及以上等级的规定。

4.3.2 梨

应符合 GB/T 10650—2008 表 1 中二等果及以上等级的规定。

4.3.3 桃

应符合 NY/T 586—2002 表 1 中二等果及以上等级的规定。

4.3.4 草莓

应符合 NY/T 444—2001 表 1 中二等果及以上等级的规定。

4.3.5 山楂

应符合 SB/T 10092—1992 表 1 中二等果及以上等级的规定。

4.3.6 奈子、越橘、无花果、树莓、桑葚、猕猴桃、葡萄、樱桃、枣、杏、李、柿、石榴及其他

应符合表 1 的规定。

表 1 感官指标

项 目	要 求
果实外观	果实完整,新鲜清洁,整齐度好;具有本品种固有的形状和特征,果形良好;无不正常外来水分,无机械损伤、无霉烂、无裂果、无冻伤、无病虫果、无刺伤、无果肉褐变;具有本品种成熟时应有的特征色泽
病虫害	无病虫害
气味和滋味	具有本品种正常气味,无异味
成熟度	发育充分、正常,具有适于市场或贮存要求的成熟度

4.4 理化指标

应符合表 2 的规定。

表 2 理化指标

水果名称	指 标		
	硬度,kg/cm^2	可溶性固形物,%	可滴定酸,%
苹果	≥5.5	≥11.0	≤0.35
梨	≥4.0	≥10.0	≤0.3
葡萄	—	≥14.0	≤0.7
桃	≥4.5[a]	≥9.0	≤0.6
草莓	—	≥7.0	≤1.3

表 2（续）

水果名称		指　标		
		硬度，kg/cm²	可溶性固形物，%	可滴定酸，%
山楂		—	≥9.0	≤2.0
奈子		—	≥16.0	≤1.2
越橘		—	≥10.0	≤2.5
无花果		—	≥16.0	—
树莓		—	≥10.0	≤2.2
桑葚		—	≥11.0	—
猕猴桃	生理成熟果		≥6.0	≤1.5
	后熟果		≥10.0	
樱桃		—	≥13.0	≤1.0
枣		—	≥20.0	≤1.0
杏		—	≥10.0	≤2.0
李		≥4.5	≥9.0	≤2.00
柿		—	≥16.0	—
石榴		—	≥15.0	≤0.8

a 不适用于水蜜桃。

注：其他未列入的温带水果，其理化指标不作为判定依据。

4.5　卫生指标

应符合表 3 的规定。

表 3　卫生指标

序号	项　目	指　标
1	无机砷(以 As 计)，mg/kg	≤0.05
2	铅(以 Pb 计)，mg/kg	≤0.1
3	镉(以 Cd 计)，mg/kg	≤0.05
4	总汞(以 Hg 计)，mg/kg	≤0.01
5	氟(以 F 计)，mg/kg	≤0.5
6	铬(以 Cr 计)，mg/kg	≤0.5
7	六六六(BHC)，mg/kg	≤0.05
8	滴滴涕(DDT)，mg/kg	≤0.05
9	乐果(dimethoate)，mg/kg	≤0.5
10	氧乐果(omethoate)，mg/kg	不得检出(<0.02)
11	敌敌畏(dichlorvos)，mg/kg	≤0.2
12	对硫磷(parathion)，mg/kg	不得检出(<0.02)
13	马拉硫磷(malathion)，mg/kg	不得检出(<0.03)
14	甲拌磷(phorate)，mg/kg	不得检出(<0.02)
15	杀螟硫磷(fenitrothion)，mg/kg	≤0.2
16	倍硫磷(fenthion)，mg/kg	≤0.02
17	溴氰菊酯(deltmethrin)，mg/kg	≤0.1
18	氰戊菊酯(fenvalerate)，mg/kg	≤0.2
19	敌百虫(trichlorfon)，mg/kg	≤0.1
20	百菌清(chlorothalonil)，mg/kg	≤1
21	多菌灵(carbendazim)，mg/kg	≤0.5
22	三唑酮(triadimefon)，mg/kg	≤0.2
23	黄曲霉毒素 B₁ᵃ，μg/kg	≤5
24	仲丁胺ᵇ，mg/kg	不得检出(<0.7)
25	二氧化硫ᵇ，mg/kg	≤50

a 仅适用于无花果。

b 仅适用于葡萄。

5 试验方法

5.1 感官指标

从供试样品中随机抽取 2 kg~3 kg,用目测法进行品种特征、成熟度、色泽、新鲜、清洁、机械伤、霉烂、冻害和病虫害等感官项目的检测。气味和滋味采用鼻嗅和口尝方法进行检验。

5.2 理化指标

5.2.1 硬度

按 GB/T 10651—2008 中附录 C 的规定执行。

5.2.2 可溶性固形物的测定

按 NY/T 839—2004 中附录 B.1 的规定执行。

5.2.3 可滴定酸的测定

按 NY/T 839—2004 中附录 B.2 的规定执行。

5.3 卫生指标

5.3.1 无机砷

按 GB/T 5009.11 规定执行。

5.3.2 铅

按 GB/T 5009.12 规定执行。

5.3.3 镉

按 GB/T 5009.15 规定执行。

5.3.4 总汞

按 GB/T 5009.17 规定执行。

5.3.5 氟

按 GB/T 5009.18 规定执行。

5.3.6 铬

按 GB/T 5009.123 规定执行。

5.3.7 六六六、滴滴涕

按 GB/T 5009.19 规定执行。

5.3.8 乐果、氧乐果、敌敌畏、对硫磷、马拉硫磷、甲拌磷、杀螟硫磷、倍硫磷、敌百虫、百菌清、溴氰菊酯、氰戊菊酯

按 NY/T 761 规定执行。

5.3.9 多菌灵

按 GB/T 23380 规定执行。

5.3.10 三唑酮

按 GB/T 5009.126 规定执行。

5.3.11 黄曲霉毒素 B$_1$

按 GB/T 5009.23 规定执行。

5.3.12 仲丁胺

按 NY/T 946 规定执行。

5.3.13 二氧化硫

按 GB/T 5009.34 规定执行。

6 检验规则

按照 NY/T 1055 的规定执行。

7 标志、标签

7.1 标志

绿色食品外包装上应印有绿色食品标志,贮运图示按 GB/T 191 规定执行。

7.2 标签

按照 GB 7718 的规定执行。

8 包装、运输和贮存

8.1 包装

按照 NY/T 658 的规定执行。

8.2 运输和贮存

按照 NY/T 1056 的规定执行。

———————————

ICS 67.080.10
X 24

中华人民共和国农业行业标准

NY/T 1041—2010
代替 NY/T 1041—2006

绿色食品　干果

Green food—Dried fruits

2010-05-20 发布

2010-09-01 实施

中华人民共和国农业部 发布

前　言

本标准代替 NY/T 1041—2006《绿色食品　干果》。

本标准与 NY/T 1041—2006 相比主要变化如下：

——适用范围增加干枣、杏干（包括包仁杏干）、香蕉片、无花果干、酸梅（乌梅）干、山楂干、苹果干、菠萝干、芒果干、梅干、桃干、猕猴桃干、草莓干和其他 14 个品种，并在要求中增加其相应内容；

——污染物和农药残留的项目与原料水果一致，其指标值以增加倍数表示；

——卫生要求中的食品添加剂增加苯甲酸、糖精钠、环己基氨基磺酸钠、赤藓红、胭脂红、苋菜红、柠檬黄和日落黄项目及其指标值；

——卫生要求中增加黄曲霉毒素 B_1 和展青霉素两个真菌毒素项目及其指标值；

——检验规则、包装、运输和贮存分别引用绿色食品标准 NY/T 1055、NY/T 658 和 NY/T 1056。

本标准由中国绿色食品发展中心提出并归口。

本标准起草单位：农业部乳品质量监督检验测试中心。

本标准主要起草人：张宗城、胡红英、薛刚、黄和。

本标准于 2006 年首次发布，本次为第一次修订。

绿色食品　干果

1　范围

本标准规定了绿色食品干果的要求、试验方法、检验规则、标签和标志、包装、运输和贮存。

本标准适用于以绿色食品水果为原料，经脱水，未经糖渍，添加或不添加食品添加剂而制成的荔枝干、桂圆干、葡萄干、柿饼、干枣、杏干（包括包仁杏干）、香蕉片、无花果干、酸梅（乌梅）干、山楂干、苹果干、菠萝干、芒果干、梅干、桃干、猕猴桃干、草莓干等干果；不适用于经脱水制成的樱桃番茄干等蔬菜干品、经糖渍的水果蜜饯以及粉碎的椰子粉、柑橘粉等水果固体饮料。

2　规范性引用文件

下列文件对于本文件的应用是必不可少的。凡是注日期的引用文件，仅注日期的版本适用于本文件。凡是不注日期的引用文件，其最新版本（包括所有的修改单）适用于本文件。

GB/T 191　包装储运图示标志

GB/T 4789.4　食品卫生微生物学检验　沙门氏菌检验

GB/T 4789.5　食品卫生微生物学检验　志贺氏菌检验

GB/T 4789.10　食品卫生微生物学检验　金黄色葡萄球菌检验

GB/T 4789.11　食品卫生微生物学检验　溶血性链球菌检验

GB/T 4789.15　食品卫生微生物学检验　霉菌和酵母计数

GB/T 5009.3　食品中水分的测定

GB/T 5009.23　食品中黄曲霉毒素 B_1、B_2、G_1、G_2 的测定

GB/T 5009.28—2003　食品中糖精钠的测定

GB/T 5009.29　食品中山梨酸、苯甲酸的测定

GB/T 5009.34　食品中亚硫酸盐的测定

GB/T 5009.35　食品中合成着色剂的测定

GB/T 5009.97　食品中环己基氨基磺酸钠的测定

GB 5749　生活饮用水卫生标准

GB/T 5835—2009　干制红枣

GB/T 6682　分析实验室用水规格和试验方法

GB 7718　预包装食品标签通则

GB/T 12456　食品中总酸的测定

JJF 1070　定量包装商品净含量计量检验规则

NY/T 392　绿色食品　食品添加剂使用准则

NY/T 658　绿色食品　包装通用准则

NY/T 750　绿色食品　热带、亚热带水果

NY/T 844　绿色食品　温带水果

NY/T 1055　绿色食品　产品检验规则

NY/T 1056　绿色食品　贮藏运输准则

NY/T 1650　苹果和山楂制品中展青霉素的测定　高效液相色谱法

国家质量监督检验检疫总局令 2005 年第 75 号　《定量包装商品计量监督管理办法》

3 要求

3.1 原料

3.1.1 温带水果应符合 NY/T 844 的要求；热带、亚热带水果应符合 NY/T 750 的要求。

3.1.2 食品添加剂应符合 NY/T 392 的要求。

3.1.3 加工用水应符合 GB 5749 的要求。

3.2 感官

应符合表 1 的规定。

表 1 感 官

品种	项 目 及 指 标				
	外 观	色 泽	气味及滋味	组织状态	杂质
荔枝干	外观完整，无破损，无虫蛀，无霉变	果肉呈棕色或深棕色	具有本品固有的甜酸味，无异味	组织致密	无肉眼可见杂质
桂圆干	外观完整，无破损，无虫蛀，无霉变	果肉呈黄亮棕色或深棕色	具有本品固有的甜香味，无异味，无焦苦味	组织致密	
葡萄干	大小整齐，颗粒完整，无破损，无虫蛀，无霉变	根据鲜果的颜色分别呈黄绿色、红棕色、棕色或黑色，色泽均匀	具有本品固有的甜香味，略带酸味，无异味	柔软适中	
柿饼	完整，不破裂，蒂贴肉而不翘，无虫蛀，无霉变	表层呈白色或灰白色霜，剖面呈橘红至棕褐色	具有本品固有的甜香味，无异味，无涩味	果肉致密，具有韧性	
干枣	外观完整，无破损，无虫蛀，无霉变	根据鲜果的外皮颜色分别呈枣红色、紫色或黑色，色泽均匀	具有本品固有的甜香味，无异味	果肉柔软适中	
杏干	外观完整，无破损，无虫蛀，无霉变	呈杏黄色或暗黄色，色泽均匀	具有本品固有的甜香味，略带酸味，无异味	组织致密，柔软适中	
包仁杏干	外观完整，无破损，无虫蛀，无霉变	呈杏黄色或暗黄色，仁体呈白色	具有本品固有的甜香味，略带酸味，无异味，无苦涩味	组织致密，柔软适中，仁体致密	
香蕉片	片状，无破损，无虫蛀，无霉变	呈浅黄色、金黄色或褐黄色	具有本品固有的甜香味，无异味	组织致密	
无花果干	外观完整，无破损，无虫蛀，无霉变	表皮呈不均匀的乳黄色，果肉呈浅绿色，果籽棕色	具有本品固有的甜香味，无异味	皮质致密，肉体柔软适中	
酸梅（乌梅）干	外观完整，无破损，无虫蛀，无霉变	呈紫黑色	具有本品固有的酸味	组织致密	
山楂干	外观完整，无破损，无虫蛀，无霉变	皮质呈暗红色，肉质呈黄色或棕黄色	具有本品固有的酸甜味	组织致密	
苹果干	外观完整，无破损，无虫蛀，无霉变	呈黄色或褐黄色	具有本品固有的甜香味，无异味	组织致密	
菠萝干	外观完整，无破损，无虫蛀，无霉变	呈浅黄色、金黄色	具有本品固有的甜香味，无异味	组织致密	
芒果干	外观完整，无破损，无虫蛀，无霉变	呈浅黄色、金黄色	具有本品固有的甜香味，无异味	组织致密	
梅干	外观完整，无破损，无虫蛀，无霉变	呈橘红色或浅褐红色	具有本品固有的甜香味，无异味	皮质致密，肉体柔软适中	
桃干	外观完整，无破损，无虫蛀，无霉变	呈褐色	具有本品固有的甜香味，无异味	皮质致密，肉体柔软适中	

表 1（续）

品种	项 目 及 指 标				
	外　观	色　泽	气味及滋味	组织状态	杂质
猕猴桃干	外观完整,无破损,无虫蛀,无霉变	果肉呈绿色,果籽呈褐色	具有本品固有的甜香味,无异味	皮质致密,肉体柔软适中	无肉眼可见杂质
草莓干	外观完整,无破损,无虫蛀,无霉变	呈浅褐红色	具有本品固有的甜香味,无异味	组织致密	
其他	外观完整,无破损,无虫蛀,无霉变	具有本品固有的色泽	具有本品固有的气味及滋味	具有本品固有的组织状态	

3.3　理化指标

应符合表 2 的规定。

表 2　理化指标　　　　单位为克每百克

项目	指　标										
	香蕉片	荔枝干、桂圆干	桃干	干枣[a]	草莓干、梅干	葡萄干、菠萝干、猕猴桃干、无花果干、苹果干	酸梅(乌梅)干	芒果干、山楂干	杏干(及包仁杏干)	柿饼	其他
水分	≤15	≤25	≤30	干制小枣≤28,干制大枣≤25	≤25	≤20	≤25	≤20	≤30	≤35	去皮干果≤20,带皮干果≤30
总酸(以苹果酸计)	≤1.5	≤1.5	≤2.5	≤2.5	≤2.5	≤2.5	≤6.0	≤6.0	≤6.0	≤6.0	≤6.0

[a]　干制小枣和干制大枣的定义应符合 GB/T 5835—2009 的规定。

3.4　卫生指标

3.4.1　污染物和农药残留

以温带水果和热带、亚热带水果为原料的干果分别执行 NY/T 844 和 NY/T 750 中规定的污染物和农药残留项目,其指标值除保留不得检出或检出限外,均应乘以表 3 规定的倍数。

表 3　污染物和农药残留的倍数

项目	干 果 品 种										
	干枣	无花果干	酸梅(乌梅)干	荔枝干	香蕉干	杏干(及包仁杏干)、梅干、桃干	桂圆干、柿饼、山楂干	葡萄干、草莓干	苹果干、猕猴桃干	菠萝干、芒果干	其他
倍数	1.5					2.0			2.5		2.0

3.4.2　食品添加剂

应符合表 4 的规定。

表 4　食品添加剂　　　　单位为毫克每千克

项　目	指　标
二氧化硫	≤50
苯甲酸及其钠盐(以苯甲酸计)	不得检出(<1)

表4（续）

项　目	指　标
糖精钠	不得检出（＜0.15）
环已基氨基磺酸钠	不得检出（＜2）
赤藓红[a]	不得检出（＜0.72）
胭脂红[a]	不得检出（＜0.32）
苋菜红[a]	不得检出（＜0.24）
柠檬黄[b]	不得检出（＜0.16）
日落黄[b]	不得检出（＜0.28）
[a]　仅适用于红色干果。	
[b]　仅适用于黄色干果。	

3.4.3　真菌毒素

应符合表5的规定。

表5　真菌毒素
单位为微克每千克

项　目	指　标
黄曲霉毒素 B_1[a]	不得检出（＜0.20）
展青霉素[b]	不得检出（＜12）
[a]　仅适用于无花果干。	
[b]　仅适用于苹果干和山楂干。	

3.4.4　微生物

应符合表6的规定。

表6　微生物

项　目	指　标
霉菌，cfu/g	≤50
致病菌（沙门氏菌、志贺氏菌、金黄色葡萄球菌、溶血性链球菌）	不得检出

3.5　净含量

应符合国家质量监督检验检疫总局令2005年第75号文的规定。

4　试验方法

4.1　感官

称取约250 g样品置于白色搪瓷盘中，外观、色泽、组织状态和杂质采用目测方法进行检验，气味和滋味采用鼻嗅和口尝方法进行检验。

4.2　理化指标

4.2.1　水分

按GB/T 5009.3的规定执行。

4.2.2　总酸

按GB/T 12456的规定执行。

4.3　卫生指标

4.3.1　污染物和农药残留

按NY/T 844和NY/T 750的规定执行。

4.3.2 食品添加剂

4.3.2.1 二氧化硫

按 GB/T 5009.34 的规定执行。

4.3.2.2 苯甲酸

按 GB/T 5009.29 的规定执行。

4.3.2.3 糖精钠

称取 10.00 g 样品,加入 7 mL 符合 GB/T 6682 一级水要求的实验室用水,破碎打浆,离心过滤,加氨水(1+1)洗涤滤纸上沉淀,并调滤液 pH 至 7 左右,定容至 10 mL,经 0.45 μm 滤膜过滤。按 GB/T 5009.28—2003 中 5.3 和 5.4 测定并计算。

4.3.2.4 环己基氨基磺酸钠

按 GB/T 5009.97 的规定执行。

4.3.2.5 赤藓红、胭脂红、苋菜红、柠檬黄、日落黄

按 GB/T 5009.35 的规定执行。

4.3.3 真菌毒素

4.3.3.1 黄曲霉毒素 B_1

按 GB/T 5009.23 的规定执行。

4.3.3.2 展青霉素

按 NY/T 1650 的规定执行。

4.3.4 微生物

4.3.4.1 霉菌

按 GB/T 4789.15 的规定执行。

4.3.4.2 沙门氏菌

按 GB/T 4789.4 的规定执行。

4.3.4.3 志贺氏菌

按 GB/T 4789.5 的规定执行。

4.3.4.4 金黄色葡萄球菌

按 GB/T 4789.10 的规定执行。

4.3.4.5 溶血性链球菌

按 GB/T 4789.11 的规定执行。

4.4 净含量

按 JJF 1070 的规定执行。

5 检验规则

按 NY/T 1055 的规定执行。

6 标签和标志

6.1 标签

按 GB 7718 的规定执行。

6.2 标志

应有绿色食品标志,贮运图示按 GB/T 191 的规定执行。

7 包装、运输和贮存

7.1 包装

按 NY/T 658 的规定执行。

7.2 运输和贮存

按 NY/T 1056 的规定执行。

———————————

ICS 67.080.01
B 31

中华人民共和国农业行业标准

NY/T 1884—2010

绿色食品　果蔬粉

Green food—Fruit and vegetable powder

2010-05-20 发布

2010-09-01 实施

中华人民共和国农业部 发布

前　言

本标准由中国绿色食品发展中心提出并归口。

本标准起草单位:农业部农产品质量监督检验测试中心(昆明)、中国绿色食品发展中心、云南省农业科学院质量标准与检测技术研究所。

本标准主要起草人:黎其万、谢焱、汪庆平、陈倩、刘宏程、和丽忠、梅文泉、汪禄祥。

绿色食品　果蔬粉

1　范围

本标准规定了绿色食品果蔬粉的术语和定义、产品分类、要求、试验方法、检验规则、标志和标签、包装、运输和贮存。

本标准适用于绿色食品原料型果蔬粉和即食型果蔬粉；不适用于固体饮料、淀粉类蔬菜粉、调味类蔬菜粉。

2　规范性引用文件

下列文件对于本文件的应用是必不可少的。凡是注日期的引用文件，仅注日期的版本适用于本文件。凡是不注日期的引用文件，其最新版本（包括所有的修改单）适用于本文件。

GB/T 191　包装储运图示标志

GB/T 4789.2　食品卫生微生物学检验　菌落总数测定

GB/T 4789.3　食品卫生微生物学检验　大肠菌群计数

GB/T 4789.4　食品卫生微生物学检验　沙门氏菌检验

GB/T 4789.5　食品卫生微生物学检验　志贺氏菌检验

GB/T 4789.10　食品卫生微生物学检验　金黄色葡萄球菌检验

GB/T 4789.15　食品卫生微生物学检验　霉菌和酵母计数

GB/T 5009.3　食品中水分的测定

GB/T 5009.4　食品中灰分的测定

GB/T 5009.5　食品中蛋白质的测定

GB/T 5009.11　食品中总砷及无机砷的测定

GB/T 5009.12　食品中铅的测定

GB/T 5009.15　食品中镉的测定

GB/T 5009.17　食品中总汞和有机汞的测定

GB/T 5009.20　食品中有机磷农药残留量的测定

GB/T 5009.22　食品中黄曲霉毒素 B_1 的测定

GB/T 5009.28　食品中糖精钠的测定

GB/T 5009.29　食品中山梨酸、苯甲酸的测定

GB/T 5009.33　食品中亚硝酸盐和硝酸盐的测定

GB/T 5009.34　食品中亚硫酸盐的测定

GB/T 5009.35　食品中合成着色剂的测定

GB/T 5009.37　食用植物油卫生标准的分析方法

GB/T 5009.97　食品中环己基氨基磺酸钠的测定

GB/T 5009.126　植物性食品中三唑酮残留量的测定

GB/T 5009.146　植物性食品中有机氯和拟除虫菊酯类农药多种残留的测定

GB/T 5009.185　苹果和山楂制品中展青霉素的测定

GB 7718　预包装食品标签通则

GB/T 8308　酸不溶性灰分测定

GB/T 12456　食品中总酸的测定

JJF 1070 定量包装商品净含量计量检验规则

NY/T 392 绿色食品 食品添加剂使用准则

NY/T 422 绿色食品 食用糖

NY/T 658 绿色食品 包装通用准则

NY/T 1055 绿色食品 产品检验规则

NY/T 1056 绿色食品 贮存运输准则

NY/T 1651 蔬菜及制品中番茄红素的测定 高效液相色谱法

国家质量监督检验检疫总局令 2005 年第 75 号 《定量包装商品计量监督管理办法》

3 术语和定义

下列术语和定义适用于本标准。

3.1

原料型果蔬粉 fruit and vegetable powder of raw material type

以水果、蔬菜或坚果为单一原料,经筛选(去壳)、清洗、打浆、均质、杀菌、干燥等工艺生产,提供食品工业作为配料使用的粉状果蔬产品。

3.2

即食型果蔬粉 edible fruit and vegetable powder

以一种或一种以上原料型果蔬粉为主要配料,添加或不添加食糖等辅料加工而成的可供直接食用的粉状冲调果蔬食品。

4 产品分类

4.1 按用途分

　　a) 原料型果蔬粉;

　　b) 即食型果蔬粉。

4.2 按加工原料分

　　a) 水果粉;

　　b) 蔬菜粉;

　　c) 坚果粉。

5 要求

5.1 原辅料

5.1.1 加工用水果、蔬菜、坚果等原料应符合绿色食品标准要求,辅料应符合相应的绿色食品标准或国家标准要求。

5.1.2 食用糖应符合 NY/T 422 的要求。

5.1.3 食品添加剂应符合 NY/T 392 的要求。

5.2 感官

应符合表 1 的规定。

表 1　感官指标

项　目	指　标
色泽	具有该产品固有的色泽,且均匀一致
组织形态	呈疏松、均匀一致的粉状
滋味、气味	具有该产品固有的滋味和气味,无焦糊、酸败味及其他异味
杂质	无肉眼可见的杂质
冲调性	冲调后无结块,均匀一致

5.3　理化指标

应符合表 2 的规定。

表 2　理化指标

项　目	指　标			
	原料型果蔬粉			即食型果蔬粉
	水果粉	蔬菜粉	坚果粉	
水分,%	≤6			≤8
灰分,%	≤8	≤10(≤12^b)	≤5	≤10
蛋白质,%	—	—	≥8	—
酸不溶性灰分,%	≤0.8	≤1	—	—
总酸(以无水柠檬酸计),%	≤10	(5~9)^b	—	—
酸价(以脂肪计),mg/g	—	—	≤4	≤4^a
过氧化值(以脂肪计),g/100g	—	—	≤0.08	≤0.08^a
番茄红素^b,mg/100g	—	≥100	—	—

^{a}　仅适用于含坚果类原料的产品。
^{b}　仅适用于番茄粉。

5.4　净含量

应符合国家质量监督检验检疫总局令 2005 年第 75 号的规定。

5.5　卫生指标

应符合表 3 的规定。

表 3　卫生指标

项　目	指　标			
	原料型果蔬粉			即食型果蔬粉
	水果粉	蔬菜粉	坚果粉	
无机砷(以 As 计),mg/kg	≤0.2			
铅(以 Pb 计),mg/kg	≤0.5			
镉(以 Cd 计),mg/kg	≤0.2	≤0.5	≤0.1	≤0.5
总汞(以 Hg 计),mg/kg	≤0.02			
亚硝酸盐(以 NaNO$_2$ 计),mg/kg	—	≤4	—	≤4
二氧化硫(以 SO$_2$ 计),mg/kg	≤50	≤100	≤50	≤100
黄曲霉毒素 B$_1$,μg/kg	—	—	≤5	≤5^a
展青霉素^b,μg/kg	不得检出(<3)	—	—	不得检出(<3)
苯甲酸及其钠盐(以苯甲酸计),mg/kg	不得检出(<1)			
山梨酸及其钠(钾)盐(以山梨酸计),g/kg	≤0.5			
糖精钠,mg/kg	—	—	—	不得检出(<0.15)
环己基氨基磺酸钠,mg/kg	—	—	—	不得检出(<2)
六六六(BHC),mg/kg	≤0.1	≤0.2	—	≤0.2
滴滴涕(DDT),mg/kg	≤0.1	≤0.2	—	≤0.2
溴氰菊酯(deltamethrin),mg/kg	≤0.1	≤0.2	—	—

表 3（续）

项 目	指 标			
	原料型果蔬粉			即食型果蔬粉
	水果粉	蔬菜粉	坚果粉	
氯氰菊酯(cypermethrin),mg/kg	≤1	≤0.5	—	—
氯氟氰菊酯(cyhalothrin),mg/kg	≤0.2	≤0.2	—	—
氰戊菊酯(fenvalerate),mg/kg	≤0.2	≤0.2	—	—
联苯菊酯(bifenthrin),mg/kg	—	≤0.5	—	—
三唑酮(triadimefon),mg/kg	—	≤0.1	—	—
毒死蜱(chlorpyrifos),mg/kg	≤0.5	≤0.1	—	—
胭脂红^c,g/kg	≤0.1	—	—	≤0.1
苋菜红^c,g/kg	≤0.1	—	—	≤0.1
赤藓红^c,mg/kg	不得检出(<0.72)	—	—	不得检出(<0.72)
柠檬黄^d,g/kg	≤0.1	—	—	≤0.1
日落黄^d,g/kg	≤0.1	—	—	≤0.1

a 仅适用于含坚果类产品。
b 仅适用于苹果、山楂制品。
c 仅适用于红色产品。
d 仅适用于黄色产品。

5.6 微生物指标

应符合表 4 的规定。

表 4 微生物指标

项 目	指 标			
	原料型果蔬粉			即食型果蔬粉
	水果粉	蔬菜粉	坚果粉	
菌落总数,cfu/g	≤1.0×10^4	≤2.0×10^4	≤1.0×10^4	≤1.0×10^3
大肠菌群,MPN/g	<3.0			
霉菌与酵母,cfu/g	≤50	≤50	≤100	≤50
致病菌(沙门氏菌、志贺氏菌、金黄色葡萄球菌)	不得检出			

6 试验方法

6.1 感官检验

6.1.1 色泽、滋味、气味、组织形态、杂质

取 20 g 试样,置于白色搪瓷盘上,嗅其气味,尝其滋味,观察色泽、组织形态、杂质。

6.1.2 冲调性

取 5 g 试样,用 100 mL 约 80℃ 热水溶解,观察其冲调性。

6.2 理化检验

6.2.1 水分

按 GB/T 5009.3 规定执行。

6.2.2 灰分

按 GB/T 5009.4 规定执行。

6.2.3 蛋白质

按 GB/T 5009.5 规定执行。

6.2.4 酸不溶性灰分

按 GB/T 8308 规定执行。

6.2.5　总酸

按 GB/T 12456 规定执行。

6.2.6　酸价、过氧化值

按 GB/T 5009.37 规定执行。

6.2.7　番茄红素

按 NY/T 1651 规定执行。

6.3　净含量检验

按 JJF 1070 规定执行。

6.4　卫生检验

6.4.1　无机砷

按 GB/T 5009.11 规定执行。

6.4.2　铅

按 GB/T 5009.12 规定执行。

6.4.3　镉

按 GB/T 5009.15 规定执行。

6.4.4　总汞

按 GB/T 5009.17 规定执行。

6.4.5　亚硝酸盐

按 GB/T 5009.33 规定执行。

6.4.6　二氧化硫

按 GB/T 5009.34 规定执行。

6.4.7　黄曲霉毒素 B_1

按 GB/T 5009.22 规定执行。

6.4.8　展青霉素

按 GB/T 5009.185 规定执行。

6.4.9　苯甲酸、山梨酸

按 GB/T 5009.29 规定执行。

6.4.10　糖精钠

按 GB/T 5009.28 规定执行。

6.4.11　环己基氨基磺酸钠

按 GB/T 5009.97 规定执行。

6.4.12　六六六、滴滴涕、溴氰菊酯、氯氰菊酯、氯氟氰菊酯、氰戊菊酯、联苯菊酯

按 GB/T 5009.146 规定执行。

6.4.13　三唑酮

按 GB/T 5009.126 规定执行。

6.4.14　毒死蜱

按 GB/T 5009.20 规定执行。

6.4.15　胭脂红、苋菜红、赤藓红、柠檬黄、日落黄

按 GB/T 5009.35 规定执行。

6.5　微生物检验

6.5.1 菌落总数

按 GB/T 4789.2 规定执行。

6.5.2 大肠菌群

按 GB/T 4789.3 规定执行。

6.5.3 霉菌与酵母

按 GB/T 4789.15 规定执行。

6.5.4 沙门氏菌、志贺氏菌、金黄色葡萄球菌

分别按 GB/T 4789.4、GB/T 4789.5、GB/T 4789.10 规定执行。

7 检验规则

按 NY/T 1055 规定执行。

8 标志和标签

8.1 标志

包装箱上应有绿色食品标志,标注方法按中国绿色食品发展中心中绿标[2009]103 号《关于实行绿色食品新编号制度的通知》规定执行。储运图示按 GB/T 191 规定执行。

8.2 标签

按 GB 7718 规定执行。

9 包装、运输和贮存

9.1 包装

按 NY/T 658 规定执行。

9.2 运输和贮存

按 NY/T 1056 规定执行。

———————————

ICS 67.160.10
X 62

中华人民共和国农业行业标准

NY/T 1885—2010

绿色食品　米酒

Green food—Rice wine

2010-05-20 发布　　　　　　　　　　　　　2010-09-01 实施

中华人民共和国农业部 发布

前　言

本标准由中国绿色食品发展中心提出并归口。

本标准起草单位：农业部农产品质量监督检验测试中心（杭州）、浙江省农业科学院农产品质量标准研究所、农业部食品质量监督检验测试中心（武汉）、湖北省孝感市绿色食品管理办公室、湖北黄石珍珠果食品饮料有限公司、浙江工业大学酿酒研究所、湖北孝感麻糖米酒有限责任公司。

本标准主要起草人：张志恒、袁玉伟、郑蔚然、樊铭勇、胡庶旗、张秋萍、周立平、王强、叶雪珠。

绿色食品 米酒

1 范围

本标准规定了绿色食品米酒的术语和定义、产品分类、要求、试验方法、检验规则、标志、标签、包装、运输和贮存。

本标准适用于各类绿色食品米酒。

2 规范性引用文件

下列文件对于本文件的应用是必不可少的。凡是注日期的引用文件,仅注日期的版本适用于本文件。凡是不注日期的引用文件,其最新版本(包括所有的修改单)适用于本文件。

GB/T 191 包装储运图示标志

GB 2760 食品添加剂使用卫生标准

GB/T 4789.2 食品卫生微生物学检验 菌落总数测定

GB/T 4789.3 食品卫生微生物学检验 大肠菌群计数

GB/T 4789.4 食品卫生微生物学检验 沙门氏菌检验

GB/T 4789.5 食品卫生微生物学检验 志贺氏菌检验

GB/T 4789.10 食品卫生微生物学检验 金黄色葡萄球菌检验

GB/T 4789.11 食品卫生微生物学检验 溶血性链球菌检验

GB/T 4789.26 食品卫生微生物学检验 罐头食品商业无菌的检验

GB/T 4928 啤酒分析方法

GB/T 5009.5 食品中蛋白质的测定

GB/T 5009.7 食品中还原糖的测定

GB/T 5009.11 食品中总砷及无机砷的测定

GB/T 5009.12 食品中铅的测定

GB/T 5009.15 食品中镉的测定

GB/T 5009.16 食品中锡的测定

GB/T 5009.20 食品中有机磷农药残留量的测定

GB/T 5009.22 食品中黄曲霉毒素 B_1 的测定

GB/T 5009.28 食品中糖精钠的测定

GB/T 5009.29 食品中苯甲酸、山梨酸的测定

GB/T 5009.97 食品中环己基氨基磺酸钠的测定

GB 5749 生活饮用水卫生标准

GB 10344 预包装饮料酒标签通则

GB/T 12456 食品中总酸的测定

GB 12698 黄酒厂卫生规范

JJF 1070 定量包装商品净含量计量检验规范

NY/T 391 绿色食品 产地环境技术条件

NY/T 392 绿色食品 食品添加剂使用准则

NY/T 419 绿色食品 大米

NY/T 658 绿色食品 包装通用准则

NY/T 897 绿色食品 黄酒

NY/T 1055 绿色食品 产品检验规则

NY/T 1056 绿色食品 贮藏运输准则

QB/T 1007 罐头食品净重和固形物含量的测定

国家质量监督检验检疫总局令(2005)第75号 《定量包装商品计量监督管理办法》

3 术语和定义

下列术语和定义适用于本标准。

3.1

米酒 rice wine

以大米为主要原料的发酵酒,也包括以这类发酵酒为主要原料或基质,添加各种果粒、粮谷、薯类、食用菌、中药材等辅料制成的各种花色型产品。不包括按照 NY/T 897 已涵盖的黄酒以及清酒类产品。

4 产品分类

4.1 按照酒精度等理化指标分类

a) 普通米酒:酒精度在 0.5%mass 以上的米酒。

b) 无醇米酒:普通米酒经稀释调配或添加辅料后,酒精度在 0.1%mass~0.5%mass 的米酒。

4.2 按照酒糟的形态以及是否加辅料分类

a) 糟米型米酒:所含的酒糟为米粒状糟米的米酒。

b) 均质型米酒:经胶磨和均质处理后,呈糊状均质的米酒。

c) 清汁型米酒:经过滤去除酒糟后的米酒。

d) 花色型米酒:糟米型米酒添加各种果粒或粮谷、薯类、食用菌、中药材等的一种或多种辅料制成的不同特色风味的米酒。

5 要求

5.1 环境

5.1.1 原料生产产地应符合 NY/T 391 的规定。

5.1.2 加工厂地应符合 GB 12698 的规定。

5.2 原辅料

5.2.1 大米应符合 NY/T 419 的规定。

5.2.2 其他原辅料应符合相应的绿色食品产品标准的规定。

5.2.3 加工用水应符合 GB 5749 的规定。

5.2.4 食品添加剂应符合 NY/T 392 的规定。

5.3 感官

应符合表1的规定。

表 1 感官指标

项目	类型	指标
形态	糟米型	具有一定含量的米粒状糟米的固液混合体,无肉眼可见的异物和杂质,但允许有不多于 3 粒/100 g 的异色糟米
	花色型	具有一定含量的米粒状糟米和相应辅料的固液混合体,无肉眼可见的异物和杂质,但允许有不多于 3 粒/100 g 的异色糟米

表1（续）

项目	类型	指标
形态	均质型	乳浊浓稠状流质,均匀一致,无肉眼可见的异物、杂质和沉淀
	清汁型	无明显可见固体的乳浊状或透明至半透明液体,但允许有少量粉状沉淀
色泽	各种类型	乳白微黄,花色米酒还掺杂有相应的辅料色泽
气味	各种类型	具米酒特有的清香气味,无异味
滋味和口感	各种类型	味感柔和,酸甜可口

5.4 理化指标

应符合表2的规定。

表2 理化指标

项目	普通米酒	无醇米酒
固形物[a],g/100 g	≥10.0	≥5.0
还原糖(以葡萄糖计)[b],g/100 g	≥2.5	≥1.2
蛋白质[b],g/100 g	≥0.2	≥0.1
总酸(以乳酸计),g/100 g	0.05～1.0	0.02～0.3
酒精度,% mass	>0.5	0.1～0.5

[a] 仅适用于糟米型米酒和花色型米酒。
[b] 清汁型米酒应为同类米酒的30%。

5.5 卫生指标

应符合表3的规定。

表3 卫生指标

项目	指标
铅(以Pb计),mg/kg	≤0.3
镉(以Cd计),mg/kg	≤0.2
无机砷(以As计),mg/kg	≤0.15
锡(以Sn计)[a],mg/kg	≤100
毒死蜱,mg/kg	≤0.02
三唑磷,mg/kg	≤0.01
杀螟硫磷,mg/kg	≤0.2
苯甲酸及其钠盐(以苯甲酸计),mg/kg	不得检出(<1)
糖精钠,mg/kg	不得检出(<0.3)
环己基氨基磺酸钠,mg/kg	不得检出(<2)
黄曲霉毒素B_1,μg/kg	≤5
菌落总数[b],cfu/g	≤50
大肠菌群[b],MPN/g	<3
致病菌(沙门氏菌、志贺氏菌、金黄色葡萄球菌、溶血性链球菌)[b]	不得检出
商业无菌[a]	商业无菌

[a] 仅适用于罐头包装产品。
[b] 仅适用于非罐头包装产品。

5.6 净含量

应符合国家质量监督检验检疫总局令(2005)第75号的规定。

6 试验方法

6.1 感官

开启两个最小包装单位的样品,各取约50 g样品倒于200 mL烧杯中,置于明亮的自然光处,用目测法观察其形态、色泽、杂质。然后,用味觉及嗅觉品尝、鉴别气味和滋味。

6.2 理化指标

6.2.1 固形物

按QB/T 1007的规定执行。

6.2.2 还原糖

按GB/T 5009.7的规定执行。

6.2.3 蛋白质

按GB/T 5009.5的规定执行。

6.2.4 总酸

按GB/T 12456的规定执行。

6.2.5 酒精度

按GB/T 4928的规定执行。

6.3 卫生指标

6.3.1 铅

按GB/T 5009.12的规定执行。

6.3.2 镉

按GB/T 5009.15的规定执行。

6.3.3 无机砷

按GB/T 5009.11的规定执行。

6.3.4 锡

按GB/T 5009.16的规定执行。

6.3.5 毒死蜱、三唑磷、杀螟硫磷

按GB/T 5009.20的规定执行。

6.3.6 苯甲酸及其钠盐

按GB/T 5009.29的规定执行。

6.3.7 糖精钠

按GB/T 5009.28的规定执行。

6.3.8 环己基氨基磺酸钠

按GB/T 5009.97的规定执行。

6.3.9 黄曲霉毒素 B_1

按GB/T 5009.22的规定执行。

6.3.10 菌落总数

按GB/T 4789.2的规定执行。

6.3.11 大肠菌群

按GB/T 4789.3的规定执行。

6.3.12　沙门氏菌

　　按 GB/T 4789.4 的规定执行。

6.3.13　志贺氏菌

　　按 GB/T 4789.5 的规定执行。

6.3.14　金黄色葡萄球菌

　　按 GB/T 4789.10 的规定执行。

6.3.15　溶血性链球菌

　　按 GB/T 4789.11 的规定执行。

6.3.16　商业无菌

　　按 GB/T 4789.26 的规定执行。

6.4　净含量

　　按 JJF 1070 的规定执行。

7　检验规则

　　按 NY/T 1055 的规定执行。

8　标志和标签

8.1　标志

　　应有绿色食品标志,储运图示按 GB/T 191 的规定执行。

8.2　标签

　　按 GB 10344 的规定执行。

9　包装、运输和贮存

9.1　包装

　　按 NY/T 658 的规定执行。

9.2　运输和贮存

　　按 NY/T 1056 的规定执行。

ICS 67.220.10
X 66

中华人民共和国农业行业标准

NY/T 1886—2010

绿色食品 复合调味料

Green food—Compound seasoning

2010-05-20 发布　　　　　　　　　　　　2010-09-01 实施

中华人民共和国农业部 发布

前　　言

本标准由中国绿色食品发展中心提出并归口。

本标准起草单位:农业部食品质量监督检验测试中心(上海)、中国绿色食品发展中心。

本标准主要起草人:朱建新、谢焱、韩奕奕、陈美莲、陈倩、邹明晖、吴榕。

绿色食品 复合调味料

1 范围

本标准规定了绿色食品复合调味料的术语和定义、产品分类、要求、试验方法、检验规则、标志、标签、包装、运输和贮存。

本标准适用于绿色食品复合调味料,包括固态复合调味料、液态复合调味料和复合调味酱等产品。

2 规范性引用文件

下列文件对于本文件的应用是必不可少的。凡是注日期的引用文件,仅注日期的版本适用于本文件。凡是不注日期的引用文件,其最新版本(包括所有的修改单)适用于本文件。

GB/T 4789.2 食品卫生微生物学检验 菌落总数测定

GB/T 4789.3 食品卫生微生物学检验 大肠菌群计数

GB/T 4789.4 食品卫生微生物学检验 沙门氏菌检验

GB/T 4789.5 食品卫生微生物学检验 志贺氏菌检验

GB/T 4789.10 食品卫生微生物学检验 金黄色葡萄球菌检验

GB/T 5009.3 食品中水分的测定

GB/T 5009.11 食品中总砷及无机砷的测定

GB/T 5009.12 食品中铅的测定

GB/T 5009.22 食品中黄曲霉毒素 B_1 的测定

GB/T 5009.28 食品中糖精钠的测定

GB/T 5009.29 食品中山梨酸、苯甲酸的测定

GB/T 5009.39 酱油卫生标准的分析方法

GB/T 5009.44 肉与肉制品卫生标准的分析方法

GB/T 5009.56 糕点卫生标准的分析方法

GB/T 5009.97 食品中环己基氨基磺酸钠的测定

GB/T 5009.190 食品中指示性多氯联苯含量的测定

GB/T 5749 生活饮用水卫生标准

GB/T 7718 预包装食品标签通则

GB/T 8967—2000 谷氨酸钠

GB/T 18782 调味品中 3-氯-1,2-丙二醇的测定

JJF 1070 定量包装商品净含量计量检验规则

NY/T 392 绿色食品 食品添加剂使用准则

NY/T 658 绿色食品 包装通用准则

NY/T 896 绿色食品 产品抽样准则

NY/T 1040 绿色食品 食用盐

NY/T 1053 绿色食品 味精

NY/T 1055 绿色食品 产品检验规则

NY/T 1056 绿色食品 贮藏运输准则

SB/T 10371—2003 鸡精调味料

国家质量监督检验检疫总局令 2005 年第 75 号 《定量包装商品计量监督管理办法》

3 术语和定义

下列术语和定义适用于本标准。

3.1

复合调味料　compound seasoning

用两种或两种以上的调味品配制，经特殊加工而成的调味料。

4 产品分类

4.1

固态复合调味料　solid compound seasoning

以两种或两种以上调味品为主要原料，添加或不添加辅料，加工而成的呈固态的复合调味料。

4.1.1

鸡精调味料　chicken essence seasoning

以味精、食用盐、鸡肉或鸡骨的粉末或其浓缩抽提物、呈味核苷酸二钠及其他辅料为原料，添加或不添加香辛料和（或）食用香料等增香剂，经混合干燥加工而成，具有鸡的鲜味和香味的复合调味料。

4.1.2

鸡粉调味料　chicken powder seasoning

以食用盐、味精、鸡肉或鸡骨的粉末或其浓缩抽提物、呈味核苷酸二钠及其他辅料为原料，添加或不添加香辛料和（或）食用香料等增香剂，经混合加工而成，具有鸡的浓郁香味和鲜美滋味的复合调味料。

4.1.3

牛肉粉调味料　beef powder seasoning

以牛肉的粉末或其浓缩抽提物、味精、食用盐及其他辅料为原料，添加或不添加香辛料和（或）食用香料等增香剂，经加工而成的具有牛肉鲜味和香味的复合调味料。

4.1.4

排骨粉调味料　sparerib powder seasoning

以猪排骨或猪肉的浓缩抽提物、味精、食用盐、食糖和面粉为主要原料，添加香辛料、呈味核苷酸二钠等其他辅料，经混合干燥加工而成的具有排骨鲜味和香味的复合调味料。

4.1.5

其他固态复合调味料　other solid compound seasoning

除鸡精调味料、鸡粉调味料、牛肉粉调味料、排骨粉调味料等以外的其他固态复合调味料。不包括海鲜粉复合调味料。

4.2

液态复合调味料　liquid compound seasoning

以两种或两种以上调味品为主要原料，添加或不添加辅料，加工而成的呈液态的复合调味料。

4.3

复合调味酱　compound flavouring paste

以两种或两种以上的调味品为主要原料，添加或不添加其他辅料，加工而成的呈酱状的复合调味酱。

4.3.1

风味酱　flavouring paste

以肉类、鱼类、贝类、果蔬、植物油、香辛调味料、食品添加剂和其他辅料配合制成的具有某种风味的调味酱。

4.3.2

沙拉酱 salad

以植物油、酸性配料(食醋、酸味剂)等为主料,辅以变性淀粉、甜味剂、食盐、香料、乳化剂、增稠剂等配料,经混合搅拌、乳化均质制成的酸味半固体乳化调味酱。

4.3.3

蛋黄酱 mayonnaise

以植物油、酸性配料(食醋、酸味剂)、蛋黄为主料,辅以变性淀粉、甜味剂、食盐、香料、乳化剂、增稠剂等配料,经混合搅拌、乳化均质制成的酸味半固体乳化调味酱。

5 要求

5.1 原料

5.1.1 味精

应符合 NY/T 1053 的规定。

5.1.2 食用盐

应符合 NY/T 1040 的规定。

5.1.3 加工用水

应符合 GB 5749 的规定。

5.1.4 其他原料

应符合绿色食品的有关要求。

5.2 食品添加剂

其他食品添加剂的使用应符合 NY/T 392 的规定。

5.3 感官

5.3.1 固态复合调味料

应符合表 1 的规定。

表 1 固态复合调味料的感官要求

项目	要求				
	鸡精调味料	鸡粉调味料	牛肉粉调味料	排骨粉调味料	其他复合调味料
形态	粉状、小颗粒状或块状	粉状	粉状	粉状	粉状、小颗粒状或块状
滋味和气味	具有鸡的鲜美滋味、香味纯正,无异味	具有鸡的鲜美滋味、香味纯正,无异味	具有牛肉的鲜美滋味、香味纯正,无异味	具有排骨的鲜美滋味、香味纯正,无异味	具有该产品应有的滋味、气味,无异味
色泽	具有该产品特有的色泽				
杂质	无肉眼可见杂质				

5.3.2 液态复合调味料

应符合表 2 的规定。

表 2 液态复合调味料的感官要求

项目	要求
色泽	黄褐、淡黄、乳黄或乳白色
形态	浓稠状或清澈透明液体,允许有微量聚集物
滋味和气味	具有该产品特有的滋味和气味,无异味
杂质	无肉眼可见杂质

5.3.3 复合调味酱

应符合表3的规定。

表3 复合调味酱的感官要求

项目	要求		
	风味酱	沙拉酱	蛋黄酱
色泽	具有该产品特有的色泽	具有该产品特有的色泽,整体色泽均匀一致	具有该产品特有的色泽
形态	呈黏稠、均匀的软膏状或半固体状态	均匀的半固体状态,无明显的析油、分层现象	呈黏稠、均匀的软膏状,无明显析油、分层现象
滋味和气味	产品应有的滋味和香味,无异味	口感幼滑,酸咸或甜酸风味,无异味	口感幼滑,产品应有的香味,无异味
杂质	无肉眼可见杂质		

5.4 理化指标

5.4.1 固态复合调味料

应符合表4的规定。

表4 固态复合调味料的理化指标   单位为克每百克

项目	指标				
	鸡精调味料	鸡粉调味料	牛肉粉调味料	排骨粉调味料	其他复合调味料
干燥失重	≤3.0	≤5.0	≤4.0	≤3.0	≤5.0
氯化物(以 NaCl 计)	≤40.0	≤45.0	≤45.0	≤50.0	≤50.0
总氮(以 N 计)	≥3.00	≥1.40	≥1.80	≥1.40	≥1.40
其他氮(以 N 计)	≥0.20	≥0.40	≥0.40	—	—
谷氨酸钠	≥35.0	≥10.0	≥15.0	≥12.0	≥10.0
呈味核苷酸二钠	≥1.10	≥0.30	≥0.90	≥0.30	≥0.30

5.4.2 液态复合调味料

应符合表5的规定。

表5 液态复合调味料的理化指标   单位为克每百克

项目	指标
总氮(以 N 计)	≥1.0
其他氮(以 N 计)	≥0.25
总固形物	≥30.0
氨基酸态氮(以 N 计)	≥0.50
氯化物(以 NaCl 计)	≤22.0

5.4.3 复合调味酱

应符合表6的规定。

表6 复合调味酱的理化指标

项目	指标	
	风味酱	沙拉酱和蛋黄酱
酸价(以脂肪计),(KOH)mg/g	≤3.0	—
过氧化值(以脂肪计),g/100 g	≤0.25	≤0.10

5.5 卫生指标

应符合表7的规定。

表7 复合调味料的卫生指标

项　　目	指　　标
总砷(以 As 计),mg/kg	≤0.5
铅(以 Pb 计),mg/kg	≤1.0
黄曲霉毒素 B_1,μg/kg	≤5
山梨酸或山梨酸钾(以山梨酸计),mg/kg	≤1 000
苯甲酸或苯甲酸钠(以苯甲酸计),mg/kg	不得检出(<1)
糖精钠,mg/kg	不得检出(<0.15)
环己基氨基磺酸钠,mg/kg	不得检出(<2)
3-氯-1,2-丙二醇[a],mg/kg	≤0.02
多氯联苯[b],mg/kg	≤2.0
PCB 138,mg/kg	≤0.5
PCB 153,mg/kg	≤0.5
菌落总数,cfu/g	≤8 000
大肠菌群,MPN/g	<3.0
致病菌(沙门氏菌、志贺氏菌、金黄色葡萄球菌)	不得检出
[a]　仅限于添加酱油的产品。	
[b]　仅限于含海产品的调味品,并以 PCB 28,PCB 52,PCB 101,PCB 118,PCB 138,PCB 153 和 PCB 180 总和计。	

5.6 净含量

应符合国家质量监督检验检疫总局令2005年第75号的规定。

6 试验方法

6.1 感官检验

6.1.1 色泽、形态和杂质

取部分试样,置于洁净的白色容器中,在自然光下观察色泽、形态和杂质。

6.1.2 气味和滋味

取适量试样,先闻其气味,然后用温开水漱口,再品尝试样的滋味。

6.2 理化检验

6.2.1 干燥失重

按 GB/T 8967—2000 中 6.8.2 的规定执行。

6.2.2 氯化物

按 SB/T 10371—2003 中 5.2.2 的规定执行。

6.2.3 总氮

按 SB/T 10371—2003 中 5.2.5 的规定执行。

6.2.4 其他氮

按 SB/T 10371—2003 中 5.2.6 的规定执行。

6.2.5 谷氨酸钠

按 SB/T 10371—2003 中 5.2.1 的规定执行。

6.2.6 呈味核苷酸二钠

按 SB/T 10371—2003 中 5.2.4 的规定执行。

6.2.7 总固形物

按 GB/T 5009.3 第一法规定的方法测定水分,并按下式计算总固形物:

总固形物＝100－水分。

6.2.8 氨基酸态氮

按 GB/T 5009.39 的规定执行。

6.2.9 挥发性盐基氮

按 GB/T 5009.44 的规定执行。

6.2.10 酸价、过氧化值

按 GB/T 5009.56 的规定执行。

6.3 卫生检验

6.3.1 总砷

按 GB/T 5009.11 的规定执行。

6.3.2 铅

按 GB/T 5009.12 的规定执行。

6.3.3 黄曲霉毒素 B_1

按 GB/T 5009.22 的规定执行。

6.3.4 山梨酸、苯甲酸

按 GB/T 5009.29 的规定执行

6.3.5 糖精钠

按 GB/T 5009.28 的规定执行

6.3.6 环己基氨基磺酸钠

按 GB/T 5009.97 的规定执行。

6.3.7 3-氯-1,2-丙二醇

按 GB/T 18782 的规定执行。

6.3.8 多氯联苯

按 GB/T 5009.190 的规定执行。

6.3.9 菌落总数

按 GB/T 4789.2 的规定执行。

6.3.10 大肠菌群

按 GB/T 4789.3 的规定执行。

6.3.11 致病菌(沙门氏菌、志贺氏菌、金黄色葡萄球菌)

分别按 GB/T 4789.4、GB/T 4789.5、GB/T 4789.10 的规定执行。

6.4 净含量

按 JJF 1070 的规定执行。

7 检验规则

按 NY/T 1055 的规定执行。

8 抽样方法

按 NY/T 896 的规定执行。

9 标志、标签

9.1 标志

产品包装上应标注绿色食品标志,具体标注办法按《中国绿色食品商品标志设计使用规定手册》的规定执行。

9.2 标签

按 GB/T 7718 的规定执行。

10 包装、运输和贮存

10.1 包装

按 NY/T 658 的规定执行。

10.2 运输和贮存

按 NY/T 1056 的规定执行。

ICS 67.100.10
X 16

中华人民共和国农业行业标准

NY/T 1887—2010

绿色食品 乳清制品

Green food—Whey products

2010-05-20 发布

2010-09-01 实施

中华人民共和国农业部 发布

前　言

本标准由中国绿色食品发展中心提出并归口。

本标准主要起草单位：农业部食品质量监督检验测试中心（上海）、中国绿色食品发展中心。

本标准主要起草人：郑小平、谢焱、韩奕奕、孟瑾、陈美莲、陈倩、朱建新、赵嘉胤、邹明晖、严成刚。

绿色食品 乳清制品

1 范围

本标准规定了绿色食品乳清制品的术语和定义、要求、试验方法、检验规则、标签、标志、包装、运输贮存。

本标准适用于绿色食品乳清制品,包括以乳清为原料,制成的乳清粉、乳清蛋白粉等产品;不适用于乳清饮料、乳钙、乳清渗析粉、乳铁蛋白及其他免疫乳蛋白等产品。

2 规范性引用文件

下列文件对于本文件的应用是必不可少的。凡是注日期的引用文件,仅注日期的版本适用于本文件。凡是不注日期的引用文件,其最新版本(包括所有的修改单)适用于本文件。

GB/T 191　包装储运图示标志

GB 4789.1—2008　食品卫生微生物学检验　总则

GB 4789.2　食品卫生微生物学检验　菌落总数测

GB 4789.3　食品卫生微生物学检验　大肠菌群计数

GB/T 4789.4　食品卫生微生物学检验　沙门氏菌检验

GB/T 4789.10　食品卫生微生物学检验　金黄色葡萄球菌检验

GB/T 4789.15　食品卫生微生物学检验　霉菌和酵母计数

GB/T 4789.27　食品卫生微生物学检验　鲜乳中抗生素残留量检验

GB/T 4789.40　食品卫生微生物学检验　阪崎肠杆菌检验

GB/T 5009.3　食品中水分的测定

GB/T 5009.4　食品中灰分的测定

GB/T 5009.5　食品中蛋白质的测定

GB/T 5009.11　食品中总砷及无机砷的测定

GB/T 5009.12　食品中铅的测定

GB/T 5009.33　食品中亚硝酸盐与硝酸盐的测定

GB 5749　生活饮用水卫生标准

GB 7718　预包装食品标签通则

GB 12693　乳制品企业良好生产规范

GB 13432　预包装特殊膳食食品标签通则

GB/T 18980　乳和乳粉中黄曲霉毒素 M_1 的测定　免疫亲和层析净化高效液相色谱法和荧光光度法

JJF 1070　定量包装商品净量计量检验规则

NY/T 391　绿色食品　产地环境技术条件

NY/T 392　绿色食品　食品添加剂使用准则

NY/T 658　绿色食品　包装通用准则

NY/T 829　牛奶中氨苄青霉素残留检测方法　高效液相色谱法

NY/T 1055　绿色食品　产品检验规则

NY/T 1056　绿色食品　贮藏运输准则

NY 5140—2005　无公害食品　液态乳

国家质量监督检验检疫总局令 2005 年第 75 号　《定量包装商品计量监督管理办法》

3 术语和定义

下列术语和定义适用于本标准。

3.1

乳清 whey

牛乳经膜过滤或凝结后分离出来的液体。

3.2

乳清粉 whey powder

以乳清为原料,经浓缩、干燥制成的粉末状产品。

3.3

乳清蛋白粉 whey protein powder

以乳清为原料,经超滤、浓缩和干燥等工艺制成的蛋白含量大于等于 25%的粉末状产品。

4 要求

4.1 原料

应符合绿色食品有关规定。

4.2 辅料

4.2.1 加工用水

应符合 GB 5749 的规定。

4.2.2 食品添加剂

应符合 NY/T 392 的规定。

4.3 加工

应符合 GB 12693 的规定。

4.4 感官

应符合表 1 的规定。

表 1 感官指标

项 目	要 求
色泽	均匀一致的乳白色或乳黄色
滋味和气味	具有该产品特有的滋味和气味,无异味
组织状态	干燥均匀的粉末状产品、无结块
杂质	无肉眼可见的外来杂质

4.5 理化指标

应符合表 2 的规定。

表 2 理化指标　　　　　　　　　　单位为克每百克

项 目	指　标	
	乳清粉	乳清蛋白粉
蛋白质(X)	$7.0 \leqslant X < 25.0$	$\geqslant 25.0$
水分	$\leqslant 5.0$	$\leqslant 6.0$
灰分	$\leqslant 15.0$	$\leqslant 9.0$

4.6 卫生指标

应符合表 3 的规定。

表 3　卫生指标

项　　　目	指　　　标
铅(以 Pb 计),mg/kg	≤0.10
无机砷(以 As 计),mg/kg	≤0.25
硝酸盐(以 $NaNO_3$ 计),mg/kg	≤50
亚硝酸盐(以 $NaNO_2$ 计),mg/kg	≤1.8
黄曲霉毒素 M_1,μg/kg	≤0.5
四环素,μg/kg	≤100
土霉素,μg/kg	≤100
金霉素,μg/kg	≤100
磺胺类,μg/kg	≤100
氨苄青霉素,μg/kg	≤10
青霉素、卡那霉素、链霉素、庆大霉素	阴性

4.7　微生物学指标

应符合表 4 的规定。

表 4　微生物学指标

项　　目	采样方案[a] 及限量(若非指定,均以 cfu/g 或 cfu/mL 表示)			
	n	c	m	M
菌落总数	5	2	1 000	10 000
大肠菌群	5	2	10	100
酵母/霉菌	≤50			
阪崎肠杆菌	5	0	0/100g	—
沙门氏菌	5	0	0/25g	—
金黄色葡萄球菌	5	0	0/25g	—
[a]　按 GB/T 4789.1—2008 中 4.2.1 执行。				

4.8　净含量

应符合国家质量监督检验检疫总局令 2005 年第 75 号的规定。

5　试验方法

5.1　感官

将适量试样放在白色平盘中,在自然光下观察色泽、组织状态和杂质,然后闻其气味,用温开水漱口,再品尝样品的滋味。

5.2　净含量

按 JJF 1070 的规定执行。

5.3　理化指标

5.3.1　蛋白质

按 GB/T 5009.5 的规定执行。

5.3.2　水分

按 GB/T 5009.3 的规定执行。

5.3.3　灰分

按 GB/T 5009.4 的规定执行。

5.4　卫生指标

5.4.1　铅

按 GB/T 5009.12 的规定执行。

5.4.2 无机砷

按 GB/T 5009.11 的规定执行。

5.4.3 硝酸盐和亚硝酸盐

按 GB/T 5009.33 的规定执行。

5.4.4 黄曲霉毒素 M_1

按 GB/T 18980 的规定执行。

5.4.5 四环素、土霉素、金霉素

称取 2 g 样品，精确至 0.000 1 g，按 NY 5140—2005 中附录 A 的规定执行。

5.4.6 氨苄青霉素

按 NY/T 829 的规定执行。

5.4.7 青霉素、卡那霉素、链霉素、庆大霉素

按 GB/T 4789.27 的规定执行。

5.5 微生物指标

5.5.1 菌落总数

按 GB 4789.2 的规定执行。

5.5.2 大肠菌群

按 GB 4789.3 的规定执行。

5.5.3 酵母和霉菌

按 GB 4789.15 的规定执行。

5.5.4 阪崎肠杆菌

按 GB/T 4789.40 的规定执行。

5.5.5 沙门氏菌、金黄色葡萄球菌

分别按 GB 4789.4 和 GB 4789.10 的规定执行。

6 检验规则

按 NY/T 1055 的规定执行。

7 标签、标志

7.1 标签

标签按 GB 7718 和 GB 13432 的规定执行及国家其他相关规定。

7.2 标志

包装应有绿色食品标志。储运图示按 GB/T 191 的规定执行。

8 包装、运输和贮存

8.1 包装

按 NY/T 658 的规定执行。

8.2 运输和贮存

按 NY/T 1056 的规定执行。

ICS 67.120.30
X 20

NY/T 1888—2010

中华人民共和国农业行业标准

绿色食品　软体动物休闲食品

Green food—Mollusk leisure food

2010-05-20 发布　　　　　　　　　　　　2010-09-01 实施

中华人民共和国农业部 发布

前　言

本标准由中国绿色食品发展中心提出并归口。

本标准起草单位：广东海洋大学、国家海产品质量监督检验中心（湛江）。

本标准主要起草人：黄和、蒋志红、周浓、罗林、吴晓萍、陈宏、黄国方、叶盛权、陈良、吴文龙。

绿色食品　软体动物休闲食品

1　范围

本标准规定了绿色食品软体动物休闲食品的术语和定义、要求、试验方法、检验规则、标签、标志、包装、运输和贮存。

本标准适用于绿色食品软体动物休闲食品，包括头足类休闲食品和贝类休闲食品等产品；本标准不适用于熏制软体动物休闲食品。

2　规范性引用文件

下列文件对于本文件的应用是必不可少的。凡是注日期的引用文件，仅注日期的版本适用于本文件。凡是不注日期的引用文件，其最新版本（包括所有的修改单）适用于本文件。

GB 2733　鲜、冻动物性水产品卫生标准

GB/T 4789.2　食品卫生微生物学检验　菌落总数测定

GB/T 4789.3　食品卫生微生物学检验　大肠菌群计数

GB/T 4789.4　食品卫生微生物学检验　沙门氏菌检验

GB/T 4789.7　食品卫生微生物学检验　副溶血性弧菌检验

GB/T 4789.10　食品卫生微生物学检验　金黄色葡萄球菌检验

GB/T 4789.30　食品卫生微生物学检验　单核细胞增生李斯特氏菌检验

GB/T 5009.3　食品中水分的测定

GB/T 5009.11　食品中总砷及无机砷的测定

GB/T 5009.17　食品中总汞及有机汞的测定

GB/T 5009.28　食品中糖精钠的测定

GB/T 5009.29　食品中山梨酸、苯甲酸的测定

GB/T 5009.34　食品中亚硫酸盐的测定

GB/T 5009.97　食品中环己基氨基磺酸钠的测定

GB/T 5009.190　食品中指示性多氯联苯含量的测定

GB 5749　生活饮用水卫生标准

GB 7718　预包装食品标签通则

GB/T 23497—2009　鱿鱼丝

JJF 1070　定量包装商品净含量计量检验规则

NY/T 392　绿色食品　食品添加剂使用准则

NY/T 658　绿色食品　包装通用准则

NY/T 1040　绿色食品　食用盐

NY/T 1055　绿色食品　产品检验规则

NY/T 1056　绿色食品　贮藏运输准则

NY/T 1329　绿色食品　海水贝

SC/T 3009　水产品加工质量管理规范

SC/T 3011　水产品中盐分的测定

国家质量监督检验检疫总局令 2005 年第 75 号　《定量包装商品计量监督管理方法》

3 术语和定义

下列术语和定义适用于本标准。

3.1

头足类休闲食品 cephalopods leisure food

以鲜或冻鱿鱼、墨鱼和章鱼等头足类水产品为原料,经清洗、预处理、水煮、调味、熟制或杀菌等工序制成的食品。

3.2

贝类休闲食品 shellfish leisure food

以活或冻扇贝、牡蛎、贻贝、蛤、蛏、蚶等贝类为原料,经清洗、水煮、调味、熟制或杀菌等工序制成的食品。

4 要求

4.1 原辅料

4.1.1 原料

原料应符合 GB 2733、NY/T 1329 的规定。

4.1.2 辅料

食品添加剂应符合 NY/T 392 的规定;食用盐应符合 NY/T 1040 的规定;其他辅料应符合相应的标准及有关规定。

4.1.3 加工用水

应符合 GB 5749 的规定。

4.2 加工

加工过程的卫生要求及加工企业质量管理应符合 SC/T 3009 的规定。

4.3 感官

应符合表 1 的规定。

表 1 感官要求

项 目	要 求	
	头足类休闲食品	贝类休闲食品
色泽	具有本品应有的色泽	
组织形态	组织紧密适度,呈丝条状、片状或本品固有形状	组织紧密适度,呈粒状或本品固有形状
气味与滋味	具有本品应有的气味与滋味,无异味	
杂质	无肉眼可见杂质	

4.4 理化指标

应符合表 2 的规定。

表 2 理化指标　　　　　　　　　　　　　　　　　　　　单位为克每百克

项 目	指 标	
	头足类休闲食品	贝类休闲食品
碎末率[a]	净含量＜500 g　　　　　≤1	

表 2（续）

项 目	指 标		
	头足类休闲食品		贝类休闲食品
碎末率[a]	净含量 500 g～1 000 g	≤2	—
	净含量≥1 000 g	≤3	
水分	鱿鱼丝 22～30		≤70
	墨鱼丝≤30		
	其他产品≤55		
盐分（以 NaCl 计）	鱿鱼丝 2～8		≤8
	其他产品≤8		
[a]　不适用于风味鱿鱼丝。			

4.5　净含量

应符合国家质量监督检验检疫总局令(2005)第 75 号的规定。

4.6　卫生指标

应符合表 3 的规定。

表 3　卫生指标

项 目	指 标
无机砷（以 As 计），mg/kg	≤1.0
甲基汞，mg/kg	≤0.5
多氯联苯，mg/kg （以 PCB 28、PCB 52、PCB 101、PCB 118、PCB 138、PCB 153 和 PCB 180 总和计）	≤2.0
PCB 138，mg/kg	≤0.5
PCB 153，mg/kg	≤0.5
亚硫酸盐（以 SO_2 计），mg/kg	≤30
糖精钠，mg/kg	不得检出（<0.15）
环己基氨基磺酸钠，mg/kg	不得检出（<2）
苯甲酸及其钠盐（以苯甲酸计），mg/kg	不得检出（<1）
山梨酸及其钾盐（以山梨酸计），g/kg	≤1.0

4.7　微生物学指标

应符合表 4 的规定。

表 4　微生物学指标

项 目	指 标
菌落总数，cfu/g	≤30 000
大肠菌群，MPN/g	<3.0
沙门氏菌	不得检出
副溶血性弧菌	不得检出
金黄色葡萄球菌	不得检出
李斯特氏菌	不得检出

5 试验方法

5.1 感官检验

取至少三个包装的样品,将试样平摊于白色搪瓷平盘内,在光线充足、无异味、清洁卫生的环境中检验。

5.2 净含量测定

按 JJF 1070 的规定执行。

5.3 理化指标检验

5.3.1 碎末率

按 GB/T 23497—2009 中 5.3.1 的规定执行。

5.3.2 水分

按 GB/T 5009.3 的规定执行。

5.3.3 盐分

按 SC/T 3011 的规定执行。

5.4 卫生指标检验

5.4.1 无机砷

按 GB/T 5009.11 的规定执行。

5.4.2 甲基汞

按 GB/T 5009.12 的规定执行。

5.4.3 多氯联苯

按 GB/T 5009.190 的规定执行。

5.4.4 亚硫酸盐

按 GB/T 5009.34 的规定执行。

5.4.5 糖精钠

按 GB/T 5009.28 的规定执行。

5.4.6 环己基氨基磺酸钠

按 GB/T 5009.97 的规定执行。

5.4.7 苯甲酸及其钠盐、山梨酸及其钾盐

按 GB/T 5009.29 的规定执行。

5.5 微生物学指标检验

5.5.1 菌落总数检验

按 GB/T 4789.2 的规定执行。

5.5.2 大肠菌群检验

按 GB/T 4789.3 的规定执行。

5.5.3 沙门氏菌检验

按 GB/T 4789.4 的规定执行。

5.5.4 副溶血性弧菌检验

按 GB/T 4789.7 的规定执行。

5.5.5 金黄色葡萄球菌检验

按 GB/T 4789.10 的规定执行。

5.5.6 李斯特氏菌检验

按 GB/T 4789.30 的规定执行。

6 检验规则

按 NY/T 1055 的规定执行。

7 标签和标志

7.1 标签

按 GB 7718 规定执行。

7.2 标志

产品的包装上应有绿色食品标志。标志设计和使用应符合中国绿色食品发展中心的规定。

8 包装、运输和贮存

8.1 包装

包装及包装材料按 NY/T 658 的规定执行。

8.2 运输和贮存

按 NY/T 1056 的规定执行。

ICS 67.080
X 28

中华人民共和国农业行业标准

NY/T 1889—2010

绿色食品 烘炒食品

Green food—Roasted food

2010-05-20 发布

2010-09-01 实施

中华人民共和国农业部 发布

前　言

本标准由中国绿色食品发展中心提出并归口。

本标准起草单位:中国科学院沈阳应用生态研究所农产品安全与环境质量检测中心。

本标准主要起草人:王颜红、王莹、王瑜、陈倩、张宪、崔杰华、林桂凤。

绿色食品 烘炒食品

1 范围

本标准规定了绿色食品烘炒食品的术语和定义、要求、试验方法、检验规则、标志和标签、包装、运输与贮存。

本标准适用于绿色食品烘炒食品,不包括以花生或芝麻为原料的烘炒食品。

2 规范性引用文件

下列文件对于本文件的应用是必不可少的。凡是注日期的引用文件,仅注日期的版本适用于本文件。凡是不注日期的引用文件,其最新版本(包括所有的修改单)适用于本文件。

GB/T 191 包装储运图示标志

GB/T 4789.2 食品卫生微生物学检验 菌落总数测定

GB/T 4789.3 食品卫生微生物学检验 大肠菌群计数

GB/T 4789.4 食品卫生微生物学检验 沙门氏菌检验

GB/T 4789.5 食品卫生微生物学检验 志贺氏菌检验

GB/T 4789.10 食品卫生微生物学检验 金黄色葡萄球菌检验

GB/T 4789.15 食品卫生微生物学检验 霉菌和酵母计数

GB/T 5009.3 食品中水分的测定

GB/T 5009.11 食品中总砷及无机砷的测定

GB/T 5009.12 食品中铅的测定

GB/T 5009.15 食品中镉的测定

GB/T 5009.17 食品中总汞及有机汞的测定

GB/T 5009.18 食品中氟的测定

GB/T 5009.22 食品中黄曲霉毒素 B_1 的测定

GB/T 5009.28—2003 食品中糖精钠的测定

GB/T 5009.29—2003 食品中苯甲酸、山梨酸的测定

GB/T 5009.34 食品中亚硫酸盐的测定

GB/T 5009.37 食用植物油卫生标准的分析方法

GB/T 5009.97 食品中环己基氨基磺酸钠的测定

GB/T 5009.140 饮料中乙酰磺胺酸钾的测定

GB 7718 预包装食品标签通则

GB 14881 食品企业通用卫生标准

JJF 1070 定量包装商品净含量计量检验规则

NY/T 392 绿色食品 食品添加剂使用准则

NY/T 658 绿色食品 包装通用准则

NY/T 1055 绿色食品 产品检验规则

NY/T 1056 绿色食品 贮藏运输准则

SN/T 1050 进出口食品中抗氧化剂的测定 液相色谱法

国家质量监督检验检疫总局令 2005 年第 75 号 《定量包装商品计量监督管理办法》《中国绿色食品商标标志设计使用规范手册》

3 术语和定义

下列术语和定义适用于本标准。

3.1

烘炒食品 roasted food

以果蔬籽、果仁、坚果等为主要原料,添加或不添加辅料,经烘烤或炒制而成的食品。

4 要求

4.1 原料和辅料

原料应符合相应绿色食品产品标准要求。食品添加剂按照 NY/T 392 执行。

4.2 加工过程

应符合 GB 14881 的规定。

4.3 感官

具有正常果蔬籽、果仁、坚果等食品固有的外形、色泽、气味和滋味,口感好,无酸败、哈败、焦糊等异味,无异物、无霉变、无虫蛀。

4.4 理化指标

应符合表 1 的规定。

表 1 理化指标

项 目	指 标
水分[a],g/100 g	≤7
酸价(以脂肪计),KOH mg/g	≤3
过氧化值(以脂计),g/100 g	≤0.25
[a] 烘炒板栗水分≤15 g/100 g。	

4.5 卫生指标

应符合表 2 的规定。

表 2 卫生指标

项 目	指 标
无机砷(以 As 计),mg/kg	≤0.2
铅(以 Pb 计),mg/kg	≤0.2
总汞(以 Hg 计),mg/kg	≤0.01
镉(以 Cd 计),mg/kg	≤0.1
氟(以 F 计),mg/kg	≤1.0
糖精钠,mg/kg	不得检出(<0.2)
环己基氨基磺酸钠,mg/kg	不得检出(<2)
乙酰磺胺酸钾,g/kg	≤3
苯甲酸,mg/kg	不得检出(<1)
山梨酸,g/kg	≤1
特丁基对苯二酚(TBHQ),mg/kg	≤200
黄曲霉毒素 B_1,μg/kg	≤5
二氧化硫,mg/kg	≤50

4.6 微生物学指标

应符合表 3 的规定。

表 3　微生物学指标

项　目	指　标
菌落总数，cfu/g	≤1 000
大肠菌群，MPN/g	≤3.0
致病菌(沙门氏菌、志贺氏菌、金黄色葡萄球菌)	不得检出
霉菌和酵母，cfu/g	≤50

4.7　净含量

应符合国家质量监督检验检疫总局令 2005 年第 75 号的规定。

5　试验方法

5.1　感官

随机抽取 100 g～200 g 样品置于清洁、干燥的白瓷盘中，在自然光下，用目测检查色泽、颗粒形态和杂质、霉变和虫蛀情况，带壳产品应除外壳后检查；嗅其气味，尝其滋味与口感。

5.2　净含量

按 JJF 1070 的规定执行。

5.3　理化指标

5.3.1　水分

按 GB/T 5009.3 的规定执行。

5.3.2　酸价

按 GB/T 5009.37 的规定执行。

5.3.3　过氧化值

按 GB/T 5009.37 的规定执行。

5.4　卫生指标

5.4.1　无机砷

按 GB/T 5009.11 的规定执行。

5.4.2　铅

按 GB/T 5009.12 的规定执行。

5.4.3　总汞

按 GB/T 5009.17 的规定执行。

5.4.4　镉

按 GB/T 5009.15 的规定执行。

5.4.5　氟

按 GB/T 5009.18 的规定执行。

5.4.6　糖精钠

称取 5.00 g～10.00 g 样品，加入 70 mL 蒸馏水，匀浆，离心过滤，加氨水(1+1)洗涤滤纸上沉淀，并调滤液 pH 至 7 左右，定容至 100 mL，经 0.45 μm 滤膜过滤。按 GB/T 5009.28—2003 第一法 5.2～5.4 进行测定和计算。

5.4.7　环己基氨基磺酸钠

按 GB/T 5009.97 的规定执行。

5.4.8　乙酰磺胺酸钾

按 GB/T 5009.140 的规定执行。

5.4.9 苯甲酸、山梨酸

称取 5.00 g～10.00 g 样品,加入 70 mL 蒸馏水,匀浆,离心过滤,加氨水(1+1)洗涤滤纸上沉淀,并调滤液 pH 至 7 左右,定容至 100 mL,经 0.45 μm 滤膜过滤。按 GB/T 5009.29—2003 第二法 9.2～9.3 进行测定和计算。

5.4.10 特丁基对苯二酚(TBHQ)

按 SN/T 1050 的规定执行。

5.4.11 黄曲霉毒素 B_1

按 GB/T 5009.22 的规定执行。

5.4.12 二氧化硫

按 GB/T 5009.34 的规定执行。

5.5 微生物指标

5.5.1 菌落总数

按 GB/T 4789.2 的规定执行。

5.5.2 大肠菌群

按 GB/T 4789.3 的规定执行。

5.5.3 致病菌

按 GB/T 4789.4、GB/T 4789.5、GB/T 4789.10 的规定执行。

5.5.4 霉菌和酵母

按 GB/T 4789.15 的规定执行。

6 检验规则

按 NY/T 1055 的规定执行。

7 标志和标签

7.1 标志

产品包装上应标注绿色食品标志,其标注办法按《中国绿色食品商标标志设计使用规范手册》的规定执行。储运图示按 GB/T 191 的规定执行。

7.2 标签

应符合 GB 7718 的规定。

8 包装、运输和贮存

8.1 包装

8.1.1 包装容器和包装材料应符合 NY/T 658 的规定。

8.1.2 包装应使用防透水性材料,封口严密,包装袋内不应装入与食品无关的物品(如玩具、文具及其他非食用品等)。若装入干燥剂,则应无毒、无害,使用包装袋与食品有效分隔,并标注"非食用"字样。

8.2 运输

基本要求应符合 NY/T 1056 的有关规定。运输中应轻装、轻卸,防雨、防晒,防止挤压。不应与有毒、有害、易挥发、有异味或影响产品质量的物品混装运输。

8.3 贮存

基本要求应符合 NY/T 1056 的有关规定。产品应贮存于通风、干燥、阴凉、清洁的场所,严防日晒、雨淋及有害物质的危害。存放时应堆放整齐,防止挤压。中长期贮存时,应按品种、规格分别堆放,要保证有足够的散热间距,不应与有毒、有害、有异味、易挥发、易腐蚀的物品同处贮存。

ICS 67.060
X 28

中华人民共和国农业行业标准

NY/T 1890—2010

绿色食品 蒸制类糕点

Green food—Steamed pastry

2010-05-20 发布

2010-09-01 实施

中华人民共和国农业部 发布

前　言

本标准由中国绿色食品发展中心提出并归口。

本标准起草单位:农业部谷物及制品质量监督检验测试中心(哈尔滨)。

本标准主要起草人:程爱华、廖辉、赵琳、王乐凯、李宛、苏萍、马永华、陈国友、李辉、顾晓红、高春霞、单宏、张晓波、杜英秋、金海涛、任红波。

绿色食品 蒸制类糕点

1 范围

本标准规定了绿色食品蒸制类糕点的术语和定义、分类、要求、试验方法、检验规则、标志和标签、包装、运输和贮存。

本标准适用于绿色食品蒸制类糕点；也适用于绿色食品馒头和花卷。

2 规范性引用文件

下列文件对于本文件的应用是必不可少的。凡是注日期的引用文件，仅注日期的版本适用于本文件。凡是不注日期的引用文件，其最新版本（包括所有的修改单）适用于本文件。

GB/T 4789.2 食品卫生微生物学检验 菌落总数测定

GB/T 4789.3 食品卫生微生物学检验 大肠菌群计数

GB/T 4789.4 食品卫生微生物学检验 沙门氏菌检验

GB/T 4789.5 食品卫生微生物学检验 志贺氏菌检验

GB/T 4789.10 食品卫生微生物学检验 金黄色葡萄球菌检验

GB/T 4789.15 食品卫生微生物学检验 霉菌和酵母计数

GB/T 5009.3 食品中水分的测定

GB/T 5009.5 食品中蛋白质的测定

GB/T 5009.11 食品中总砷及无机砷的测定

GB/T 5009.12 食品中铅的测定

GB/T 5009.15 食品中镉的测定

GB/T 5009.17 食品中总汞及有机汞的测定

GB/T 5009.22 食品中黄曲霉毒素 B_1 的测定

GB/T 5009.28 食品中糖精钠的测定

GB/T 5009.29 食品中山梨酸、苯甲酸的测定

GB/T 5009.34 食品中亚硫酸盐的测定

GB/T 5009.35 食品中合成着色剂的测定

GB/T 5009.56 糕点卫生标准的分析方法

GB/T 5009.97 食品中环己基氨基磺酸钠的测定

GB/T 5009.182 面制食品中铝的测定

GB 7718 预包装食品标签通则

GB 8957 糕点厂卫生规范

GB/T 23780 糕点质量检验方法

JJF 1070 定量包装商品净含量计量检验规则

NY/T 392 绿色食品 食品添加剂使用准则

NY/T 658 绿色食品 包装通用准则

NY/T 1055 绿色食品 产品检验规则

NY/T 1056 绿色食品 贮藏运输准则

国家质量监督检验检疫总局令 2005 年第 75 号 《定量包装商品计量监督管理办法》

《中国绿色食品商标标志设计使用规范手册》

3 术语和定义

下列术语和定义适用于本标准。

3.1
糕点 pastry

以谷物粉、油、糖、蛋等为主料,添加(或不添加)适量辅料,经调制、成型、熟制等工序制成的食品。

3.2
蒸制糕点 steamed pastry

水蒸熟制的一类糕点。

4 分类

4.1 蒸蛋糕类

以鸡蛋为主要原料,经打蛋、调糊、注模、蒸制而成的组织松软的制品。

4.2 印模糕类

以熟或生的原辅料,经拌合、印模成型、熟制或不熟制而成的口感松软的糕类制品。

4.3 韧糕类

以糯米粉、糖为主要原料,经蒸制、成型而成的韧性糕类制品。

4.4 发糕类

以小麦粉或米粉为主要原料调制成面团,经发酵、蒸制、成型而成的带有蜂窝状组织的松软糕类制品。

4.5 松糕类

以粳米粉、糯米粉为主要原料调制成面团,经成型、蒸制而成的口感松软的糕类制品。

5 要求

5.1 原辅料

原料应符合相应绿色食品标准的规定,辅料应符合相应绿色食品标准或国家标准的规定。

5.2 食品添加剂

应符合 NY/T 392 的规定。

5.3 加工过程

应符合 GB 8957 的规定。

5.4 感官

应符合表 1 的规定。

表 1 感官要求

项目	要求
形态	外形整齐,具有该品种应有的形态特征
色泽	颜色均匀,具有该品种应有的色泽特征
组织	粉质细腻,粉油均匀,不松散,不掉渣,无糖粒,无粉块,组织松软,有弹性,具有该品种应有的组织特征
滋味与口感	味纯正,无异味,具有该品种应有的风味和口感特征
杂质	无可见杂质

5.5 理化指标

应符合表 2 的规定。

表2 理化指标

项 目	指 标	
	蒸蛋糕类	其他类
干燥失重,g/100 g	≤35.0	≤44.0
蛋白质,g/100 g	≥4.0	—
总糖(以葡萄糖计),g/100 g	≤46.0	≤42.0

5.6 卫生指标

应符合表3的规定。

表3 卫生指标

项 目	指 标
无机砷,mg/kg	≤0.15
汞,mg/kg	≤0.02
铅,mg/kg	≤0.2
镉,mg/kg	≤0.1
铝,mg/kg	不得检出(<25)
酸价(以脂肪计)[a],(KOH)mg/g	≤5
过氧化值(以脂肪计)[b],g/100g	≤0.25
苯甲酸,mg/kg	不得检出(<1)
山梨酸,g/kg	≤1.0
糖精钠,mg/kg	不得检出(<0.15)
环己基氨基磺酸钠,mg/kg	不得检出(<2)
合成着色剂,mg/kg	不得检出
黄曲霉毒素 B_1,μg/kg	≤5
二氧化硫,mg/kg	≤50
[a,b] 不适用于蒸制的馒头和花卷。	

5.7 微生物学指标

表4 微生物学指标

项 目	指 标
菌落总数[a],cfu/g	≤1 500
大肠菌群,MPN/g	<3.0
霉菌,cfu/g	≤100
致病菌(沙门氏菌、志贺氏菌、金黄色葡萄球菌)	不得检出
[a] 不适用于蒸制的馒头和花卷。	

5.8 净含量

应符合国家技术监督局令2005年第75号《定量包装商品计量监督管理办法》。

6 试验方法

6.1 感官

按GB/T 23780的规定执行。

6.2 理化指标

6.2.1 干燥失重

按GB/T 5009.3的规定执行。

6.2.2 蛋白质

按GB/T 5009.5的规定执行。

6.2.3 总糖

按 GB/T 23780 的规定执行。

6.3 卫生指标

6.3.1 无机砷

按 GB/T 5009.11 的规定执行。

6.3.2 汞

按 GB/T 5009.17 的规定执行。

6.3.3 铅

按 GB/T 5009.12 的规定执行。

6.3.4 镉

按 GB/T 5009.15 的规定执行。

6.3.5 铝

按 GB/T 5009.182 的规定执行。

6.3.6 酸价、过氧化值

按 GB/T 5009.56 的规定执行。

6.3.7 苯甲酸、山梨酸

按 GB/T 5009.29 的规定执行。

6.3.8 二氧化硫

按 GB/T 5009.34 的规定执行。

6.3.9 糖精钠

按 GB/T 5009.28 的规定执行。

6.3.10 环己基氨基磺酸钠

按 GB/T 5009.97 的规定执行。

6.3.11 合成着色剂

按 GB/T 5009.35 的规定执行。

6.3.12 黄曲霉毒素 B_1

按 GB/T 5009.22 的规定执行。

6.4 微生物学指标

6.4.1 菌落总数

按 GB/T 4789.2 的规定执行。

6.4.2 大肠菌群

按 GB/T 4789.3 的规定执行。

6.4.3 霉菌总数

按 GB/T 4789.15 的规定执行。

6.4.4 致病菌

按 GB/T 4789.4、GB/T 4789.5、GB/T 4789.10 的规定执行。

6.5 净含量

按 JJF 1070 的规定执行。

7 检验规则

按 NY/T 1055 的规定执行。

8 标签和标志

8.1 标志

包装上应有绿色食品标志,具体标注方法按《中国绿色食品商标标志设计使用规范手册》的有关规定执行。

8.2 标签

按 GB 7718 的规定执行。

9 包装、运输和贮存

9.1 包装

按 NY/T 658 的规定执行。

9.2 运输和贮存

按 NY/T 1056 的规定执行。

ICS 67.120.30
X 20

中华人民共和国农业行业标准

NY/T 1891—2010

绿色食品　海洋捕捞水产品
生产管理规范

Green food—Manufacturing practice standard of ocean fishery products

2010-05-20 发布　　　　　　　　　　　　　2010-09-01 实施

中华人民共和国农业部 发布

前　言

本标准由中国绿色食品发展中心提出并归口。

本标准起草单位：广东海洋大学、国家海产品质量监督检验中心（湛江）。

本标准主要起草人：黄和、刘亚、陈倩、吴红棉、罗林、李秀娟、陈宏、曹湛慧。

绿色食品 海洋捕捞水产品生产管理规范

1 范围

本标准规定了海洋捕捞水产品渔业捕捞许可要求、人员要求、渔船卫生要求、捕捞作业要求、渔获物冷却处理、渔获物冻结操作、渔获物装卸操作、渔获物运输和贮存等。

本标准适用于绿色食品海洋捕捞水产品的生产管理。

2 规范性引用文件

下列文件对于本文件的应用是必不可少的。凡是注日期的引用文件，仅注日期的版本适用于本文件。凡是不注日期的引用文件，其最新版本（包括所有的修改单）适用于本文件。

GB 5749 生活饮用水卫生标准

GB/T 23871 水产品加工企业卫生管理规范

NY/T 392 绿色食品 食品添加剂使用准则

SC 5010 塑料鱼箱

SC/T 9003 水产品冻结盘

3 渔业捕捞许可要求

3.1 渔船应向相关部门申请登记，取得船舶技术证书，方可从事渔业捕捞。

3.2 捕捞应经主管机关批准并领取渔业捕捞许可证，在许可的捕捞区域进行作业。

4 人员要求

4.1 从事海洋捕捞的人员应培训合格，持证上岗。

4.2 从事海洋捕捞及相关岗位的人员应每年体检一次，必要时应进行临时性的健康检查，具备卫生部门的健康证书，建立健康档案。凡患有活动性肺结核、传染性肝炎、肠道传染病以及其他有碍食品卫生的疾病之一者，应调离工作岗位。

4.3 应注意个人卫生，工作服、雨靴、手套应及时更换，清洗消毒。

5 渔船卫生要求

5.1 生产用水和冰的要求

5.1.1 渔船生产用水及制冰用水应符合 GB 5749 的规定。

5.1.2 使用的海水应为清洁海水，经充分消毒后使用，并定期检测。

5.1.3 冰的制造、破碎、运输、贮存应在卫生条件下进行。

5.2 化学品的使用要求

清洗剂、消毒剂和杀虫剂等化学品应有标注成分、保存和使用方法等内容的标签，单独存放保管，并做好库存和使用记录。

5.3 基本设施要求

5.3.1 存放及加工捕捞水产品的区域应与机房和人员住处有效隔离并确保不受污染。

5.3.2 加工设施应不生锈、不发霉，其设计应确保融冰水不污染捕捞水产品。

5.3.3 存放水产品的容器应由无毒害、防腐蚀的材料制作，并易于清洗和消毒，使用前后应彻底清洗和消毒。

5.3.4 与渔获物接触的任何表面应无毒、易清洁,并与渔获物、消毒剂、清洁剂不应起化学反应。

5.3.5 饮用水与非饮用水管线应有明显的识别标志,避免交叉污染。

5.3.6 配备温度记录装置,并应安装在温度最高的地方。

5.3.7 塑料鱼箱的要求应符合 SC 5010 的规定。

5.3.8 生活设施和卫生设施应保持清洁卫生,卫生间应配备洗手消毒设施。

6 捕捞作业要求

6.1 捕捞机械及设备应保持完好、清洁。

6.2 捕捞作业的区域和器具应防止化学品、燃料或污水等的污染。

6.3 捕捞操作中,应注意人员安全,防止渔获物被污染、损伤。

6.4 渔获物应及时清洗,进行冷却处理,并应防止损伤鱼体。无冷却措施的渔获物在船上存放不应超过 8 h。

6.5 作业区域、设施以及船舱、贮槽和容器每次使用前后应清洗和消毒。

6.6 保存必要的作业和温度记录。

7 渔获物冷却处理

7.1 冰鲜操作要求

7.1.1 鱼舱底层应用碎冰铺底,厚度一般为 200 mm～400 mm。

7.1.2 鱼箱摆放整齐,鱼箱之间、鱼箱与鱼舱之间的空隙用冰填充。鱼箱叠放不应压损渔获物。

7.1.3 冰鲜过程中要经常检查、松冰或添冰,防止冰结壳或缺冰(或脱水)。

7.1.4 污染、异味或体形较大的渔获物应和其他渔获物分舱进行冰鲜处理。

7.1.5 渔获物入舱后应及时关鱼舱舱门。需要开启鱼舱时,应尽量缩短开舱时间。

7.1.6 及时抽舱底水,勿使水漫出舱底板。

7.1.7 食品添加剂的使用应符合 NY/T 392 的规定。

7.2 冷却海水操作要求

7.2.1 船舱海水应注入和排出充分。

7.2.2 鱼舱四周上下均需设置隔热设施,并配备自动温度记录装置。

7.2.3 冷却海水应满舱,舱盖需水密,以避免船体摇晃时引起渔获物擦伤。

7.2.4 舱内海水温度应保持在 −1℃～1℃,以确保渔获物和海水的混合物在 6 h 内降至 3℃,16 h 内降至 0℃。

8 渔获物冻结操作

8.1 冻结基本要求

8.1.1 冻结用水应经预冷,水温不应高于 4℃。

8.1.2 冻结设施可使产品中心温度达到 −18℃以下。

8.1.3 冻藏库温度应保持在 −18℃以下。

8.2 冻结温度

8.2.1 冻结之前渔获物的中心温度应低于 20℃。

8.2.2 冻结前,其房间或设备应进行必要的预冷却。

8.2.3 吹风式冻结,其室内空气温度不应高于 −23℃;接触式(平板式、搁架式)冻结,其设备表面温度不应高于－28℃。

8.2.4 冻结终止,冻品的中心温度不应高于－18℃。

8.2.5 冻结间应配备温度测定装置,并在计量检定有效期内使用。保持温度记录。

8.3 冻结时间

冻结过程不应超过 20 h,单个冻结及接触式平板冻结的冻结时间不应超过 8 h。

8.4 镀冰衣

8.4.1 渔获物冻结脱盘后即进行镀冰衣。

8.4.2 用于镀冰衣的水需经预冷或加冰冷却,水温不应高于 4℃。

8.4.3 镀冰衣应适量、均匀透明。

9 其他加工

应符合 GB/T 23871 的规定。

10 渔获物装卸操作

10.1 要求

10.1.1 装卸渔获物的设备(起舱机、胶带输送机、车辆或吸鱼泵等)应保持完好、清洁。

10.1.2 设备运行作业时,对鱼体不应有机械损伤,不应有外溢的润滑油污染鱼体。

10.1.3 运输工具应保持清洁、干燥,每次生产任务完成后,应清洗并消毒备用。

10.1.4 装卸场地应清洁,并有专用保温库堆放箱装渔获物。

10.1.5 地面平整,不透水积水,内墙、室内柱子下部应有 1.5 m 高的墙裙,其材料应无毒、易清洗。

10.1.6 应有畅通的排水系统,且便于清除污物。

10.1.7 应设有存放有毒鱼的专用容器,并标有特殊标识,且结构严密、便于清洗。

10.2 操作

10.2.1 散装渔获物装箱时,应避免高温及机械损伤。不应装得过满,以免外溢。

10.2.2 卸下的渔获物应及时进入冷藏库或冷藏车内暂存,并按品种、等级、质量分别堆放。

10.2.3 对有毒水产品应进行严格分检和收集管理。

11 渔获物运输和贮存

11.1 运输

11.1.1 运输工具应保持清洁,定期清洗消毒。运输时,不应与其他可能污染水产品的物品混装。

11.1.2 运输过程中,冷藏水产品温度宜保持在 0℃～4℃;冻藏水产品温度应控制在－18℃以下。

11.2 贮存

11.2.1 库内物品与墙壁距离不宜少于 30 cm,与地面距离不宜少于 10 cm,与天花板保持一定的距离,并分垛存放,标识清楚。

11.2.2 冷藏库、速冻库、冻藏库应配备温度记录装置,并定期校准。冷藏库的温度宜控制在 0℃～4℃;冻藏库温度应控制在－18℃以下;速冻库温度应控制在－28℃以下。

11.2.3 贮存库内应清洁、整齐,不应存放可能造成相互污染或者串味的食品。应设有防霉、防虫、防鼠设施,定期消毒。

ICS 65.020.30
B 41

中华人民共和国农业行业标准

NY/T 1892—2010

绿色食品　畜禽饲养防疫准则

Green food—Guideline for disease prevention of
livestock and poultry

2010-05-20 发布　　　　　　　　　　　2010-09-01 实施

中华人民共和国农业部 发布

前　　言

本标准由中国绿色食品发展中心提出并归口。

本标准起草单位：中国动物卫生与流行病学中心（农业部动物及动物产品卫生质量监督检验测试中心）、中国绿色食品发展中心。

本标准主要起草人：王娟、王玉东、曲志娜、赵思俊、梁志超、谢焱、路平、龚振华、郑增忍。

绿色食品 畜禽饲养防疫准则

1 范围

本标准规定了生产绿色食品的畜禽在养殖过程中疫病预防、监测、控制与净化及记录等方面的准则。

本标准适用于生产绿色食品的畜禽在养殖过程中的动物防疫。

2 规范性引用文件

下列文件对于本文件的应用是必不可少的。凡是注日期的引用文件,仅注日期的版本适用于本文件。凡是不注日期的引用文件,其最新版本(包括所有的修改单)适用于本文件。

GB 16548 病害动物和病害动物产品生物安全处理规程

GB 16549 畜禽产地检疫规范

GB/T 16569 畜禽产品消毒规范

NY/T 391 绿色食品 产地环境技术条件

NY/T 393 绿色食品 农药使用准则

NY/T 471 绿色食品 饲料及饲料添加剂使用准则

NY/T 472 绿色食品 兽药使用准则

NY/T 473—2001 绿色食品 动物卫生准则

中华人民共和国动物防疫法

中华人民共和国 兽用生物制品质量标准

中华人民共和国重大动物疫情应急条例 国务院第 450 号令

3 术语和定义

NY/T 473 中术语和定义适用于本文件。

3.1

家畜 livestock

指由人类饲养驯化,且可以人为控制其繁殖的动物,如猪、牛、羊、马、骆驼、家兔、猫、狗等,一般用于食用、劳役、毛皮、宠物、实验等功能。

3.2

家禽 poultry

指人工饲养的禽类,包括鸡、鸭、鹅、火鸡、鸽子、鸵鸟、鹌鹑及人工培育的新品种(如珍珠鸡)等人工饲养的禽类。

3.3

动物防疫 animal disease prevention

动物疫病的预防、控制、扑灭以及动物和动物产品的检疫。

4 疫病预防

4.1 畜禽饲养场所建设要求

4.1.1 畜禽饲养环境卫生、大气环境和畜禽饮用水水质以及畜禽饲养场的污水、污物排放和固体废弃物处理应符合 NY/T 391 的要求。场所内植被的农药使用应符合 NY/T 393 的要求。

4.1.2 畜禽饲养场所的选址应符合 NY/T 473 的要求,应选择地势较高、相对干燥、向阳、水源充足、无污染和生态条件良好的地区,远离铁路、公路、城镇、居民区和公共场所 2 km 以上,远离垃圾处理场和风景旅游区 5 km 以上。

4.1.3 畜禽饲养场所入口处应设置能够满足运输工具消毒的设施,人员入口设消毒池,并设置紫外消毒间和淋浴更衣间。

4.1.4 畜禽饲养场所应设置对排泄物、污染物等进行无害化处理的设施。

4.1.5 对于自繁自养的饲养场,种畜禽舍、禽孵化室和商品畜禽饲养舍应相对独立,间隔一定距离,防止动物疫病的传播。

4.1.6 在畜禽舍窗户及进风口上加装防蚊蝇纱网或物理灭蚊蝇设施,谨慎使用蚊蝇杀虫剂。及时清除饲养场内杂草和污水塘,减少蚊蝇孳生。畜禽舍设置防鼠设施。

4.1.7 不同品种的畜禽饲养场及屠宰加工厂卫生条件应符合 NY/T 473 附录的要求。

4.2 饲养管理的防疫要求

4.2.1 同一饲养场所内不得混养不同类畜禽。

4.2.2 应实施畜禽及其产品质量安全溯源,具体办法按照《中华人民共和国动物防疫法》执行。

4.2.3 饲料和饲料添加剂应符合 NY/T 471 的要求,不得使用泔水,饲料进货和使用有详细记录。

4.2.4 兽药使用应符合 NY/T 472 的要求,并做好详细记录(内容包括使用时间、使用剂量、疗程以及停药期),同时接受当地兽药监察部门或有关检测机构进行的残留监测。

4.2.5 每批畜禽出栏后应清洗、消毒,采取空舍措施。宜坚持"全进全出"原则。

4.2.6 从事饲养管理的工作人员应定期进行体检,确保身体健康,禁止患有人畜共患传染病的人员从事畜禽饲养管理与兽医防疫工作,并对这些人员定期进行专业技术培训。

4.2.7 畜禽饲养场制定严格的饲养管理操作规程,建立畜禽圈舍的通风换气和卫生管理制度,按实际情况将各项制度上墙或装订后发放便于取阅和执行。工作人员进入生产区应淋浴消毒,更换厂区工作服和工作鞋,工作服和工作鞋定期清洗和消毒。

4.2.8 禁止任何人员携带禽鸟、宠物或其他畜禽产品进入饲养场所内。

4.2.9 一般情况下,不允许外来人员进入养殖场所内。在特殊情况下,外来人员经有关人员许可后,应在穿戴工作服、鞋、帽并消毒后,方可入内,并接受兽医人员的指挥。

4.2.10 畜禽饲养场应接受当地动物卫生监督机构或动物疫病预防控制机构的疫病监测、动物防疫监督检查和指导。

4.3 日常消毒

4.3.1 每天打扫畜禽舍卫生,保持笼具、料槽、水槽、用具、照明灯泡及舍内其他配套设施的洁净,保持地面清洁。

4.3.2 定期对地面和料槽、水槽等饲喂用具进行消毒,定期对畜禽舍空气进行喷雾消毒。在冬季疫病多发季节,应适当增大消毒频率。

4.3.3 畜禽场所内道路、饲养场周围及场内污水池、排粪坑、下水道至少每半月消毒 1 次。

4.3.4 畜禽转舍、售出后,应对空舍笼具和用品进行严格清扫、冲洗、浸泡消毒,并进行地面喷洒消毒。封闭式畜禽舍应在全面清洗后,关闭门窗进行熏蒸消毒,待空舍一定时间后再饲养畜禽。

4.3.5 消毒使用药物参照 NY/T 472 的规定,消毒方法和程序参照 GB/T 16569 的要求。

4.4 繁育及引进畜禽的要求

4.4.1 提倡"自繁自养",自养的种畜禽应定期检疫。

4.4.2 应从符合绿色食品畜禽养殖条件的畜禽繁育场引进畜禽,经产地检疫,持有动物检疫合格证明和无特定动物疫病的证明。

4.4.3 对新引进的畜禽,应在独立的隔离区内隔离观察一定时间,隔离时限为超过疫病发病显现症状的潜伏期,确认健康后,方可进场饲养。产地检疫按 GB 16549 的要求和国家有关规定执行。

4.4.4 运输畜禽的车辆及笼具要彻底消毒,并有运输工具消毒证明。

4.5 免疫接种

4.5.1 应根据《中华人民共和国动物防疫法》及其配套法规的要求,结合当地畜禽疫病流行的情况制定免疫计划,有针对性地进行疫病的预防接种。

4.5.2 对国家兽医行政管理部门不同时期规定需强制免疫的疫病,如口蹄疫、高致病性禽流感等疫苗的免疫密度应达到100％,选用的疫苗应符合《中华人民共和国 兽用生物制品质量标准》,并选择科学的免疫程序。

4.5.3 免疫后,要定期对免疫动物进行抗体水平动态监测,根据抗体水平及时进行补充或强化免疫。

5 疫病监测

5.1 监测方案制定和实施

畜禽饲养场应依照《中华人民共和国动物防疫法》及其配套法规以及当地兽医行政管理部门有关要求,并结合当地疫病流行的实际情况,制订疫病监测方案。监测方案由本场兽医实验室或当地动物疫病预防控制机构兽医实验室实施,监测结果应及时报告当地兽医主管部门。

5.2 监测的疫病种类

5.2.1 根据国家规定和当地及周边地区疫病流行状况,对不同畜禽需要监测的疫病参见 NY/T 473—2001 附录 C,按要求定期对畜禽进行动物疫病常规监测或非常规监测,附录 C 中所列疫病为绿色食品畜禽不得患有的疫病。

5.2.2 在进行绿色食品畜禽产品认证及年度抽检时,应对口蹄疫、猪瘟、高致病性禽流感、新城疫等重大动物疫病和结核病、布鲁氏菌病等人畜共患病进行病原学或血清学监测。

5.3 监测的配合

为控制动物疫情发生,畜禽饲养场应开展主动监测,并接受和积极配合当地动物卫生监督机构或动物疫病预防控制机构进行定期或不定期的疫病监测、监督抽查、普查等监测工作。

6 疫病控制与净化

6.1 诊断与报告

6.1.1 当畜禽饲养场发生疫病或怀疑发生疫病时,应依据《中华人民共和国动物防疫法》,先通过本场兽医实验室和当地动物疫病预防控制机构兽医实验室进行临床和实验室诊断,得出初步诊断结果。

6.1.2 当怀疑畜禽发生重大动物疫病(如高致病性禽流感、口蹄疫、猪瘟、新城疫等)或人畜共患病等疫病时,应送至省级实验室或国家指定的参考实验室进行确诊。

6.1.3 畜禽饲养场和个人发现动物染疫或疑似染疫的,应按程序立即向当地兽医主管部门、动物卫生监督机构或者动物预防控制机构报告疫情,并采取隔离等控制措施,防止动物疫情扩散。

6.2 治疗

当发生国家规定无须扑杀的病毒病、细菌病、寄生虫病等动物疫病或其他疾病时要开展积极的药物治疗,对易感畜禽进行紧急免疫接种,做到早诊断、早治疗、早痊愈,减少损失。用药时,应按 NY/T 472 的规定使用治疗性药物。

6.3 疫病扑灭与净化

6.3.1 扑杀

确诊发生国家或地方政府规定应采取扑杀的疫病时,依照重大动物疫情应急条例,畜禽饲养场应配合当地兽医主管部门,对发病畜禽群实施严格的封锁、隔离、扑杀、销毁等扑灭措施。

6.3.2 消毒和无害化处理

发生动物传染病时,畜禽饲养场应对发病畜禽群及饲养场所实施清群和净化措施,对全场进行清洗消毒。病死或淘汰畜禽的尸体按 GB 16548 进行处理,并按 GB/T 16569 有关规定进行消毒。

6.3.3 净化措施

畜禽饲养场应根据疫病的监测结果,制订场内疫病净化计划,隔离或淘汰发病畜禽,逐步消灭疫病,达到净化目的。

7 记录

每群畜禽都应有相关的资料记录,具体内容包括:畜禽品种及来源、耳标等畜禽标识、生产性能、饲料及饲料添加剂来源及使用情况、兽药使用及免疫接种情况、日常消毒措施、发病情况、实验室检查及结果、死亡原因及死亡率、治疗措施、扑杀及无害化处理情况等。所有记录应有相关负责人员签字并妥善保管,至少应在清群后保存 2 年以上。

ICS 67.080
X 04

中华人民共和国农业行业标准

NY/T 1938—2010

植物性食品中稀土元素的测定 电感耦合
等离子体发射光谱法

Method for the determination of rare-earth in food of plant—
Inductively coupled plasma atomic emission spectrometric method

2010-09-21 发布

2010-12-01 实施

中华人民共和国农业部 发布

前　言

本标准遵照 GB/T 1.1—2009 给出的规则起草。

本标准由中华人民共和国农业部提出并归口。

本标准起草单位:农业部热带农产品质量监督检验测试中心。

本标准主要起草人:冯信平、彭黎旭、何秀芬、王秀兰。

植物性食品中稀土元素的测定 电感耦合
等离子体发射光谱法

1 范围

本标准规定了植物性食品中镧、铈、镨、钕和钐 5 种稀土元素等离子体发射光谱的测定方法。

本标准适用于植物性食品中稀土元素的测定。

本标准方法中各元素的检出限参见附录 A。

2 规范性引用文件

下列文件对于本文件的应用是必不可少的。凡是注日期的引用文件,仅注日期的版本适用于本文件。凡是不注日期的引用文件,其最新版本(包括所有的修改单)适用于本文件。

GB/T 602 化学试剂 杂质测定用标准溶液的制备

GB/T 6682 分析实验室用水规格和试验方法

3 原理

样品经消解后,将试样喷入等离子体光谱仪进行激发,各种原子或离子发射出特征光谱,其强度与含量成正比。在等离子体光谱仪相应元素波长处,测量其光谱强度,外标法定量。

4 试剂

除非另有说明,在分析中仅使用确认的优级纯试剂和 GB/T 6682 规定的一级水。

4.1 硝酸。

4.2 过氧化氢(30%)。

4.3 硝酸溶液(1+3):取 50 mL 硝酸(4.1)加入 150 mL 水中。

4.4 混合酸溶液(1+4):取 1 份高氯酸、4 份硝酸混合。

4.5 硝酸溶液(体积分数为 2%):取 20 mL 硝酸(4.1),用水稀释至 1 000 mL。

4.6 单元素标准溶液:单元素标准溶液可按 GB/T 602 规定的方法配制,也可向国家认可的销售标准物质单位购买,其质量浓度为 1 000 mg/L(或 500 mg/L)。

4.7 多元素标准溶液:分别移取单元素标准溶液(4.6)1 mL 于 100.0 mL 容量瓶中,用硝酸(4.5)溶液稀释至刻度,摇匀。

5 仪器

5.1 电感耦合等离子体发射光谱仪。

5.2 恒温干燥箱。

5.3 高温炉。

5.4 恒温电热板。

5.5 分析天平:感量为 0.000 1 g、0.01 g。

6 试样的制备

6.1 水果、蔬菜等新鲜样品

6.1.1 将新鲜水果、蔬菜洗净,晾干表面水分,用四分法取可食部分约 1 kg,按以下方法制备样品:

    a) 水分含量高的样品:用食品加工机械或匀浆机打成匀浆,置塑料瓶中,于冰箱 0℃～5℃冷藏。

    b) 水分含量少的样品:将样品切碎,用匀浆机打成匀浆,置塑料瓶中,于冰箱 0℃～5℃冷藏。

    c) 纤维较高样品无法打浆时,可将样品先置烘箱中 70℃～80℃烘干后粉碎处理,粉碎过孔径 0.42 mm 筛,装入食品塑料袋、玻璃广口瓶等容器中,储存于常温、通风良好的地方。同时,测定水分。计果结果时用水分校正,并折算为鲜样含量。

    d) 干样品的制备:样品经 70℃～80℃烘干,分取可食部分约 300 g,粉碎过孔径 0.42 mm 筛,装入食品塑料袋、玻璃广口瓶等容器中,储存于常温、通风良好的地方。同时,测定水分。计果结果时用水分校正。

6.2 粮食、茶叶、坚果类水果等干性样品

四分法取约 300 g 样品粉碎过孔径 0.42 mm 筛,装入食品塑料袋、玻璃广口瓶等容器中,储存于常温、通风良好的地方。

7 分析步骤

7.1 干灰化法

称取 2 g～20 g 试样(精确至 0.01 g),置于 50 mL 石英或瓷坩埚中,小火蒸干,继续加热炭化,移入马弗炉中,(500±25)℃灰化 6 h～8 h,取出冷却;再加 1 mL 硝酸溶液(4.3)浸湿灰分,小火蒸干,再移入马弗炉中,500℃灰化 0.5 h,冷却后取出。以 1 mL 硝酸溶液(4.5)溶解灰分,移入 10 mL 容量瓶中,加硝酸溶液(4.5)稀释至刻度(必要时过滤),备用。同时,做空白试验。

7.2 湿消化法

称取 2 g～20 g(精确至 0.01 g)试样于 150 mL 高型烧杯中,加 10 mL 混合酸(4.4),加盖浸泡 4 h 以上,置于电热板或电炉上消解。若变棕黑色,冷却,再滴加混合酸溶液(4.4),再消解,直至冒白烟,消化液呈无色透明或略带黄色,冷却,逐滴加入 1 mL～2 mL 硝酸溶液(4.3),再煮沸。重复以上操作,当最后一次加硝酸溶液不再变棕色时,停止添加硝酸,继续煮沸到冒白烟并持续数分钟。消解液保持无色或淡黄色,表示已消解完全。冷却,加水 5 mL,再煮沸。冷却,将消化液转入 10 mL 容量瓶中,用硝酸溶液(4.5)少量多次洗涤高型烧杯,洗液合并于容量瓶中,并定容至刻度,混匀备用;同时,做空白试验。

7.3 压力消解罐消解法

称取 0.5 g～1 g(精确至 1 mg)试样于聚四氟乙烯内罐,加 2 mL～4 mL 硝酸(4.1)浸泡 4 h 以上,再加 2 mL～3 mL 过氧化氢(4.2)(总量不超过罐容积的 1/3)。盖好内盖,旋紧不锈钢外套,放入恒温干燥箱 120℃～140℃保持 3 h～4 h,在箱内自然冷却至室温,加热赶去硝酸至近干,将消化液转入 10 mL 容量瓶中,加硝酸溶液(4.5)少量多次洗涤罐,洗液合并于容量瓶中并定容至刻度,混匀备用;同时,做空白试验。

注:宜用于干试样的消解。

7.4 微波消解法

称取 0.5 g～1 g(精确至 1 mg)试样于微波消解内罐中,加 2 mL～4 mL 硝酸(4.1)浸泡 4 h 以上。再加 2 mL 过氧化氢(4.2)和 2 mL 超纯水,设定合适的微波消解条件(附录 B)进行消解。冷却至室温,加热赶去硝酸至近干,将消化液转入 10 mL 容量瓶中,加硝酸溶液(4.5)少量多次洗涤消解内罐,洗液合并于容量瓶中并定容至刻度,混匀备用;同时,做空白试验。

注:宜用于干试样的消解。

7.5 测定

7.5.1 仪器参考条件

功率:1 300 W;

进样速率:1.5 mL/min;
雾化器流量:0.8 L/min;
辅助气流量:0.2 L/min;
冷却气流量:15 L/min。

7.5.2 测定

吸取 0 mL、0.5 mL、1.0 mL、5.0 mL 多元素标准溶液(1 mL 相当于 10.0 μg)分别置于 50 mL 容量瓶中,加硝酸溶液(4.5)稀释至刻度,混匀。容量瓶中每毫升分别相当于 0 μg、0.10 μg、0.20 μg、1.00 μg。将处理后的样液、试剂空白液与各容量瓶中标准液分别导入调至最佳条件(表1)电感耦合等离子体发射光谱仪进行测定。用标准溶液含量和对应光强度绘制标准曲线或计算直线回归方程,样品光强度与曲线比较或代入方程求得含量。

表 1 各稀土无素的分析谱线   单位为纳米

La	Ce	Pr	Nd	Sm
408.6	413.3	414.3	401.2	442.4

8 结果计算

试料中各元素的含量以 w_i 表示,单位用毫克每千克(mg/kg)表示,按式(1)计算:

$$w_i = \frac{(\rho_{1i} - \rho_{0i}) \times V \times 1\,000}{m \times 1\,000} \quad\cdots\cdots\cdots\cdots\cdots\cdots (1)$$

式中:

ρ_{1i}——测定用样液中某元素的质量浓度,单位为毫克每毫升(μg/mL);
ρ_{0i}——试剂空白液中某元素的质量浓度,单位为毫克每毫升(μg/mL);
V——试样处理后的总体积,单位为毫升(mL);
m——测定用样品试液所相当的样品质量,单位为克(g)。

计算结果保留三位有效数字。

9 精密度

9.1 重复性

在重复性条件下获得的两次独立测试结果的绝对差值,元素含量在 0.010 mg/kg~0.100 mg/kg 范围,不得超过算术平均值的 20%;元素含量在 0.10 mg/kg~1.00 mg/kg 范围,不得超过算术平均值的 15%。

9.2 再现性

在再现性条件下获得的两次独立测试结果的绝对差值,元素含量在 0.010 mg/kg~0.100 mg/kg 范围,不得超过算术平均值的 25%;元素含量在 0.10 mg/kg~1.00 mg/kg 范围,不得超过算术平均值的 20%。

附　录　A
（资料性附录）
方法检出限

方法的检出限见表 A.1。

表 A.1　5 种稀土元素的检出限 　　　　　　　　　　　　单位为毫克每千克

元素名称	La	Ce	Pr	Nd	Sm
检出限	0.01	0.02	0.02	0.02	0.01

ICS 65.020.20
B 31

中华人民共和国农业行业标准

NY 5359—2010

无公害食品　香辛料产地环境条件

2010-09-21 发布

2010-12-01 实施

中华人民共和国农业部 发布

前　　言

本标准遵照 GB/T 1.1—2009 给出的规则起草。

本标准由中华人民共和国农业部农产品质量安全监管局提出。

本标准由农业部农产品质量安全中心归口。

本标准起草单位：农业部食品质量监督检验测试中心（成都）。

本标准主要起草人：雷绍荣、杨定清、周娅。

无公害食品 香辛料产地环境条件

1 范围

本标准规定了无公害食品香辛料产地环境条件要求、采样与试验方法和判定原则。

本标准适用于无公害食品胡椒、花椒、八角等香辛料产地。

2 规范性引用文件

下列文件对于本文件的应用是必不可少的。凡是注日期的引用文件，仅注日期的版本适用于本文件。凡是不注日期的引用文件，其最新版本（包括所有的修改单）适用于本文件。

GB/T 6920 水质 pH 值的测定 玻璃电极法

GB/T 7467 水质 六价铬的测定 二苯碳酰二肼分光光度法

GB/T 7475 水质 铜、锌、铅、镉的测定 原子吸收分光光度法

GB/T 7484 水质 氟化物的测定 离子选择电极法

GB/T 7486 水质 氰化物的测定 第一部分 总氰化物的测定

GB/T 11914 水质 化学需氧量的测定 重铬酸盐法

GB/T 15262 环境空气 二氧化硫的测定 甲醛吸收—副玫瑰苯胺分光光度法

GB/T 15432 环境空气 总悬浮颗粒物的测定 重量法

GB/T 15433 环境空气 氟化物的测定 石灰滤纸·氟离子选择电极法

GB/T 15434 环境空气 氟化物的测定 滤膜·氟离子选择电极法

GB/T 15435 环境空气 二氧化氮的测定 Saltzman 法

GB/T 16488 水质 石油类的测定 红外光度法

GB/T 17137 土壤质量 总铬的测定 火焰原子吸收分光光度法

GB/T 17138 土壤质量 铜、锌的测定 火焰原子吸收分光光度法

GB/T 17139 土壤质量 镍的测定 火焰原子吸收分光光度法

GB/T 17141 土壤质量 铅、镉的测定 石墨炉原子吸收分光光度法

GB/T 22105.1 土壤质量总汞、总砷、总铅的测定 原子荧光法 第1部分：土壤中总汞的测定

GB/T 22105.2 土壤质量总汞、总砷、总铅的测定 原子荧光法 第2部分：土壤中总砷的测定

NY/T 395 农田土壤环境质量监测技术规范

NY/T 396 农用水源环境质量监测技术规范

NY/T 397 农区环境空气质量监测技术规范

NY/T 1121.2 土壤质量 pH 的测定 玻璃电极法

SL 327.1～4 水质 砷、汞、硒、铅的测定 原子荧光光度法

3 要求

3.1 产地环境选择

无公害食品香辛料产地应选择在生态条件良好，远离污染源，能适宜某品种香辛料生长并具有可持续生产能力的农业生产区域。

3.2 产地环境保护

不得在香辛料生产基地填埋城市垃圾及各种有害废弃物。若生产过程中必须施用肥料，其有毒有害物质应符合国家相关标准、推广测土配方施肥措施，避免肥料浪费并污染环境。在无公害香辛料产地

设置相应的标识牌,包括面积、范围、防污染警示等。

医药、生物制品、化学试剂、农药、石化、焦化和有机化工等行业的废水(包括处理后的废水),未经处理或处理不合格的生活废水或畜禽养殖废水不应作为无公害食品香辛料产地的灌溉水。

3.3 环境空气质量

产地周围 5 km,主导方向 20 km 以内没有工矿企业污染源的区域可免测空气。其他区域空气质量应符合表 1 的规定。

表 1　环境空气质量要求

环境空气质量基本控制项目		浓度限值	
		日平均	1h 平均
二氧化硫 SO₂(标准状态),mg/m³		≤0.15	≤0.50
氟化物 F(标准状态)	滤膜法,μg/m³	≤7	≤20
	石灰滤纸法,μg/(dm²·d)	≤1.8	—
总悬浮颗粒物(TSP)(标准状态),mg/m³		≤0.30	—
二氧化氮 NO₂(标准状态),mg/m³		≤0.12	≤0.24
注 1:各项污染物数据统计的有效性按 GB 3095 中第 7 章的规定执行。			
注 2:日平均浓度指任何一日的平均浓度。			
注 3:1 h 平均指任何一小时的平均浓度。			

3.4 灌溉水质量

对以天然降水为灌溉水的地区,可以不采灌溉水样。其他区域灌溉水质应符合表 2 的规定。

表 2　灌溉水质量要求　　　　　　　　　　单位为毫克每升

项　　目	限　　值
灌溉水质量基本控制项目	
pH	5.5~8.5
总汞	≤0.001
总砷	≤0.1
铅	≤0.2
镉	≤0.01
铬(六价)	≤0.1
化学需氧量	≤200
灌溉水质量选择控制项目	
氟化物	≤3(高氟区),≤2(一般地区)
氰化物	≤0.5
石油类	≤10

3.5 土壤环境质量

土壤环境质量应符合表 3 的规定。

表 3　土壤环境质量要求　　　　　　　　　单位为毫克每千克

项　　目	限　　值		
	pH<6.5	pH 6.5~7.5	pH>7.5
土壤环境质量基本控制项目			
汞	≤0.30	≤0.50	≤1.0
砷	≤40	≤30	≤25
铅	≤250	≤300	≤350
土壤环境质量选择控制项目			
镉	≤0.30	≤0.30	≤0.60
铬	≤150	≤200	≤250

表 3（续）

项 目	限 值		
	pH<6.5	pH 6.5～7.5	pH>7.5
铜	≤50	≤100	≤100
锌	≤200	≤250	≤300
镍	≤40	≤50	≤60

注:重金属(铬主要是三价)和砷均按元素量计,适用于阳离子交换量>5 cmol(+)/kg 的土壤,若阳离子交换量≤5 cmol(+)/kg,其标准值为表内数值的半数。

4 采样与试验方法

4.1 采样

4.1.1 环境空气质量

执行 NY/T 397 的规定。

4.1.2 灌溉水质量

执行 NY/T 396 的规定。

4.1.3 土壤环境质量

执行 NY/T 395 的规定

4.2 试验方法

4.2.1 环境空气质量指标的测定

4.2.1.1 二氧化硫

执行 GB/T 15262 的规定。

4.2.1.2 氟化物

执行 GB/T 15433 和 GB/T 15434 的规定。

4.2.1.3 总悬浮颗粒物

执行 GB/T 15432 的规定。

4.2.1.4 二氧化氮

执行 GB/T 15435 的规定。

4.2.2 灌溉水质量指标的测定

4.2.2.1 pH

执行 GB/T 6920 的规定。

4.2.2.2 总汞、总砷

执行 SL 327.1～4 的规定。

4.2.2.3 镉、铅

执行 GB/T 7475 的规定

4.2.2.4 六价铬

执行 GB/T 7467 的规定。

4.2.2.5 化学需氧量

执行 GB/T 11914 的规定。

4.2.2.6 氟化物

执行 GB/T 7484 的规定。

4.2.2.7 氰化物

执行 GB/T 7486 的规定。

4.2.2.8 石油类

执行 GB/T 16488 的规定。

4.2.3 土壤环境质量指标的测定

4.2.3.1 土壤 pH

执行 NY/T 1121.2 的规定。

4.2.3.2 汞

执行 GB/T 22105.1 的规定。

4.2.3.3 砷

执行 GB/T 22105.2 的规定。

4.2.3.4 铅、镉

执行 GB/T 17141 的规定。

4.2.3.5 铬

执行 GB/T 17137 的规定。

4.2.3.6 铜、锌

执行 GB/T 17138 的规定。

4.2.3.7 镍

执行 GB/T 17139 的规定。

5 判定原则

5.1 判定方法

无公害食品香辛料产地环境质量,土壤和水采用单项污染指数法和综合污染指数法(内梅罗指数法)进行评价;大气采用单项污染指数法和上海大气质量指数法进行评价。根据综合污染指数法的计算结果得出评价结果。

5.2 空气质量的判定

按 NY/T 397 的规定执行。

5.3 灌溉水质的判定

按 NY/T 396 的规定执行。

5.4 土壤质量的判定

按 NY/T 395 的规定执行。

5.5 产地环境质量综合评价

产地的灌溉水、土壤、空气中,只要有一类综合污染指数>1.0,则判该产地环境条件不适宜无公害香辛料生产。

————————————

ICS 65.020.20
B 05

中华人民共和国农业行业标准

NY 5360—2010

无公害食品　可食花卉产地环境条件

2010-09-21 发布

2010-12-01 实施

中华人民共和国农业部 发布

前　言

本标准遵照 GB/T 1.1—2009 给出的规则起草。

本标准由中华人民共和国农业部农产品质量安全监管局提出。

本标准由农业部农产品质量安全中心归口。

本标准起草单位：农业部花卉产品质量监督检验测试中心（昆明）、云南省农业科学院质量标准与检测技术研究所、农业部农产品质量监督检验测试中心（昆明）。

本标准主要起草人：瞿素萍、黎其万、王丽花、汪禄祥、张丽芳、苏艳、彭绿春、杨秀梅。

无公害食品 可食花卉产地环境条件

1 范围

本标准规定了无公害食品可食花卉的产地环境选择、产地环境保护、环境空气质量、灌溉水质量、土壤环境质量、采样及试验方法等要求。

本标准适用于无公害食品玫瑰花、菊花、茉莉花、槐花、桂花的产地。

2 规范性引用文件

下列文件对于本文件的应用是必不可少的。凡是注日期的引用文件,仅注日期的版本适用于本文件。凡是不注日期的引用文件,其最新版本(包括所有的修改单)适用于本文件。

GB/T 4284 农用污泥中污染物控制标准

GB/T 5750 生活饮用水标准检验法

GB/T 6920 水质 pH 值的测定 玻璃电极法

GB/T 7467 水质 铬(六价)的测定 二苯碳酰二肼分光光度法

GB/T 7475 水质 铜、锌、铅、镉的测定 原子吸收分光光度法

GB/T 7484 水质 氟化物的测定 离子选择电极法

GB/T 8172 农用粉煤灰中污染物控制标准

GB/T 8173 城镇垃圾农用控制标准

GB/T 8321 农药合理使用准则(所有部分)

GB/T 11896 水质 氯化物的测定 硝酸银滴定法

GB/T 11914 水质 化学需氧量的测定 重铬酸盐法

GB/T 14550 土壤质量 六六六和滴滴涕的测定 气相色谱法

GB/T 15262 环境空气 二氧化硫的测定 甲醛吸收—副玫瑰苯胺分光光度法

GB/T 15432 环境空气 总悬浮颗粒物的测定 重量法

GB/T 15433 环境空气 氟化物的测定 石灰滤纸·氟离子选择电极法

GB/T 15434 环境空气 氟化物的测定 滤膜·氟离子选择电极法

GB/T 15435 环境空气 二氧化氮的测定 Saltzman 法

GB/T 17137 土壤质量 总铬的测定 火焰原子吸收分光光度法

GB/T 17138 土壤质量 铜、锌的测定 火焰原子吸收分光光度法

GB/T 17139 土壤质量 镍的测定 火焰原子吸收分光光度法

GB/T 17141 土壤质量 铅、镉的测定 石墨炉原子吸收分光光度法

GB/T 22105 土壤质量 总汞、总砷、总铅的测定 原子荧光法

NY/T 395 农田土壤环境质量监测技术规范

NY/T 396 农用水源环境质量监测技术规范

NY/T 397 农区环境空气质量监测技术规范

NY/T 496 肥料合理使用准则 通则

NY/T 1121.2 土壤质量 pH 的测定 玻璃电极法

NY/T 5295—2004 无公害食品 产地环境评价准则

SL 327.1~4 水质 砷、汞、硒、铅的测定 原子荧光光度法

3 要求

3.1 产地环境选择

3.1.1 根据可食花卉种类或品种的特性要求,选择生态条件良好,远离污染源,具可持续生产能力的农业生产区域。

3.1.2 设施栽培,要求设施的结构与性能满足可食花卉生产要求,所选用的建筑材料、构建制品及配套机电设备等不对环境和产品造成污染。

3.2 产地环境保护

3.2.1 禁止使用生活污水、医药、生物制品、化工试剂、农药、石化、焦化和有机化工等行业废水(包括处理后的废水)进行灌溉。

3.2.2 严禁使用剧毒、高毒、高残留或致癌、致畸、致突变的农药。允许使用的农药按 GB8321 规定的使用次数、施用量、使用方法和安全间隔期进行施用,并注意防止污染产地水源和环境。

3.2.3 所施用的肥料是农业行政主管部门登记或免于登记,符合 NY/T 496 要求的肥料。推行配方施肥,所用配方肥料具备法定质检机构出具的有效成分检测报告。

3.2.4 结合产地实际,因地制宜,加强农机化与农艺技术的集成配套,推荐全程机械化生产工艺。

3.2.5 废旧不用的塑膜、地膜、喷滴灌、大棚支架等设施材料采用人工或机械捡拾方法及时回收。

3.2.6 设置标识牌包括品种名称、面积、范围、负责人、防污染警示等。

3.3 产地环境空气质量

执行 NY/T 5295—2004 中 3.2.1.3.3 的规定,产地周围 5 km,主导风向 20 km 以内没有工矿企业污染源的产区,可免测空气,其余产区的空气质量符合表 1 的规定。

表 1 产地环境空气质量要求

项 目		浓度限值	
		日平均[①]	1h平均[②]
基本控制项目			
二氧化硫 SO_2（标准状态）,mg/m^3		≤0.15	≤0.50
氟化物 F（标准状态）	石灰滤纸法 $\mu g/dm^2 \cdot d$	≤1.80	—
	滤膜法,$\mu g/m^3$	≤7	≤20
二氧化氮 NO_2（标准状态）,mg/m^3		≤0.12	≤0.24
总悬浮颗粒物（TSP）（标准状态）,mg/m^3		≤0.30	—
注:①日平均指任何 1 d 的平均浓度。②1 h 平均指任何 1 h 的平均浓度。			

3.4 产地灌溉水质量

执行 NY/T 5295—2004 中 3.2.1.1.1 的规定,以天然降雨、山泉水或其他可直接饮用水作为灌溉水的产区可免测灌溉水,其余产区灌溉水除符合 3.2.1 的要求外,还应符合表 2 的规定。在有工矿、化工等企业的产区监测氟化物与氯化物两个选择控制项目,施用农家肥的产区监测粪大肠菌群。

表 2 灌溉水质量要求

项 目	浓度限值
基本控制项目	
pH	5.5～8.5
汞,mg/L	≤0.001
镉,mg/L	≤0.01
砷,mg/L	≤0.05
铬(六价),mg/L	≤0.1

表 2（续）

项　　目	浓度限值
铅,mg/L	≤0.2
化学需氧量,mg/L	≤200
选择控制项目	
氟化物,mg/L	≤2.0(一般地区) ≤3.0(高氟地区)
氯化物,mg/L	≤350
粪大肠菌群,个/100mL	≤1 000(鲜食) ≤2 000(加工食用)
注:鲜食花卉的粪大肠菌群为必测项。	

3.5 产地土壤环境质量

用于改良土壤的污泥、粉煤灰和城镇垃圾,其污染物含量应分别符合 GB 4284、GB 8173 与 GB 8172 的规定。且无公害食品可食花卉产地土壤环境质量应符合表 3 的规定。在有工矿、化工等企业的产区监测表 3 中的 4 个选择控制项目指标。

表 3　土壤环境质量要求　　　　　　　　　单位为毫克每千克

项　　目	含量限值①		
	pH<6.5	pH6.5~7.5	pH>7.5
基本控制项目			
镉	≤0.3	≤0.3	≤0.6
汞	≤0.3	≤0.5	≤1.0
砷	≤40	≤30	≤25
铅	≤250	≤300	≤350
铬	≤150	≤200	≤250
选择控制项目			
锌	≤200	≤250	≤300
镍	≤40	≤50	≤60
六六六②	≤0.5		
滴滴涕③	≤0.5		
注:①重金属(铬主要是三价)和砷均按元素量计,适用于阳离子交换量>5 cmol(＋)/kg 的土壤;若阳离子交换量≤5 cmol(＋)/kg,其标准值为表内数值的半数。②六六六为四种异构体的总量。③滴滴涕为四种异构体的总量。			

4 采样与试验方法

4.1 采样

4.1.1 环境空气质量

执行 NY/T 397 的规定。

4.1.2 灌溉水质量

执行 NY/T 396 的规定。

4.1.3 土壤环境质量

执行 NY/T 395 的规定。

4.2 试验方法

4.2.1 环境空气质量指标的测定

4.2.1.1 二氧化硫

执行 GB/T 15262 的规定。

4.2.1.2 氟化物

石灰滤纸法执行 GB/T 15433 的规定；滤膜法执行 GB/T 15433 的规定。

4.2.1.3 二氧化氮

执行 GB/T 15435 的规定。

4.2.1.4 总悬浮颗粒物

执行 GB/T 15432 的规定。

4.2.2 灌溉水质量指标的测定

4.2.2.1 pH

执行 GB/T 6920 的规定。

4.2.2.2 汞

执行 SL 327.1～4 的规定。

4.2.2.3 镉、铅

执行 GB/T 7475 的规定

4.2.2.4 砷

执行 SL 327.1～4 的规定。

4.2.2.5 六价铬

执行 GB/T 7467 的规定。

4.2.2.6 化学需氧量

执行 GB/T 11914 的规定。

4.2.2.7 氟化物

执行 GB/T 7484 的规定。

4.2.2.8 氯化物

执行 GB/T 11896 的规定。

4.2.2.9 粪大肠菌群数

执行 GB/T 5750 的规定。

4.2.3 土壤环境质量指标的测定

4.2.3.1 土壤 pH

执行 NY/T 1121.2 的规定。

4.2.3.2 镉

执行 GB/T 17141 的规定。

4.2.3.3 汞

执行 GB/T 22105 的规定。

4.2.3.4 砷

执行 GB/T 22105 的规定。

4.2.3.5 铅

执行 GB/T 17141 的规定。

4.2.3.6 铬

执行 GB/T 17137 的规定。

4.2.3.7 锌

执行 GB/T 17138 的规定。

4.2.3.8 镍

执行 GB/T 17139 的规定。

4.2.3.9 六六六和滴滴涕

执行 GB/T 14550 的规定。

5 判定

5.1 判定方法

环境空气质量采用单项污染指数法和上海大气质量指数法进行判定;灌溉水和土壤质量采用单项污染指数法和综合污染指数法(内梅罗指数法)进行判定。

5.2 环境空气质量的判定

按 NY/T 397 的规定执行。

5.3 灌溉水质量的判定

按 NY/T 396 的规定执行。

5.4 土壤质量的判定

按 NY/T 395 的规定执行。

5.5 产地环境质量综合评价

环境空气、灌溉水、土壤的单项判定结果,只要有一类综合污染指数>1.0,则判定该产地为不适宜生产区。

ICS 65.150
B 52

中华人民共和国农业行业标准

NY 5361—2010

无公害食品 淡水养殖产地环境条件

2010-09-21 发布

2010-12-01 实施

中华人民共和国农业部 发布

前　言

本标准遵照 GB/T 1.1—2009 给出的规则起草。

本标准由中华人民共和国农业部渔业局提出并归口。

本标准起草单位:中国水产科学研究院长江水产研究所、农业部农产品质量安全中心。

本标准主要起草人:何力、郑蓓蓓、廖超子、朱祥云、郑卫东。

无公害食品 淡水养殖产地环境条件

1 范围

本标准规定了淡水养殖产地选择、养殖水质和底质要求、样品采集、测定方法和结果判定。

本标准适用于无公害农产品(淡水养殖产品)产地环境的检测和评价。

2 规范性引用文件

下列文件对于本文件的应用是必不可少的。凡是注日期的引用文件,仅注日期的版本适用于本文件。凡是不注日期的引用文件,其最新版本(包括所有的修改单)适用于本文件。

GB/T 5750.4 生活饮用水标准检验方法 感官性状和物理指标

GB/T 5750.12 生活饮用水标准检验方法 微生物指标

GB/T 7466 水质 总铬的测定

GB/T 7468 水质 总汞的测定 冷原子吸收分光光度法

GB/T 7470 水质 铅的测定 双硫腙分光光度法

GB/T 7471 水质 镉的测定 双硫腙分光光度法

GB/T 7475 水质 铜、锌、铅、镉的测定 原子吸收分光光度法

GB/T 7485 水质 总砷的测定 二乙基二硫代胺基甲酸银分光光度法

GB/T 7490 水质 挥发酚的测定 蒸馏后 4-氨基安替比林分光光度法

GB/T 7491 水质 挥发酚的测定 蒸馏后溴化容量法

GB/T 8538 饮用天然矿泉水检验方法

GB 11607 渔业水质标准

GB/T 12997 水质 采样方案设计技术规定

GB/T 12998 水质 采样技术指导

GB/T 12999 水质采样 样品的保存和管理技术规定

GB/T 13192 水质 有机磷农药的测定 气相色谱法

GB/T 16488 水质 石油类和动植物油的测定 红外光度法

GB/T 16489 水质 硫化物的测定 亚甲基蓝分光光度法

GB/T 17133 水质 硫化物的测定 直接显色分光光度法

GB 17378.3 海洋监测规范 第 3 部分 样品采集、贮存与运输

GB 17378.5 海洋监测规范 第 5 部分 沉积物分析

HJ/T 341 水质 汞的测定 冷原子荧光法(试行)

SC/T 9101 淡水池塘养殖水排放要求

3 要求

3.1 产地选择

3.1.1 养殖产地周边应无工业、农业、医疗及城市生活废弃物和废水等其他对渔业水质构成威胁的污染源。

3.1.2 水(电)源充足,交通便利,排灌方便。

3.1.3 有清除过量底泥的条件。

3.1.4 有防止突发外来水污染的设施或条件。

3.1.5 对缺水或循环水养殖地,需有过滤、沉淀和消毒的处理设施。

3.2 产地环境保护

3.2.1 应加强环境保护,并制定环保措施。

3.2.2 保证养殖废水排放满足 SC/T 9101 的要求。

3.2.3 应设置并明示产地标识牌,内容包括产地名称、面积、范围和防污染警示等。

3.3 养殖用水

3.3.1 淡水养殖水源应符合 GB 11607 的规定。

3.3.2 淡水养殖用水水质应符合表 1 的要求。

表 1 淡水养殖用水水质要求

序号	项　目	标准值
1	色、臭、味	无异色、异臭、异味
2	总大肠杆菌,MPN/L	≤5 000
3	汞,mg/L	≤0.000 1
4	镉,mg/L	≤0.005
5	铅,mg/L	≤0.05
6	铬,mg/L	≤0.1
7	砷,mg/L	≤0.05
8	硫化物,mg/L	≤0.2
9	石油类,mg/L	≤0.05
10	挥发酚,mg/L	≤0.005
11	甲基对硫磷,mg/L	≤0.000 5
12	马拉硫磷,mg/L	≤0.005
13	乐果,mg/L	≤0.1

3.4 养殖产地底质

3.4.1 产地底质无工业废弃物和生活垃圾,无大型植物碎屑和动物尸体。

3.4.2 淡水贝类、蟹类养殖产地底质应符合表 2 的要求。

表 2 淡水养殖产地底质要求

序号	项　目	标准值
1	汞,mg/kg	≤0.2(干重)
2	镉,mg/kg	≤0.5(干重)
3	铜,mg/kg	≤35(干重)
4	铅,mg/kg	≤60(干重)
5	铬,mg/kg	≤80(干重)
6	砷,mg/kg	≤20(干重)
7	硫化物,mg/kg	≤300(干重)

4 样品采集、贮存、运输和处理

4.1 水质样品的采集、贮存、运输和处理按 GB/T 12997、GB/T 12998 和 GB/T 12999 的规定执行。

4.2 底质样品的采集、贮存、运输和处理按 GB 17378.3 的规定执行。

5 测定方法

5.1 水质测定方法见表 3。

表 3 淡水养殖产地水质测定方法

序号	项目	测定方法	检出限,mg/L	引用标准
1	色、臭、味	感官法	—	GB/T 5750.4
2	总大肠菌群	(1)多管发酵法	—	GB/T 5750.12
		(2)滤膜法		
3	汞	(1)冷原子吸收分光光度法	0.000 05	GB/T 7468
		(2)冷原子荧光法	0.000 01	HJ/T 341
4	镉	(1)原子吸收分光光度法	0.001	GB/T 7475
		(2)双硫腙分光光度法	0.001	GB/T 7471
5	铅	(1)原子吸收分光光度法	0.01	GB/T 7475
		(2)双硫腙分光光度法	0.01	GB/T 7470
6	铬	二苯碳酰二肼分光光度法	0.004	GB/T 7466
7	砷	(1)二乙基二硫代胺基甲酸银分光光度法	0.007	GB/T 7485
		(2)原子荧光光度法	0.000 04	GB/T 8538
8	硫化物	(1)亚甲基蓝分光光度法	0.005	GB/T 16489
		(2)直接显色分光光度法	0.004	GB/T 17133
9	石油类	红外分光光度法	0.01	GB/T 16488
10	挥发酚	(1)蒸馏后 4-氨基安替比林分光光度法	0.002	GB/T 7490
		(2)蒸馏后溴化容量法	—	GB/T 7491
11	马拉硫磷	气相色谱法	0.000 43	GB/T 13192
12	甲基对硫磷	气相色谱法	0.000 42	GB/T 13192
13	乐果	气相色谱法	0.000 57	GB/T 13192
注:部分有多种测定方法的指标,在测定结果出现争议时,以方法(1)为仲裁方法。				

5.2 底质测定方法见表 4。

表 4 淡水养殖产地底质测定方法

序号	项目	测定方法	检出限,mg/kg	引用标准
1	汞	(1)原子荧光法	2.0×10^{-3}	GB 17378.5
		(2)冷原子吸收分光光度法	5.0×10^{-3}	
2	镉	(1)无火焰原子吸收分光光度法	0.04	GB 17378.5
		(2)火焰原子吸收分光光度法	0.05	
3	铜	(1)无火焰原子吸收分光光度法	0.5	GB 17378.5
		(2)火焰原子吸收分光光度法	2.0	
4	铅	(1)无火焰原子吸收分光光度法	1.0	GB 17378.5
		(2)火焰原子吸收分光光度法	3.0	
5	铬	(1)无火焰原子吸收分光光度法		GB 17378.5
		(2)二苯碳酰二肼分光光度法	2.0	
6	砷	(1)氢化物—原子吸收分光光度法	3.0	GB 17378.5
		(2)砷铝酸—结晶紫外分光光度法	1.0	
		(3)催化极谱法	2.0	
7	硫化物	(1)碘量法	4.0	GB 17378.5
		(2)亚甲基蓝分光光度法	0.3	
		(3)离子选择电极法	0.2	
注:部分有多种测定方法的指标,在测定结果出现争议时,以方法(1)为仲裁方法。				

6 结果判定

产地选择、环境保护措施应符合要求。本标准的水质、底质采用单项判定法,所列指标单项超标,则判定为不合格。

————————————

ICS 65.150
B 51

中华人民共和国农业行业标准

NY 5362—2010

无公害食品　海水养殖产地环境条件

2010-09-21 发布

2010-12-01 实施

中华人民共和国农业部 发布

前　言

本标准遵照 GB/T 1.1—2009 给出的规则起草。

本标准由中华人民共和国农业部渔业局提出并归口。

本标准起草单位：山东省水产品质量检验中心。

本标准主要起草人：孙玉增、刘义豪、马元庆、靳洋、秦华伟、徐英江、任利华。

无公害食品　海水养殖产地环境条件

1　范围

本标准规定了海水养殖产地选择、养殖水质要求、养殖底质要求、采样方法、测定方法和判定规则。

本标准适用于无公害农产品(海水养殖产品)的产地环境检测与评价。

2　规范性引用文件

下列文件对于本文件的应用是必不可少的。凡是注日期的引用文件,仅注日期的版本适用于本文件。凡是不注日期的引用文件,其最新版本(包括所有的修改单)适用于本文件。

GB/T 12763.2　海洋调查规范　海洋水文观测

GB/T 13192　水质　有机磷农药的测定　气相色谱法

GB 17378.4　海洋监测规范第四部分:海水分析

GB 17378.5　海洋监测规范第五部分:沉积物分析

GB 17378.7　海洋监测规范第七部分:近海污染生态调查和生物监测

SC/T 9102.2　渔业生态监测规范第2部分:海洋

SC/T 9103　海水养殖水排放要求

3　要求

3.1　产地选择

3.1.1　养殖场应是不直接受工业"三废"及农业、城镇生活、医疗废弃物污染的水(地)域,具有可持续生产的能力。

3.1.2　产地周边没有对产地环境构成威胁的(包括工业"三废"、农业废弃物、医疗机构污水及废弃物、城市垃圾和生活污水等)污染源。

3.2　产地环境保护

3.2.1　产地在生产过程中应加强管理,注重环境保护,制定环保制度。

3.2.2　合理利用资源,提倡养殖用水循环使用,排放应符合SC/T 9103及其他相关规定。

3.2.3　产地在醒目位置应设置产地标识牌,内容包括产地名称、面积、范围和防污染警示等。

3.3　海水养殖水质要求

海水养殖用水应符合表1的规定。

表1　海水养殖用水水质要求

序　号	项　　目	限　量　值
1	色、臭、味	不得有异色、异臭、异味
2	粪大肠菌群,MPN/L	≤2 000(供人生食的贝类养殖水质≤140)
3	汞,mg/L	≤0.000 2
4	镉,mg/L	≤0.005
5	铅,mg/L	≤0.05
6	总铬,mg/L	≤0.1
7	砷,mg/L	≤0.03
8	氰化物,mg/L	≤0.005
9	挥发性酚,mg/L	≤0.005

表 1（续）

序　号	项　目	限　量　值
10	石油类,mg/L	≤0.05
11	甲基对硫磷,mg/L	≤0.000 5
12	乐果,mg/L	≤0.1

3.4　海水养殖底质要求

3.4.1　无工业废弃物和生活垃圾,无大型植物碎屑和动物尸体。

3.4.2　无异色、异臭。

3.4.3　对于底播养殖的贝类、海参及池塘养殖海水蟹等,其底质应符合表2的规定。

表 2　海水养殖底质要求

序　号	项　目	限　量　值
1	粪大肠菌群,MPN/g(湿重)	≤40(供人生食的贝类增养殖底质≤3)
2	汞,mg/kg(干重)	≤0.2
3	镉,mg/kg(干重)	≤0.5
4	铜,mg/kg(干重)	≤35
5	铅,mg/kg(干重)	≤60
6	铬,mg/kg(干重)	≤80
7	砷,mg/kg(干重)	≤20
8	石油类,mg/kg(干重)	≤500
9	多氯联苯(PCB 28、PCB 52、PCB 101、PCB 118、PCB 138、PCB 153、PCB 180 总量)mg/kg(干重)	≤0.02

4　采样方法

　　海水养殖用水水质、底质检测样品的采集、贮存和预处理按 SC/T 9102.2、GB/T 12763.4 和 GB 17378.3 的规定执行。

5　测定方法

5.1　海水养殖用水水质项目按表3规定的检验方法执行。

表 3　海水养殖水质项目测定方法

序号	项　目	检验方法	检出限,mg/L	依据标准
1	色、臭、味	(1)比色法	—	GB/T 12763.2
		(2)感官法	—	GB 17378.4
2	粪大肠菌群	(1)发酵法	—	GB 17378.7
		(2)滤膜法	—	
3	汞	(1)原子荧光法	7.0×10^{-6}	GB 17378.4
		(2)冷原子吸收分光光度法	1.0×10^{-6}	
		(3)金捕集冷原子吸收分光光度法	2.7×10^{-6}	
4	镉	(1)无火焰原子吸收分光光度法	1.0×10^{-5}	GB 17378.4
		(2)阳极溶出伏安法	9.0×10^{-5}	
		(3)火焰原子吸收分光光度法	3.0×10^{-4}	
5	铅	(1)无火焰原子吸收分光光度法	3.0×10^{-5}	GB 17378.4
		(2)阳极溶出伏安法	3.0×10^{-4}	
		(3)火焰原子吸收分光光度法	1.8×10^{-3}	

表3（续）

序号	项 目	检验方法	检出限,mg/L	依据标准
6	总铬	(1)无火焰原子吸收分光光度法 (2)二苯碳酰二肼分光光度法	$4.0×10^{-4}$ $3.0×10^{-4}$	GB 17378.4
7	砷	(1)原子荧光法 (2)砷化氢—硝酸银分光光度法 (3)氢化物发生原子吸收分光光度法 (4)催化极谱法	$5.0×10^{-4}$ $4.0×10^{-4}$ $6.0×10^{-5}$ $1.1×10^{-3}$	GB 17378.4
8	氰化物	(1)异烟酸—吡唑啉酮分光光度法 (2)吡啶—巴比士酸分光光度法	$5.0×10^{-4}$ $3.0×10^{-4}$	GB 17378.4
9	挥发性酚	4-氨基安替比林分光光度法	$1.1×10^{-3}$	GB 17378.4
10	石油类	(1)荧光分光光度法 (2)紫外分光光度法	$1.0×10^{-3}$ $3.5×10^{-3}$	GB 17378.4
11	甲基对硫磷	气相色谱法	$4.2×10^{-4}$	GB/T 13192
12	乐果	气相色谱法	$5.7×10^{-4}$	GB/T 13192
注:部分有多种测定方法的指标,在测定结果出现争议时,以方法(1)为仲裁方法。				

5.2 海水养殖底质按表4规定的检验方法执行。

表4 海水养殖底质项目测定方法

序号	项 目	检验方法	检出限,mg/kg	依据标准
1	粪大肠菌群	(1)发酵法 (2)滤膜法	— 	GB 17378.7
2	汞	(1)原子荧光法 (2)冷原子吸收分光光度法	$2.0×10^{-3}$ $5.0×10^{-3}$	GB 17378.5
3	镉	(1)无火焰原子吸收分光光度法 (2)火焰原子吸收分光光度法	0.04 0.05	GB 17378.5
4	铅	(1)无火焰原子吸收分光光度法 (2)火焰原子吸收分光光度法	1.0 3.0	GB 17378.5
5	铜	(1)无火焰原子吸收分光光度法 (2)火焰原子吸收分光光度法	0.5 2.0	GB 17378.5
6	铬	(1)无火焰原子吸收分光光度法 (2)二苯碳酰二肼分光光度法	2.0 2.0	GB 17378.5
7	砷	(1)原子荧光法 (2)砷铝酸—结晶紫外分光光度法 (3)氢化物—原子吸收分光光度法 (4)催化极谱法	0.06 3.0 1.0 2.0	GB 17378.5
8	石油类	(1)荧光分光光度法 (2)紫外分光光度法 (3)重量法	1.0 3.0 20	GB 17378.5
9	多氯联苯	气相色谱法	$59×10^{-6}$	GB 17378.5
注:部分有多种测定方法的指标,在测定结果出现争议时,以方法(1)为仲裁方法。				

6 判定规则

场址选择、环境保护措施符合要求,水质、底质按本标准采用单项判定法,所列指标单项超标,判定为不合格。

ICS 65.020.20
B 31

中华人民共和国农业行业标准

NY/T 5363—2010

无公害食品　蔬菜生产管理规范

2010-09-21 发布

2010-12-01 实施

中华人民共和国农业部 发布

前　　言

本标准遵照 GB/T 1.1—2009 给出的规则起草。

本标准由中华人民共和国农业部种植业管理司提出。

本标准由农业部农产品质量安全中心归口。

本标准起草单位：湖北省农业科学院经济作物研究所、湖北省蔬菜办公室。

本标准主要起草人：姚明华、邱正明、肖长惜、郭兰、王飞、戴照义、郭凤领、袁尚勇、朱凤娟。

无公害食品　蔬菜生产管理规范

1　范围

本标准规定了无公害蔬菜生产的产地环境选择、生产投入品管理、生产管理、包装和贮运、质量管理和生产档案管理的基本要求。

本标准适用于无公害蔬菜的生产管理。

2　规范性引用文件

下列文件对于本文件的应用是必不可少的。凡是注日期的引用文件，仅注日期的版本适用于本文件。凡是不注日期的引用文件，其最新版本（包括所有的修改单）适用于本文件。

GB 4285　农药安全使用标准

GB/T 8321　农药合理使用准则

GB 15063　复混肥料

GB 16715.1～16715.5　瓜菜作物种子

GB/T 20014.5　良好农业规范　第五部分　水果和蔬菜控制点和符合性规范

NY/T 496　肥料合理使用准则

NY/T 1654　蔬菜安全生产关键控制技术规程

NY 5010　无公害食品　蔬菜产地环境条件

NY 5294　无公害食品　设施蔬菜产地环境条件

NY 5331　无公害食品　水生蔬菜产地环境条件

3　蔬菜产地环境

无公害露地蔬菜产地应符合 NY 5010 的规定；无公害设施蔬菜产地应符合 NY 5294 的规定；无公害水生蔬菜产地应符合 NY 5331 的规定。

4　生产投入品管理

4.1　生产投入品的选择

无公害蔬菜生产过程中投入品如种子、农膜、农药和肥料等生产资料应符合国家相关法律、法规和标准的要求。

4.2　生产投入品的存储

生产投入品应有专门存储设施，并符合其存储要求。以上投入品应在有效期或保质期内使用。

5　生产管理

5.1　种子管理

5.1.1　品种选择

5.1.1.1　品种应适合当地气候、土壤及市场需求。在兼顾高产、优质、优良商品性状的同时，应选择对当地的主要病虫害具有抗性的品种，推荐选用经过省级及省级以上农作物品种审定委员会审定或认定的品种。

5.1.1.2　选用转基因蔬菜种子应符合国家有关法律法规的规定。

5.1.1.3 引进国外品种应按照《中华人民共和国植物检疫条例》的规定检验检疫。

5.1.2 种子处理

根据不同蔬菜种类,分别选用干热处理、温烫浸种、药剂消毒和种子催芽等方法,以便提高种子发芽率、降低生长期病虫害发生和后期农药使用量。

5.1.3 种子使用

5.1.3.1 生产用种子质量应符合 GB 16715.1～16715.5 中的二级以上要求,国标中没有规定的蔬菜种子质量应符合相应的行业标准无公害蔬菜生产技术规程的要求。

5.1.3.2 规模化生产播种时,应留有少许样品和购种凭证。

5.2 播种和定植

5.2.1 根据栽培季节和品种特征选择适宜播种期、定植时间及定植密度。

5.2.2 应根据土壤状况、气候条件、市场需求,科学合理地安排蔬菜种类与茬口。

5.2.3 根据不同蔬菜种类选择直播或营养钵育苗,苗床和栽培地土壤熏蒸及基质应符合 GB/T 20014.5 的规定。

5.3 施肥

5.3.1 肥料使用应符合 NY/T 496 的规定。

5.3.2 根据土壤理化特性、蔬菜种类及长势,确定合理的肥料种类、施肥数量和时间,实施测土配方平衡施肥。

5.3.3 宜施用充分腐熟且符合经无害化处理达到肥料卫生标准要求的有机肥,化学肥料与有机肥料应配合使用。使用化学肥料应注意氮、磷、钾及微量元素的合理搭配,复混肥料必须符合 GB 15063 的要求。

5.3.4 根据蔬菜生长状况,可以使用叶面肥。叶面肥应经国家登记注册,并与土壤施肥相结合。

5.3.5 禁止使用未经国家有关部门登记的化学肥料、生物肥料;禁止直接使用城镇生活垃圾;禁止使用工业垃圾和医院垃圾。

5.4 排灌

5.4.1 应根据不同种类蔬菜的需水规律、不同生长发育时期及气候条件、土壤水分状况,适时、合理灌溉或排水,保持土壤良好的通气条件。

5.4.2 灌溉用水、排水不应对蔬菜作物和环境造成污染或其他不良影响,灌溉水质应符合 NY 5010、NY 5294 和 NY 5331 的相应规定。

5.5 病虫草害防治

5.5.1 遵循"预防为主,综合防治"的植保方针,优先采用农业防治、物理防治、生物防治,科学合理地使用化学防治,将农药残留降低到规定标准的范围。

5.5.2 农药使用应符合 GB 4285 和 GB/T 8321 的规定。宜使用安全、高效、低毒、低残留农药,严格遵循农药安全间隔期。严禁使用国家明令禁止使用的农药和蔬菜上不得使用和限制使用的高毒、高残留农药。

5.5.3 蔬菜病虫害的防治参照 NY/T 1654 蔬菜安全生产关键控制技术规程执行。

5.5.4 农药的使用应在专业技术人员的指导下,由经过培训的人员严格按产品说明书使用。

5.5.5 合理混用、轮换交替使用不同作用机制或具有负交互抗性的药剂,防止和延迟病虫害抗药性的产生和发展。

5.5.6 应将废弃、过期农药及用完的农药瓶或袋深埋或集中销毁。

5.6 采收与清洗

蔬菜采收与清洗应符合 GB/T 20014.5 的规定。

6 包装和贮运

蔬菜包装和贮运应符合 GB/T 20014.5 的规定。

7 质量管理

7.1 蔬菜生产企业和专业合作组织应设质量管理部门,负责制订和管理质量文件,并监督实施;负责生产资料及蔬菜产品的内部检验,主要包括农残、硝酸盐和重金属等;负责蔬菜无公害生产技术的培训。

7.2 质量管理部门应配备与蔬菜生产规模、品种、产品检验要求相适应的人员、场所、仪器和设备。

7.3 质量管理部门对有关蔬菜质量问题的反映应有专人处理,追查原因,及时改进,保证产品质量。

8 生产档案管理

8.1 生产者应建立生产档案,记录每茬蔬菜生产过程,记录内容包括种苗、播种与定植、灌溉、施肥、病虫草害防治、采收、贮运等。记录样式参见附录 A。

8.2 所有记录应真实、准确、规范,并具有可追溯性。

8.3 生产档案文件至少保存 2 年,档案资料应有专人专柜保管。

附　录　A

（资料性附录）

记录样式

A. 1　种苗记录样式见表 A. 1。

表 A. 1　种苗记录样式

种苗名称	供应商	产品批号	产品数量	处理方法	签字	备注

A. 2　播种(定植)记录样式见表 A. 2。

表 A. 2　播种(定植)记录样式

蔬菜名称	品种名称	播种(定植)面积	播种(定植)日期	土地位置	签字	备注

A. 3　灌溉记录样式见表 A. 3。

表 A. 3　灌溉记录样式

灌溉水来源	灌溉方法	灌溉量	灌溉日期	签字	备注

A. 4　施肥记录样式见表 A. 4。

表 A. 4　施肥记录样式

肥料名称	供应商	有效成分	施肥方法	施肥用量	施肥日期	签字	备注

A. 5　病虫草害防治记录样式见表 A. 5。

表 A. 5　病虫草害防治记录样式

农药名称	供应商	有效成分	防治对象	使用方法	施药用量	使用日期	签字	备注

A. 6　采收记录样式见表 A. 6。

表 A. 6　采收记录样式

采收品种	采收日期	采收方式	包装材料	采收量	签字	备注

A.7 贮藏记录样式见表 A.7。

表 A.7 贮藏记录样式

贮藏品种	贮藏地点	贮藏时间	贮藏方式	贮藏条件	签字	备注

A.8 运输记录样式见表 A.8。

表 A.8 运输记录样式

运输品种	运输始地	运输终地	运输时间	运输方式	运输条件	签字	备注

能 源 类

ICS 75.160.10
D 71

中华人民共和国农业行业标准

NY/T 1878—2010

生物质固体成型燃料技术条件

Specification for densified biofuel

2010-05-20 发布   2010-09-01 实施

中华人民共和国农业部 发布

前　言

本标准由中华人民共和国农业部科教司提出并归口。

本标准起草单位：农业部农村可再生能源重点开放实验室、江苏苏州恒辉生物能源开发有限公司、南京大学、国能生物发电集团、哈尔滨工业大学。

本标准主要起草人：张百良、徐桂转、李保谦、罗凯、杨世关、樊峰鸣、赵志有。

生物质固体成型燃料技术条件

1 范围

本标准规定了生物质固体成型燃料的术语和定义、分类、规格、性能指标、检验规则、标志、包装、运输与贮存。

本标准适用于以生物质为主要原料生产的生物质固体成型燃料。

2 规范性引用文件

下列文件对于本文件的应用是必不可少的。凡是注日期的引用文件,仅注日期的版本适用于本文件。凡是不注日期的引用文件,其最新版本(包括所有的修改单)适用于本文件。

GB 475 商品煤样采取方法

3 术语和定义

下列术语和定义适用于本标准。

3.1

生物质固体成型燃料 densified biofuel

以生物质为主要原料,经过机械加工致密成型、生产的具有规则形状的固体燃料产品。

3.2

颗粒状生物质固体成型燃料 biofuel pellet

直径或横截面尺寸小于等于 25 mm 的生物质成型燃料。

3.3

棒(块)状生物质固体成型燃料 biofuel briquette

直径或横截面尺寸大于 25 mm 的生物质成型燃料。

3.4

破碎率 shatter rate

生物质成型燃料受外力作用而破碎,其中,小于规定尺寸的破碎部分质量占测定燃料质量的百分比。单位为%。

3.5

成型燃料密度 density

常温下,小于规定含水量的单体成型燃料的密度。单位为 kg/m^3。

3.6

添加剂 additives

生物质成型燃料生产需要时加入的其他物质。

4 产品分类

4.1 按形状分类

生物质固体成型燃料产品按形状分为颗粒状、块状和棒状。

4.2 按使用原料分类

4.2.1 木质类

包含:木材加工后的木屑、刨花;树皮、树枝、竹子等工业、民用建筑木质剩余物。

4.2.2 草本类

包含:芦苇、各种作物秸秆、果壳及酒糟等有机加工剩余物。

4.2.3 其他

包含能够粉碎并能压制成成型燃料的固体生物质。

4.3 符号

L—颗粒状

K—块状

B—棒状

1MX—木屑

1BH—刨花

1SP—树皮

1SZ—树枝

1LW—芦苇

1Z—竹

2MJ—麦秆

2YM—玉米秸秆

2DD—大豆秸秆

2MH—棉花秸秆

2HS—花生壳

2DK—稻壳

2DC—稻草

3T—添加剂

4.4 型号示例

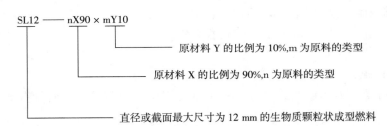

示例:SL12——1MX90×2DK10 表示:生物质颗粒状成型燃料,直径为 12 mm,原料由 90%的第一类木屑和 10%第二类稻壳组成,无添加剂。

5 规格及性能指标

5.1 基本性能要求

生物质固体成型燃料的几何外形尺寸、成型燃料密度、含水率、灰分、热值、破碎率等质量指标应符合表 1 的规定,并在生物质固体成型燃料产品包装上进行标识。

表 1 生物质固体成型燃料基本性能要求

项　目	颗粒状燃料		棒(块)状燃料	
	主要原料为草本类	主要原料为木本类	主要原料为草本类	主要原料为木本类
直径或横截面最大尺寸 (D),mm	≤25		>25	
长度,mm	≤4D		≤4D	

表 1（续）

项　　目	颗粒状燃料		棒（块）状燃料	
	主要原料为草本类	主要原料为木本类	主要原料为草本类	主要原料为木本类
成型燃料密度，kg/m³	≥1 000		≥800	
含水率，%	≤13		≤16	
灰分含量，%	≤10	≤6	≤12	≤6
低位发热量，MJ/kg	≥13.4	≥16.9	≥13.4	≥16.9
破碎率，%	≤5			

5.2　辅助性能指标要求

生物质固体成型燃料的有关性能指标若不能满足表 2 的要求，应在产品包装书上进行标识，或向用户书面说明实际测试值。

表 2　生物质固体成型燃料辅助性能指标要求

项　　目	性能要求
硫含量，%	≤0.2
钾含量，%	≤1
氯含量，%	≤0.8
添加剂含量，%	无毒、无味、无害≤2

6　检验规则

6.1　出厂检验和型式检验

6.1.1　出厂检验

6.1.1.1　产品的出厂检验项目包括表 1 中所列的单体成型燃料密度、产品尺寸、含水率、破碎率。

6.1.1.2　所检测项目中除规格尺寸项目外，其余项目中有 1 项不合格时，应对产品加倍复检。复检仍有不合格项目时，则判定该批产品不合格。

6.1.2　型式检验

6.1.2.1　型式检验项目为本标准第 5 章规定的全部项目。

6.1.2.2　**本标准有下列情况之一应进行型式检验**

  a)　批量生产的产品每两年应进行一次；

  b)　正式生产后，设备、原料或生产工艺有改变时；

  c)　新产品和该型产品正式投产时；

  d)　出厂检验结果与上次型式检验差异大于 10％时；

  e)　质量监督机构提出进行型式检验的要求时。

6.2　组批与抽样

6.2.1　组批

以同一原料配方、同一设备、同一生产工艺生产的产品为一批。

6.2.2　有包装产品的抽样

有包装的生物质成型燃料产品的抽样随机抽取码放在中间层的一个完整包装。

6.2.3　散装产品的抽样

散装产品抽样时，颗粒状成型燃料按 GB 475 中规定的方法进行抽样；棒（块）状成型燃料抽样时，首先在料堆中部均匀布置 5 个抽样点，用采样铲扒开表面 20 cm 深度后抽样，每个抽样点抽取量为一定质量。将样品混合后分成两份，一份供检验，一份存查。

7 标志、包装、运输与贮存

7.1 标志

产品标志应标明产品名称、型号规格、厂名、厂址、净重(含误差允许范围)、执行标准号、储存要求、生产日期及本标准要求标志的性能指标。

7.2 包装

7.2.1 颗粒状生物质成型燃料应进行包装,采用覆膜编制袋、塑料密封袋、覆膜纸箱等具有一定防潮和微量透气能力的包装物等进行包装,有条件的也可用集装箱。

7.2.2 棒(块)状生物质成型燃料可以散装,也可以包装。

7.3 运输

运输时,要防雨、防火、避免剧烈碰撞;散装产品要采用密闭运输。

7.4 贮存

产品的贮存场地应具有防水、防火等措施,包装产品码放整齐,散装产品贮存时应注意防尘。

———————————

ICS 75.160.10
D 71

中华人民共和国农业行业标准

NY/T 1879—2010

生物质固体成型燃料采样方法

Densified biofuel−methods for sampling

2010-05-20 发布　　　　　　　　　　　　　　　　　2010-09-01 实施

中华人民共和国农业部 发布

前　　言

　　本标准对应于 CEN/TS 14778—1:2005《固体生物质燃料—采样—第一部分:采样方法》和 CEN/TS 14778—2:2005《固体生物质燃料—采样—第二部分:卡车上颗粒燃料的采样方法》。本标准与 CEN/TS 14778—1:2005 和 CEN/TS 14778—2:2005 的一致性程度为非等效。

　　本标准的附录 A 为资料性附录。

　　本标准由中华人民共和国农业部科技教育司提出并归口。

　　本标准起草单位:农业部规划设计研究院。

　　本标准主要起草人:赵立欣、田宜水、孟海波、孙丽英、姚宗路、罗娟、霍丽丽。

生物质固体成型燃料采样方法

1 范围

本标准规定了从生产线、运输车辆和堆料场等场所采取生物质固体成型燃料样品所需的工具、原则和方法等。

本标准适用于所有生物质固体成型燃料。

2 规范性引用文件

下列文件对于本文件的应用是必不可少的。凡是注日期的引用文件,仅注日期的版本适用于本文件。凡是不注日期的引用文件,其最新版本(包括所有的修改单)适用于本文件。

NY/T 1880　生物质固体成型燃料样品制备方法

3 术语

下列术语和定义适用于本标准。

3.1

样品　sample

为确定燃料的特性而采取的具有代表性的一定量生物质固体成型燃料。

3.2

子样　increment

采样设备在一次操作中提取的部分生物质燃料。

3.3

合并样品　combined sample

从一个采样单元中取出的全部子样合并的样品。

注:子样在加入合并样品之前可能会因缩分而减少。

3.4

普通样品　common sample

预期用途大于一次的样品。

3.5

分样　sub-sample

样品的一部分。

3.6

实验室样品　laboratory sample

交付实验室的合并样品,或合并样品的分样,或一个子样,或子样的分样。

3.7

一般分析样品　general analysis sample

实验室样品的分样,标称最大粒度约为 1 mm,用于生物质固体成型燃料物理和化学特性的测试。

3.8

全水分样品　moisture analysis sample

为测定全水分而制备的样品。

3.9

粒度分析样品　size analysis sample

指定用来分析粒度值分布的样品。

3.10

试验子样　test portion

实验室样品的分样,由执行一次测试方法所需数量的燃料组成。

3.11

采样　sampling

从大量生物质固体成型燃料中采取有代表性的一部分样品的过程。

3.12

批　lot

需要测试特性的一个独立单元生物质燃料量。

注:参见采样单元

3.13

采样单元　sub-lot

测试结果所需的一批生物质固体成型燃料的一部分。

示例:假设一个供热站每天从一生产厂家接收 20 辆卡车的生物质固体成型燃料,需进行全水分测试,可随机选择一辆卡车代表所有其他卡车来进行测试。在这个例子中,批是一天运输的燃料数量(20 辆卡车燃料),采样单元则是任一辆卡车燃料。

3.14

标称最大粒度　nominal top size

在特定条件下确定生物质固体燃料的粒度值分布,至少有 95％的燃料可以通过筛网孔径的尺寸。

4　子样的体积和数量

4.1　子样的体积

采样工具的容积按式(1)、式(2)计算。

$$V_{min} = 0.5, d \leqslant 10 \quad \cdots\cdots\cdots (1)$$

$$V_{min} = 0.5 \times d/10, d > 10 \quad \cdots\cdots\cdots (2)$$

式中:

V_{min}——采样工具的最小容积,单位为升(L);

d——标称最大粒度,单位为毫米(mm)。

4.2　子样的数量

从每一批或采样单元中取出子样的最小数量,取决于被采样生物质固体成型燃料的差异性,燃料分组见表1。

表 1　生物质固体成型燃料分组

分　组	第 1 组	第 2 组
标称最大粒度	≤10 mm	>10 mm

通过式(3)计算子样的数量:

对静止燃料的采样:

$$n = 5 + 0.025 \times M_{tot}, 第 1 组 \quad \cdots\cdots\cdots (3)$$

$$n = 10 + 0.040 \times M_{tot}, 第 2 组 \quad \cdots\cdots\cdots (4)$$

注:上式不适用于大型料堆。

对移动燃料的采样:

$$n = 3 + 0.025 \times M_{tot}, 第1组 \quad \cdots\cdots\cdots\cdots\cdots\cdots\cdots\cdots\cdots\cdots\cdots (5)$$
$$n = 5 + 0.040 \times M_{tot}, 第2组 \quad \cdots\cdots\cdots\cdots\cdots\cdots\cdots\cdots\cdots\cdots\cdots (6)$$

式中:

n——子样的最小允许值,计算结果保留到个位;

M_{tot}——批或采样单元的质量,单位为吨(t)。

5 采样工具

5.1 采样铲

用于从燃料流和静止燃料中采样。其长度和宽度均应不小于被采样品标称最大粒度的 2.5 倍。图 1 为采样铲的示意图。

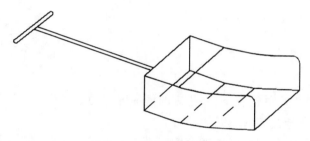

图 1 采样铲示意图

5.2 接斗

用于在燃料流下落处截取子样。接斗顶部应有一个正方形或矩形的开口,开口宽度至少应为被采样品标称最大粒度的 2.5 倍,长度应大于燃料流宽度,接斗的容积应能容纳输送机最大流量时通过的燃料量。图 2 为接斗的示意图。

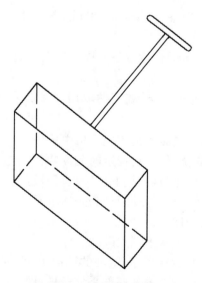

图 2 接斗示意图

5.3 采样管

适用于对标称最大粒度小于 25 mm 的颗粒燃料采样,燃料可以自由流动。管长应能到达容器的任何位置。采样管孔长应大于样品的标称最大粒度,孔宽大于样品标称最大粒度的 3 倍,孔应如图 3 所示旋转排列。

图 3 采样管示意图

5.4 机械采样设备

应使用没有偏差的机械采样设备。

6 采样方法

6.1 从传送带上采样

批或采样单元为连续生产的情况下,在指定时间间隔内通过采样点的所有燃料。

6.1.1 从静止的传送带上手工采样

使用采样铲作为采样工具,采样铲内所有燃料都作为子样。如果燃料在采样铲的边框上,则一条边框上的燃料包含在子样中,而另一条边框上的燃料从子样中去除。

在卸下批或采样单元期间,子样被定期取出。

6.1.2 从运动的传送带上机械采样

使用机械采样设备从运动的传送带上采样。

6.2 从下降燃料流中采样

批或采样单元为连续生产的情况下,在指定时间间隔内通过采样点的所有燃料。

可使用手工或机械采样方法。

使用接斗或其他通过下落燃料流的合适设备采样。当接斗通过下落流时,速度必须均匀,不能超过 0.5 m/s。

在卸下每一批或采样单元的期间,子样被定期取出。保证采样间隔时间的出料量是子样质量的 10 倍。

6.3 从斗式输送机、刮板输送机、斗式装载机或挖掘机中采样

批或采样单元为在连续生产的情况下,在指定时间间隔内通过采样点的所有燃料。在卸下批或采样单元时,定期采样的数量为输送机斗数(或挖掘机铲数、刮板输送机车厢数等)。

将选定的一斗(或一铲、刮板输送机一车厢)作为采样单元。

根据 a)或 b)使用采样铲采取子样:

a) 如果可以直接获得燃料,每次从不同点采取子样;

b) 如果不能直接获得时,将其倒在干净、坚硬的地面上,在倒出的燃料堆中挖取子样。每次从燃料堆中的不同点采取子样,但不能从燃料堆的底部采取子样,即挖取高度不能低于 300 mm。

6.4 使用采样管对料仓中的生物质固体成型燃料采样

批为料仓中所有燃料。

使用采样管采取子样。在采样孔打开之前,将采样管沿 30°～75°完全插入燃料中。震动采样管可以帮助填装燃料。从管中移出子样时,要小心移出所有燃料。

6.5 从装载生物质固体成型燃料的运输车辆上采样

运输车辆装载的燃料应倾倒在干净、坚硬的地面上，然后按 6.7 条规定进行采样。

6.6 对已包装生物质固体成型燃料的采样

批为在一次运送中的所有燃料。

子样应从一批包装袋中随机抽取（在包装袋通过选定的采样点随机抽取，或对包装袋进行编号使用随机号抽取）。采样的最小数量为：

$$n = 5 + 0.025 \times M \quad\cdots\cdots\cdots\cdots\cdots\cdots\cdots\cdots\cdots\cdots\cdots\cdots \quad (7)$$

式中：

M——运送的货物质量，单位为吨（t）。

计算结果保留到个位。

每件包装构成一个子样。

注：可在包装的填料过程中从下落流中采样。

6.7 对料堆的采样

批定义为全部料堆。

可以使用采样铲或采样管采样。

如果怀疑料堆中的燃料是相互分离的，建议将燃料迁移（即放入新料堆），子样则按 6.3 条规定的方法在迁移时采取。

为确定子样的取出高度，采样人目测将料堆沿垂直方向分成 3 层，根据每层的体积比例从中取出一定数量的子样。子样的采样位置应在料堆周围，且等距。斗式装载机可挖入料堆达采样点。采样点不低于 300 mm。图 4 为一个料堆的采样点分布示意图。

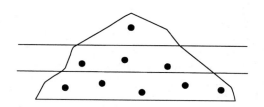

图 4　料堆采样点分布示意图

7　合并样品和实验室样品的制备

采用以下方法之一制备合并样品和实验室样品：

a)　将所有子样全部放置一个密封的容器中形成合并样品，然后送到实验室，即实验室样品。

b)　将所有子样放置在一起形成合并样品，然后使用 NY/T 1880 中规定的方法将其分成两个或以上的分样。每个分样分别被放入容器，再送到实验室成为实验室样品。

c)　将子样分别放置于不同的容器，再送到实验室。在实验室将子样组合成为实验室样品。

d)　每个子样按照 NY/T 1880 中规定的方法被分成两个或以上的分样，且分离程度相同。通过从每个子样中抽取一个分样，形成一个或多个合并样品。每个合并样品分别被放入不同容器中，最后送到实验室成为实验室样品。

8　样品的标识、包装和贮存

样品应放置在密封的容器内。

a)　在所有情况下，样品可以放置在密封的包装箱内，如带盖的塑料桶、封口的塑料袋等。如果需确定全水分，应在干燥前后称量样品包装的质量（因为包装的内壁可能会吸收水分）。

b)　如果使用透明的包装，样品应避免阳光直射。

c) 为防止样品中掺入杂质,盛放样品的容器应密封。

d) 应在 24 h 内对样品进行测试;或将样品在 5℃时保存并尽快分析,而保存时间不能超过 1 周。如果需确定全水分,则需记录空气干燥时所损失的质量,并将记录结果随干燥样品一同提交。

e) 容器上应附有标签,包括:

——样品的唯一标识编号;

——采样者的姓名;

——采样的日期和时间;

——批或分样的识别码。

9 采样记录

参见附录 A。

附　录　A

（资料性附录）

采样记录模板

表 A.1　采样记录模板

抽样检验计划编号：				
样品的唯一识别码：		日期：		
采样人姓名：		时间：		
批或采样单元的识别码：		实验室样品的包装：		
产品：				
燃料供应商：		注释		
近似名义最大尺寸：	mm			
采样单元的质量或体积：	t 或 m³			
实验室样品和容器的质量：	kg			
采样单元的类型 静止：	运输车	小料堆	其他	
移动：	传送带	料场	其他	
供应商地址：				
运输商地址：				
采样人地址：				
实验室地址：				

抽样检验计划编号：			日期：		
样品唯一识别码：			采样设备		
采样目的：				手动	自动
			采样铲	□	□
			铁锹	□	□
性质	NY 标准	所需质量	耙	□	□
全水分		kg	挖掘机	□	□
粒度分布		kg	其他	□	□
堆积密度		kg	（请列出）		
颗粒密度		kg	……		
机械耐久性		kg			
灰分		kg	采样点位置		
热值		kg			
S		kg	从采样批中选取采样单元的程序		
N		kg			
Cl		kg			
其他		kg	采样要求		
		kg	子样的最小数量（n_{min}）		
测试所需总质量		kg	单个子样的最小体积（V_{inc}）	L	
堆积密度		kg/L	合并样品的体积（V_{com}）	L	
测试所需总体积（V_{req}）		L			
如果所需体积（V_{req}）超过计算出的合并样品体积（V_{com}），则需增加子样的数量：			从合并样品中取出实验室样品的方法：		
实际子样数量（n_{act}），大于 V_{req}/V_{inc}					
合并样品的实际体积（$n_{act \times Vinc}$）		L	实验室样品体积　　L		

ICS 75.160.10
D 71

中华人民共和国农业行业标准

NY/T 1880—2010

生物质固体成型燃料样品制备方法

Densified biofuel—methods for sample preparation

2010-05-20 发布

2010-09-01 实施

中华人民共和国农业部 发布

前　言

本标准对应于 CEN/TS 14780:2005《固体生物质燃料－样品制备方法》。本标准与 CEN/TS 14780:2005 的一致性程度为非等效。

本标准由中华人民共和国农业部科技教育司提出并归口。

本标准起草单位:农业部规划设计研究院。

本标准主要起草人:赵立欣、田宜水、孟海波、姚宗路、孙丽英、罗娟、霍丽丽。

生物质固体成型燃料样品制备方法

1 范围

本标准规定了生物质固体成型燃料合并样品的缩分方法,以及将实验室样品制备为分样和一般分析样品的方法等。

本标准适用于生物质固体成型燃料的密度、堆积密度、机械强度、工业分析、灰熔融特性、发热量、元素分析等试验时的样品制备。

2 规范性引用文件

下列文件对于本文件的应用是必不可少的。凡是注日期的引用文件,仅注日期的版本适用于本文件。凡是不注日期的引用文件,其最新版本(包括所有的修改单)适用于本文件。

NY/T 1879 生物质固体成型燃料采样方法

3 术语

NY/T 1879 确立的术语和定义适用于本标准。

3.1

样品制备 sample preparation

样品达到分析或试验状态的过程,主要包括破碎、混合和缩分,有时还包括筛分和空气干燥,它可以分为几个阶段进行。

3.2

缩分 mass-reduction

减少样品或子样的质量。

3.3

混合 mixing

将样品混合均匀的过程。

3.4

破碎 size-reduction

减小样品或子样的标称最大粒度。

4 仪器设备

4.1 缩分设备

4.1.1 二分器

二分器应至少有 16 个槽,且槽宽不小于样品标称最大粒度的 2.5 倍(图 1)。

4.1.2 旋转样品分离器

旋转样品分离器应具有可调节的喂料装置,在样品分离过程中,分离器可至少旋转 20 次以上,喂料口的内部尺寸应不小于样品标称最大粒度的 2.5 倍(图 2)。

4.1.3 采样铲

人工样品缩分所使用的采样铲应为平底,边缘应足够高以防止燃料发生滚落,宽度不小于样品标称最大粒度的 2.5 倍。

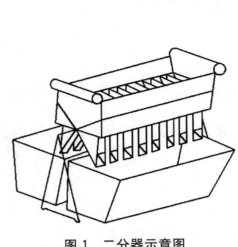

图 1   二分器示意图

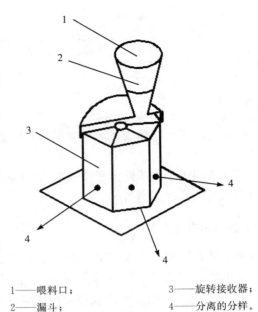

| 1——喂料口； | 3——旋转接收器； |
| 2——漏斗； | 4——分离的分样。 |

图 2   旋转样品分离器示例

4.1.4   铁锹

人工样品缩分所使用的铁锹应有平底,边缘应足够高以防止燃料发生滚落,宽度不小于样品标称最大粒度的 2.5 倍。

4.2   粉碎机

用于将燃料的标称最大粒度从 10 mm～30 mm 减少到大约 1 mm 以下(取决于生物质燃料和所需做的分析),包括鄂式粉碎机、锤式粉碎机、对辊粉碎机等。

4.3   筛网

孔径分别为 30 mm、5 mm 和 1 mm 的筛网。

4.4   天平

精度为样品质量的 0.1%。

5   样品制备的方法

5.1   总则

5.1.1   对于执行缩分的每个环节,样品应保持必要的质量,这取决于燃料的标称最大粒度和堆积密度,每个缩分环节后都应保持的最小质量见表 1。缩分后的质量应足够大,以满足实际测试的需要。

表 1   缩分过程中应保持的最小质量

标称最大粒度,mm	最小质量,g		
	堆积密度<200 kg/m³	堆积密度 200 kg/m³～ 500 kg/m³	堆积密度>500 kg/m³
≥100	10 000	15 000	20 000
100～50	1 000	2 000	3 000
50～30	300	500	1 000
30～10	150	250	500
10～2	50	100	200
≤2	20	50	100

5.1.2 样品按照本规定的制备程序(图3)制备成一般分析样品。

5.1.3 样品制备既可一次完成,也可以分几部分进行处理。如果分部分处理,则每部分都应按同一比例缩分出样品,再将各部分样品混合作为一个样品。

5.1.4 每次破碎、缩分前,仪器和设备都应清扫干净。制样人员在制样过程中,应穿专用鞋,以免污染样品。

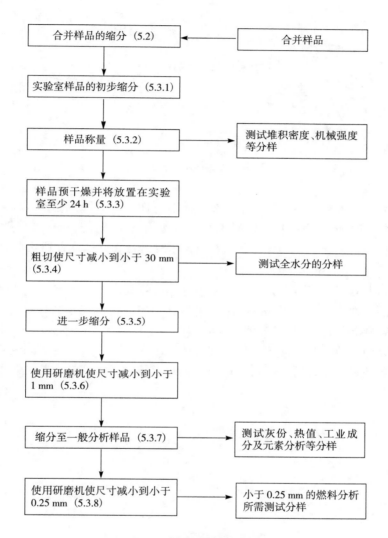

图3 样品制备的程序

5.2 合并样品的缩分方法

可采用以下方法从合并样品中产生一个或多个实验室样品,缩分后的质量要求参见表1。

5.2.1 锥形四分法

首先,将合并样品放置在干净、坚硬的表面上。使用铁锹将样品铲起堆成圆锥体,每锹样品洒在前一锹样品上,使生物质固体成型燃料从锥体四周均匀落下。重复上述过程3次,使燃料充分混合。竖直地用铁锹插入第三次形成的圆锥体顶部将其摊平,使其厚度和直径一致且高度不超过铁锹的铲高。将铁锹沿对角线垂直插入扁平锥体的顶部,将其分成4份(可使用十字金属板),废弃相对的两份。重复堆锥和四分过程直到获得所需质量的分样(图4)。

5.2.2 二分器缩分法

适用于可顺利通过二分器而不发生堵塞的燃料,不适用于潮湿燃料。易碎燃料应该手工操作,以避

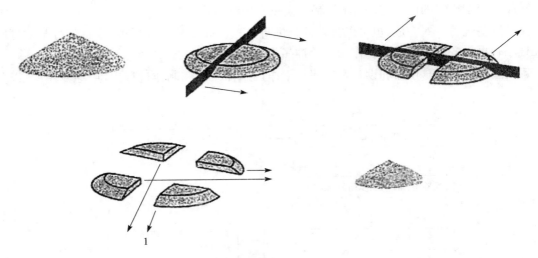

图4 锥形四分法

免产生细小颗粒。

首先,将合并样品放入容器内并均匀分布。在二分器下面放置另两个容器。将第一个容器中的生物质燃料沿中心线倒入二分器。倒时应缓慢以免发生堵塞。不要将容器从一边移动到另一边(这将使通过末端槽孔燃料较少)。废弃其中一个容器的燃料。重复进行二分过程直到获得所需质量的分样。

5.2.3 条状混合法

适用于所有燃料,尤其适用于将合并样品分成小容量实验室样品的情况。

首先,将合并样品倒在干净、坚硬的表面,用铁锹将其均匀混合。在条状燃料两个末端用垂直板挡住。用铁锹沿条状从一端到另一端尽可能地均匀分布燃料。长宽比不小于10:1。将两块板垂直插入条状燃料,取出两板间的燃料作为子样。沿长度方向均匀地取出至少20个子类作为实验室样品。每次插入两板的板距相同,使每个子样所含燃料量相同。板距应根据所需实验室样品质量来选择。图5为条状混合法的原理图。

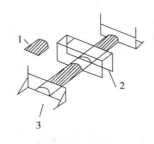

1——子样;

2——采样框;

3——端板。

图5 条状混合法

5.2.4 旋转分离器法

旋转样品分离器应有可调节的喂料装置,使在分离样品时分离器至少可旋转20次以上。

5.3 将实验室样品制备为分样和一般分析样品的方法

5.3.1 样品的初步缩分

如果实验室样品的初始质量超过了表1中给出的最小质量,则按照第6章规定的方法进行缩分。

5.3.2 初步质量测定

在实验室样品受到任何可能导致水分或灰分损失的处理前,使用精度为0.1%的天平称量实验室样品的质量。

5.3.3 预干燥

预干燥样品使随后的样品分离过程中水分损失最小。应将其放入温度不超过 40℃ 的干燥箱进行干燥。

所有样品(包括经过加热干燥的样品)都被平铺在盘子内,厚度不超过最大标称粒度的 3 倍,放置在实验室内至少 24 h,直至接近温度和湿度的平衡。

注1:如果原始样品的水分含量并不重要,如只需确定粒度值分布或单独采取了一般分析样品,则可以省略水分损失计算过程。此时,在实验室内也不需获得温度与湿度的完全平衡。

注2:在实验室条件下达到温度和湿度的平衡,对于某些燃料 24 h 的时间可能不够,可将样品或分样放置在电子天平上来监测其水分含量的变化。

5.3.4 粗切(破碎到<30 mm)

如果样品包括无法通过 30 mm 筛网的颗粒时,可使用 30 mm 筛网将样品分离为粗粒级(未通过 30 mm筛网)和细粒级(通过 30 mm 筛网);使用破碎机加工粗粒级燃料使其能通过 30 mm 的筛网;再将粗粒级和细粒级燃料均匀混合。

注:可根据燃料类型选择其他类型的破碎机。

5.3.5 小于 30 mm 的燃料的缩分

可使用以下方法进行缩分,缩分后的质量要求参见表1。

5.3.5.1 一把采样法

适用于秸秆类燃料。将整个样品放入一个密闭的袋子中,通过几次倒置和揉搓使其均匀混合。取出几把燃料分别放入两个料堆中。再次混合袋中的燃料,然后再从中取出多把燃料分别加入先前的两个料堆中。如此重复,直到袋中的燃料都被取完。两个分样中,每个至少有 20 把燃料。

5.3.5.2 锥形四分法

按 5.2.1 的规定执行。

5.3.5.3 二分器缩分法

按 5.2.2 的规定执行。

5.3.5.4 条状混合法

按 5.2.3 的规定执行。

5.3.6 粒度<30 mm 的燃料破碎到<1 mm

使用粉碎研磨机将样品的粒度粉碎到 1 mm。可分步实施粉碎过程。

注:根据燃料类型,可选择其他类型的研磨机。

示例:如果样品被粉碎,首先通过 5 mm 筛网,然后通过 1 mm 筛网:

——使用 5 mm 的筛网将样品分离为粗粒级(未通过 5 mm 筛网)和细粒级(通过 5 mm 筛网);

——使用配有 5 mm 筛网的研磨机加工粗粒级燃料;

——再均匀混合粗粒级和细粒级燃料;

——使用 1 mm 的筛网将样品分离为粗粒级(未通过 1 mm 筛网)和细粒级(通过 1 mm 筛网);

——使用配有 1 mm 筛网的研磨机加工粗粒级燃料;

——再混合均匀粗粒级和细粒级燃料。

将分样平铺在盘内,厚度不超过 5 mm,在实验室中放置至少 4 h,直到达到温度和湿度的平衡。

本方法制备的分样用作一般分析样品,其质量至少为 50 g。

5.3.7 小于 1 mm 的燃料的缩分

用小铲搅动将容器中的燃料混合均匀,然后用小铲取出所需质量的燃料。

5.3.8 小于 1 mm 的燃料粉碎到小于 0.25 mm

当分样的标称最大粒度要求为 0.25 mm 时,使用研磨机使分样标称最大粒度减小到所需值。每次从一般分析样品中取小部分燃料进行研磨并通过 0.25 mm 的筛网,以防止研磨机发生过热。

注:可根据燃料选择其他类型的研磨机。

6 分样的储存和标记

分样应保存在密闭、干燥容器中。每个分样都应附有标签,标签上包含样品的唯一标识。分样的保存时间不能超过 1 周。

————————

ICS 75.160.10
D 71

中华人民共和国农业行业标准

NY/T 1881.1—2010

生物质固体成型燃料试验方法
第1部分:通则

Densified biofuel–test methods
Part 1:General principle

2010-05-20 发布   2010-09-01 实施

中华人民共和国农业部 发布

前　　言

NY/T 1881《生物质固体成型燃料试验方法》分为：

——第1部分：通则；

——第2部分：全水分；

——第3部分：一般分析样品水分；

——第4部分：挥发分；

——第5部分：灰分；

——第6部分：堆积密度；

——第7部分：密度；

——第8部分：机械耐久性。

本部分为 NY/T 1881 的第1部分。

本部分对应于 CEN/TS 15296：2006《固体生物质燃料－不同基之间的换算分析》。本部分与 CEN/TS 15296：2006 的一致性程度为非等效。

本标准由中华人民共和国农业部科技教育司提出并归口。

本标准起草单位：农业部规划设计研究院、江苏正昌集团公司、北京盛昌绿能科技有限公司。

本标准主要起草人：赵立欣、田宜水、孟海波、孙丽英、赵庚福、周伯瑜、郝波、潘嘉亮、孙振华、傅友红、姚宗路、罗娟、霍丽丽。

生物质固体成型燃料试验方法
第1部分：通则

1 范围

NY/T 1881 的本部分规定了生物质固体成型燃料试验的一般规定和要求。

本部分适用于生物质固体成型燃料试验。

2 规范性引用文件

下列文件对于本文件的应用是必不可少的。凡是注日期的引用文件，仅注日期的版本适用于本文件。凡是不注日期的引用文件，其最新版本（包括所有的修改单）适用于本文件。

GB/T 213 煤的发热量测定方法

GB/T 214 煤中全硫的测定方法

GB/T 476 煤的元素分析方法

GB/T 8170 数值修约规则与极限数值的表示和判定

NY/T 1879 生物质固体成型燃料采样方法

NY/T 1880 生物质固体成型燃料样品制备方法

3 术语

NY/T 1879 确立的以及下列术语和定义适用于本部分。

3.1

工业分析 proximate analysis

水分、灰分、挥发分和固定碳四个项目分析的总称。

3.2

外在水分 free moisture；surface moisture

M_f

在一定条件下样品与周围空气湿度达到平衡时所失去的水分。

3.3

内在水分 inherent moisture

M_{inh}

在一定条件下样品达到空气干燥状态时所保持的水分。

3.4

全水分 total moisture

M

生物质燃料的外在水分和内在水分的总和。

3.5

一般分析样品水分 moisture in the general analysis test sample

M_{ad}

在一定条件下，一般分析样品在实验室中与周围空气湿度达到大致平衡时所含有的水分。

3.6

灰分 ash

A

样品在规定条件下完全燃烧后所得的残留物。

3.7

挥发分 volatile matter

V

样品在规定条件下隔绝空气加热,并进行水分校正后的质量损失。

3.8

固定碳 fixed carbon

FC

从测定样品的挥发分后的残渣中减去灰分后的残留物,通常用 100 减水分、灰分和挥发分得出。

3.9

元素分析 ultimate analysis

碳、氢、氧、氮、硫五个生物质燃料分析项目的总称。

3.10

密度 particle density

单个生物质固体成型燃料的密度。

3.11

堆积密度 bulk density

BD

在规定条件下将生物质固体成型燃料填充在容器内,质量与容器体积的比。

3.12

机械耐久性 mechanical durability

DU

生物质固体成型燃料在装卸、输送和运输过程中保持完整个体的能力。

3.13

灰成分分析 ash analysis

灰的元素组成(通常以氧化物表示)分析。

3.14

收到基 as received basis

ar

以收到状态的生物质燃料为基准。

3.15

空气干燥基 air dried basis

ad

以空气湿度达到平衡状态的生物质燃料为基准。

3.16

干燥基 dry basis

d

以假想无水状态的生物质燃料为基准。

3.17

干燥无灰基　**dry ash-free basis**

daf

以假想无水、无灰状态的生物质燃料为基准。

4 样品

4.1 样品的采取和制备

按照 NY/T 1879 采取生物质固体成型燃料样品,然后按照 NY/T 1880 制备试验所需的样品。

4.2 样品的保存

样品应放置在密封的塑料容器内保存。

5 测定

5.1 测定项目

可根据需要,选择以下试验项目测定生物质固体成型燃料:

a) 全水分;

b) 工业分析(一般分析样品水分、挥发分、灰分和固定碳);

c) 元素分析(碳、氢、氧、氮、硫);

d) 发热量;

e) 规格;

f) 堆积密度;

g) 密度;

h) 机械耐久性。

5.2 测定次数

除特别规定外,每个测定项目对同一样品进行两次试验。两次测定的差值如不超过重复性限 T,则取其算术平均值作为最后结果;否则,需进行第三次测定。如 3 次测定的极差不超过重复性限 1.2 T,则取 3 次测定值的算术平均值作为最后结果;否则,需进行第四次测定。如 4 次测定的极差不超过重复性限 1.3 T,则取 4 次测定值的算术平均值作为最后结果;如果极差大于 1.3 T,而其中 3 个测定值的极差不大于 1.2 T,则取此 3 次测定值的算术平均值作为最后结果。如上述条件均未达到,则应舍弃全部测定结果,并检查试验仪器和操作,然后重新进行试验。

5.3 测定方法

5.3.1 发热量

按照 GB/T 213 规定的方法测定生物质固体成型燃料样品的发热量。

5.3.2 元素分析

按照 GB/T 214 规定的方法测定测定生物质固体成型燃料样品的硫含量。按照 GB/T 476 规定的方法测定碳、氢和氮的含量,计算氧的含量。

6 结果表述

6.1 不同基之间的换算

可将分析结果乘以输入必要数值的适当公式(表 1),使分析结果在不同基准之间进行转换。大部分基于一个特定基准的分析值都可以乘以该公式转换成其他任何基准。但是,一些参数与含水量直接有关。在将基于空气干燥基的值换算成干燥基或干燥无灰基之前,应先使用 7.1.1 中的公式进行修正。同样,如果将基于干燥基或干燥无灰基的参数值重新换算成收到基,则在应用表中公式前,利用 7.1.1 中的公式进行修正。

6.1.1 全氢、全氧和低位发热量的附加计算

6.1.1.1 全氢

基于空气干燥基（H_{ad}）测定的氢含量既包括固体生物质燃料可燃部分的氢，又包括样品水分中的氢（全氢）。在将 H_{ad} 换算成其他基准之前，应先修正水分中的氢，计算出干燥基 H_d：

$$H_d = (H_{ad} - M_{ad}/8.937) \times \frac{100}{100 - M_{ad}} \quad\cdots\cdots\cdots\cdots (1)$$

注：本式的氢含量是指生物质固体成型燃料可燃部分的氢含量，可以利用表1中的公式转换成其他任何基准的氢含量。

6.1.1.2 全氧

生物质固体成型燃料干燥基可燃部分的氧含量可以用式（2）计算：

$$O_d = 100 - C_d - H_d - S_d - Cl_d - A_d \quad\cdots\cdots\cdots\cdots (2)$$

注：如果要求更高精度，则应将 S_d 和 Cl_d 值修正为灰分（A_d）中硫和氯含量。

6.1.1.3 低位发热量

恒压收到基低位发热量（$Q_{p,net,ar}$）包括实际水分蒸发热的修正值：

$$Q_{p,net,ar} = Q_{p,net,d} \times \frac{100 - M}{100} - 24.43 \times M_{ar} \quad\cdots\cdots\cdots\cdots (3)$$

使用下式转换为干燥基：

$$Q_{p,net,d} = (Q_{p,net,ar} + 24.43 \times M_{ar}) \times \frac{100}{100 - M_{ad}} \quad\cdots\cdots\cdots\cdots (4)$$

使用式（5）转换成其他任何湿基（M）：

$$Q_{p,net,m} = Q_{p,net,d} \times \frac{100 - M}{100} - 24.43 \times M \quad\cdots\cdots\cdots\cdots (5)$$

其中，对于干燥基：$M=0$；对于空气干燥基，$M=M_{ad}$；对于收到基 $M=M_{ar}$

使用表1中的公式将 $Q_{p,net,d}$ 转换成干燥无灰基：

$$Q_{p,net,daf} = Q_{p,net,d} \times \frac{100}{100 - A_d} \quad\cdots\cdots\cdots\cdots (6)$$

干燥无灰基转换成干燥基：

$$Q_{p,net,d} = Q_{p,net,daf} \times \frac{100 - A_d}{100} \quad\cdots\cdots\cdots\cdots (7)$$

6.1.2 常用其他基准计算公式

按照 6.1.1 计算出最终校正值后，将有关数值代入从表1中所列相应的公式，则大部分基于已知基准的分析值都可以乘以该数值转换成其他任何要求基的分析值。

表1 不同基准之间的换算公式

已知基	要 求 基			
	空气干燥基 ad	收到基[a] ar	干燥基 d	干燥无灰基 daf
空气干燥基 ad		$\dfrac{100 - M_{ar}}{100 - M_{ad}}$	$\dfrac{100}{100 - M_{ad}}$	$\dfrac{100}{100 - (M_{ad} + A_{ad})}$
收到基 ar	$\dfrac{100 - M_{ad}}{100 - M_{ar}}$		$\dfrac{100}{100 - M_{ar}}$	$\dfrac{100}{100 - (M_{ar} + A_{ar})}$
干燥基 d	$\dfrac{100 - M_{ad}}{100}$	$\dfrac{100 - M_{ar}}{100}$		$\dfrac{100}{100 - A_d}$
干燥无灰基 daf	$\dfrac{100 - (M_{ad} + A_{ad})}{100}$	$\dfrac{100 - (M_{ar} + A_{ar})}{100}$	$\dfrac{100 - A_d}{100}$	
[a] 用来计算收到基结果的公式可以用来计算其他任何湿基。				

6.2 **数据修约规则**

按照 GB/T 8170 的规定对数据进行修约。

6.3 **结果报告**

生物质固体成型燃料的试验结果,取 2 次或 2 次以上重复测定的算术平均值,按上述修约规则修约到表 2 规定的位数。

表 2 测定值与报告值位数

测定项目	单 位	测定值	报告值
全水分	%	小数点后一位	小数点后一位
工业分析	%	小数点后二位	小数点后一位
元素分析	%	小数点后二位	小数点后二位
氯	mg/kg	个位	个位
水溶性氯、钾和钠	mg/kg	个位	个位
发热量	kJ/kg	个位	个位
堆积密度	kg/m³	小数点后一位	个位
密度	g/cm³	小数点后二位	小数点后二位
机械耐久性	%	小数点后二位	小数点后一位

7 方法的精密度

生物质固体成型燃料试验方法的精密度,以重复性限和再现性临界差表示。

7.1 **重复性限**

在重复条件下,即在同一实验室中,由同一个实验者使用同样的设备对从分析样品中称出的具有代表性的分样进行操作,所得结果的差值(在 95% 的概率下)的临界值。

7.2 **再现性临界差**

在再现性条件下,从同一个分析样本中取出重复试验分样,在两个不同的实验室对其进行重复测定,其结果平均值的差值(在 95% 的概率下)的临界值。

8 试验记录和试验报告

8.1 **试验记录**

试验记录应按规定的格式、术语、符号和法定计量单位填写,并应至少包括以下内容:

 a) 分析试验项目名称及记录编号;

 b) 试验日期;

 c) 试验依据、主要使用仪器设备名称及编号;

 d) 试验中间数据;

 e) 试验结果及计算;

 f) 试验过程中发现的异常现象及其处理;

 g) 试验人员和复核人员;

 h) 其他需要说明的问题。

8.2 **试验报告**

试验报告应规定的格式、术语、符号和法定计量单位填写,并应至少包括以下内容:

 a) 报告名称、编号、页号及总页数;

 b) 试验单位的名称、地址、邮编、电话和传真等;

 c) 委托单位名称、地址、邮编、电话、传真和联系人等;

 d) 试验日期;

e) 所试验的产品或样品编号；

f) 分析试验项目及依据；

g) 与本标准的任何偏差；

h) 试验结果及基准；

i) 试验步骤中,对试验结果有影响的现象和观测值,即异常现象；

j) 关于"本报告只对来样负责"的声明；

k) 批准、审核和检验人员,签发日期；

l) 其他需要的信息。

_____

ICS 75.160.10
D 71

中华人民共和国农业行业标准

NY/T 1881.2—2010

生物质固体成型燃料试验方法
第2部分：全水分

Densified biofuel-test methods
Part 2:Total moisture

2010-05-20 发布

2010-09-01 实施

中华人民共和国农业部 发布

前　言

NY/T 1881《生物质固体成型燃料试验方法》分为：

——第1部分：通则；

——第2部分：全水分；

——第3部分：一般分析样品水分；

——第4部分：挥发分；

——第5部分：灰分；

——第6部分：堆积密度；

——第7部分：密度；

——第8部分：机械耐久性。

本部分为NY/T 1881的第2部分。

本部分对应于CEN/TS 14774—1:2004《固体生物质燃料-含水量试验方法-干燥法-第一部分：全水分-仲裁法》。本部分与CEN/TS 14774-1:2004的一致性程度为非等效。

本标准由中华人民共和国农业部科技教育司提出并归口。

本标准起草单位：农业部规划设计研究院、江苏正昌集团公司、北京盛昌绿能科技有限公司。

本标准主要起草人：赵立欣、田宜水、孟海波、孙丽英、赵庚福、周伯瑜、郝波、潘嘉亮、孙振华、傅友红、姚宗路、罗娟、霍丽丽。

生物质固体成型燃料试验方法
第2部分：全水分

1 范围

NY/T 1881 的本部分规定了生物质固体成型燃料全水分的试验方法。

本部分适用于所有生物质固体成型燃料。

2 规范性引用文件

下列文件对于本文件的应用是必不可少的。凡是注日期的引用文件，仅注日期的版本适用于本文件。凡是不注日期的引用文件，其最新版本（包括所有的修改单）适用于本文件。

NY/T 1881.1　生物质固体成型燃料试验方法　第1部分：通则

NY/T 1879　生物质固体成型燃料采样方法

NY/T 1880　生物质固体成型燃料样品制备方法

3 术语

NY/T 1881.1 确立的术语和定义适用于 NY/T 1881 的本部分。

4 方法提要

在空气中，将生物质固体成型燃料样品置于105℃的温度下干燥至质量恒定，然后根据样品质量损失并修正浮力作用计算出全水分。

5 仪器设备

5.1 干燥箱

可将温度范围控制在(105±2)℃，每小时换气3次～5次，空气流速保持在使样品颗粒不脱离盘底的状态。

5.2 托盘

由耐腐蚀和耐高温材质制成，其尺寸为每平方厘米表面能盛放1g样品，托盘表面非常洁净和均匀。

5.3 工业天平

感量0.1 g。

6 样品的制备

6.1　根据 NY/T 1879 和 NY/T 1880 采样和制备全水分样品。使用防水、密闭的容器或袋子装好样品，并存放在试验室中。

> 注：在制备样品时，应做好防范措施，以防止水分损失。粗糙燃料应使用合适的设备，如慢速旋转式研磨机、手锯、斧子或小刀进行处理，使被测试材料的厚度小于30 mm。用于测定含水量的样品制备好后，应立即称量。

6.2　样品标称最大粒度小于100 mm时，质量应大于500 g，最少不低于300 g；样品标称最大粒度大于100 mm 的样品，质量为1 kg～2 kg。

6.3　在粗糙样品的制备过程中，可能需要预干燥样品。在这种情况下，采用8.1中式(2)计算全水分。

7 试验步骤

7.1 称取预先干燥的洁净空盘,精度为 0.1 g,将样品从容器(或袋中)移至空盘中并均匀摊平,使每平方厘米的表面上样品约为 1 g。称取与前面完全相同洁净空盘(参照盘)的质量,精度为 0.1g。如果在袋子或容器的内表面上残留有水分,则这些水分应包括在全水分的计算中。在干燥箱中干燥样品包装(袋子、容器等),并称量干燥前后的质量。如果包装材料不能承受 105℃ 的温度,在试验室中将其打开并在室温下干燥。

> 注:参照盘用于浮力修正。为避免在空气中吸潮,应在热的状态下称量干燥样品和托盘。在浮力作用下,托盘在热态的质量比冷却状态小。浮力作用的大小取决于托盘的尺寸与质量。

7.2 称量托盘和样品的总质量。将装有样品的托盘和参照盘一同放置干燥箱内,将温度控制在(105±2)℃。加热托盘直到其质量达到 7.3 中所描述的恒量。

> 注:干燥箱不能过载,在样品层上方以及托盘间要有足够的空间。

7.3 因生物质固体成型燃料具有吸湿性,应在热的状态下称量样品盘和参照盘的质量,称量过程应在 10 s~15 s 内完成,精度为 0.1 g。质量恒量是指在 60 min、(105±2)℃ 的加热过程中,其质量变化不超过 0.2%。所需干燥时间取决于样品的粒度、干燥箱空气流速、样品盘的厚度等。

> 注:为避免不必要的挥发分损失,干燥时间一般不超过 24 h。

8 结果计算

基于收到基的全水分根据式(1)计算。收到基和干燥基全水分可通过式(3)和式(4)进行换算。

8.1 含水量(收到基)

用质量百分比表示的生物质固体成型燃料收到基全水分(M_{ar})见式(1)。

$$M_{ar} = \frac{(m_2 - m_3) - (m_4 - m_5) + m_6}{m_2 - m_1} \times 100 \quad\cdots\cdots\cdots\cdots\cdots (1)$$

式中:

m_1——空盘的质量,单位为克(g);

m_2——干燥前托盘和样品的总质量,单位为克(g);

m_3——干燥后托盘和样品的总质量,单位为克(g);

m_4——干燥前参照盘的质量(室温下称重),单位为克(g);

m_5——干燥后参照盘的质量(热态下称重),单位为克(g);

m_6——包装内的水分质量,单位为克(g)。

计算结果精确到小数点后一位。

如果样品在含水量测定前被预干燥(参见 6.3),则用质量百分比表示的全水分(M_T)用式(2)计算。

$$M_T = M_p + M_r \times (1 - M_p/100) \cdots\cdots\cdots\cdots\cdots\cdots (2)$$

式中:

M_p——预干燥的水分损失,用初始样品的质量百分比表示;

M_r——剩余水分,用质量百分比表示,根据上面的步骤用预干燥样品来测定。

8.2 含水量(干燥基)

干燥基水分 U_d 和收到基水分 M_{ar} 之间换算关系见式(3)和式(4)。

$$U_d = \frac{M_{ar}}{100 - M_{ar}} \times 100 \cdots\cdots\cdots\cdots\cdots\cdots\cdots (3)$$

$$M_{ar} = \frac{U_d}{100 - U_d} \times 100 \cdots\cdots\cdots\cdots\cdots\cdots\cdots (4)$$

9 精密度

由于本部分涵盖的生物质固体成型燃料具有变化性,因此本试验方法不可能给出一个精确的说明(重复性或再现性)。

10 试验报告

试验报告至少包括以下内容:
——试验室名称和试验日期;
——所试验的产品或样品编号;
——与本标准的任何偏差;
——试验结果及基准,即收到基或干燥基;
——试验步骤中,对试验结果有影响的现象和观测值,即异常现象。

ICS 75.160.10
D 71

中华人民共和国农业行业标准

NY/T 1881.3—2010

生物质固体成型燃料试验方法
第3部分：一般分析样品水分

Densified biofuel—test methods

Part 3：Moisture in general analysis sample

2010-05-20 发布　　　　　　　　　　2010-09-01 实施

中华人民共和国农业部 发布

前　言

NY/T 1881《生物质固体成型燃料试验方法》分为：
——第1部分：通则；
——第2部分：全水分；
——第3部分：一般分析样品水分；
——第4部分：挥发分；
——第5部分：灰分；
——第6部分：堆积密度；
——第7部分：成型燃料密度；
——第8部分：机械耐久性。

本部分为NY/T 1881的第3部分。

本部分对应于CEN/TS 14774-1:2004《生物质固体燃料—含水量试验方法—干燥法—第三部分：全水分——一般分析样品的含水量》。本部分与CEN/TS 14774-1:2004的一致性程度为非等效。

本标准由中华人民共和国农业部科技教育司提出并归口。

本标准起草单位：农业部规划设计研究院、江苏正昌集团公司、北京盛昌绿能科技有限公司。

本标准主要起草人：赵立欣、田宜水、孟海波、孙丽英、赵庚福、周伯瑜、郝波、潘嘉亮、孙振华、傅友红、姚宗路、罗娟、霍丽丽。

生物质固体成型燃料试验方法
第 3 部分：一般分析样品水分

1 范围

NY/T 1881 的本部分规定了生物质固体成型燃料一般分析样品水分的试验方法。

本部分适用于所有生物质固体成型燃料。

2 规范性引用文件

下列文件对于本文件的应用是必不可少的。凡是注日期的引用文件，仅注日期的版本适用于本文件。凡是不注日期的引用文件，其最新版本（包括所有的修改单）适用于本文件。

GB/T 212 煤的工业分析方法

NY/T 1881.1 生物质固体成型燃料试验方法 第 1 部分：通则

NY/T 1879 生物质固体成型燃料采样方法

NY/T 1880 生物质固体成型燃料样品制备方法

3 术语

NY/T 1881.1 确立的术语和定义适用于本部分。

4 方法提要

一般分析样品在 105℃的温度下干燥，根据测试样品损失的质量计算水分百分比。

注：一般分析样品可在空气或氮气中干燥。如果样品材料容易氧化（在 105℃时），可在氮气中干燥，参见 GB/T 212。所使用的气体类型需要在第 10 章的报告中指出。

5 仪器设备

5.1 干燥箱

可将温度控制在(105±2)℃的范围，每小时换气 3 次～5 次，空气流速保持在样品不会从称量瓶中脱离的状态。

5.2 称量瓶

由玻璃或耐腐蚀、耐高温材质制成，并配有配合良好的盖，尺寸满足样品层厚度不超过 0.2 g/cm²。

5.3 天平

感量 0.1 mg。

5.4 干燥器

内装变色硅胶或粒状无水氯化钙，避免样品在空气中吸潮。

6 样品的制备

按照 NY/T 1879 和 NY/T 1880 采样和制备一般分析样品，粒度不大于 1 mm。

7 试验步骤

7.1 将空的称量瓶及盖在(105±2)℃干燥，直到质量不再发生变化，在干燥器中将其冷却至室温。

注:可同时对几个称量瓶进行操作。

7.2 称量称量瓶及盖的质量,精确到0.1 mg。

7.3 在称量瓶中加入(1±0.1)g分析样品,称量称量瓶、盖以及样品的总质量,精确到0.1 mg。

7.4 在(105±2)℃加热称量瓶、盖及样品,直到质量衡量,加热时称量瓶与盖分别放置。质量恒量是指在60 min、(105±2)℃的加热过程中,其质量变化不超过1 mg。干燥时间通常为2 h~3 h。

7.5 在称量瓶还在干燥箱时盖上盖,将称量瓶和样品一起移到干燥器,冷却至室温。

7.6 称量称量瓶、盖及样品的质量,精确到0.1 mg。由于小粒度生物质燃料吸湿性很强,应在冷却后立即称量。

8 结果计算

用质量百分比表示的一般分析样品的含水量M_{ad},采用式(1)计算:

$$M_{ad} = \frac{m_2 - m_3}{m_2 - m_1} \times 100 \quad\cdots\cdots\cdots\cdots\cdots\cdots\cdots\cdots\cdots\cdots\cdots\cdots\cdots\cdots \quad (1)$$

式中:

m_1——干燥前称量瓶及盖的质量,单位为克(g);

m_2——干燥前称量瓶、盖及样品的总质量,单位为克(g);

m_3——干燥后称量瓶、盖及样品的总质量,单位为克(g)。

对于每次独立测试,其结果应保留小数点后两位。最终结果为两次独立测试结果的平均值,保留到小数点后一位。

9 精密度

9.1 重复性

在同一实验室中,由同一个实验者使用同样的设备对从分析样品中称出的具有代表性的分样进行操作,所得结果差值的绝对值不超过0.2%。

9.2 再现性

由于生物质固体成型燃料具有变化性,本部分不可能给出本测试方法的精确说明(再现性)。

10 试验报告

试验报告至少包括以下内容:

——实验室名称和试验日期;

——所试验的产品或样品;

——与本标准的任何偏差;

——试验结果及基准,即收到基或干燥基;

——试验步骤中,对试验结果有影响的现象和观测值,即异常现象。

ICS 75.160.10
D 71

中华人民共和国农业行业标准

NY/T 1881.4—2010

生物质固体成型燃料试验方法
第4部分:挥发分

Densified biofuel—test methods
Part 4:Content of volatile matter

2010-05-20 发布
2010-09-01 实施

中华人民共和国农业部 发布

前　言

NY/T 1881《生物质固体成型燃料试验方法》分为:

——第1部分:通则;

——第2部分:全水分;

——第3部分:一般分析样品水分;

——第4部分:挥发分;

——第5部分:灰分;

——第6部分:堆积密度;

——第7部分:密度;

——第8部分:机械耐久性。

本部分为 NY/T 1881 的第4部分。

本部分对应于 CEN/TS 145148:2005《固体生物质燃料—挥发分含量的测定方法》。本部分与 CEN/TS 145148:2005 的一致性程度为非等效。

本标准由中华人民共和国农业部科技教育司提出并归口。

本标准起草单位:农业部规划设计研究院、江苏正昌集团公司、北京盛昌绿能科技有限公司。

本标准主要起草人:赵立欣、田宜水、孟海波、孙丽英、赵庚福、周伯瑜、郝波、潘嘉亮、孙振华、傅友红、姚宗路、罗娟、霍丽丽。

生物质固体成型燃料试验方法
第4部分:挥发分

1 范围

NY/T 1881的本部分规定了生物质固体成型燃料挥发分的测定方法。

本部分适用于所有生物质固体成型燃料。

2 规范性引用文件

下列文件对于本文件的应用是必不可少的。凡是注日期的引用文件,仅注日期的版本适用于本文件。凡是不注日期的引用文件,其最新版本(包括所有的修改单)适用于本文件。

NY/T 1879 生物质固体成型燃料 采样方法

NY/T 1880 生物质固体成型燃料 样品制备方法

NY/T 1881.1 生物质固体成型燃料试验方法 第1部分:通则

NY/T 1881.3 生物质固体成型燃料试验方法 第3部分:一般分析样品含水量

3 术语

NY/T 1881.1确立的术语和定义适用于本部分。

4 方法提要

一般分析样品的试验子样在(900±10)℃隔绝空气的环境中加热7 min。扣除水分质量损失后,试验子样质量损失占样品质量的百分数来计算挥发分。

5 仪器设备

5.1 马弗炉

电加热,内部有可维持(900±10)℃恒温区。

5.2 热电偶

铠装的热电偶应该永久安装在马弗炉中,且其热接头应尽可能靠近加热室的中心。

未铠装的热电偶要足够长以到达加热室的中心,用于校正。

5.3 坩埚

坩埚配有配合严密的盖,由石英制成。带盖坩埚的重量应在10 g～14 g之间,尺寸参考图1。应选择与坩埚相匹配的盖,两者之间的水平净空不大于0.5 mm。

5.4 坩埚架

坩埚架用于在马弗炉中放置坩埚,以达到合适的加热速度。

示例:坩埚架和坩埚的组成如下:

  a) 对于单次测定,坩埚架为由耐热钢丝制成的环,陶瓷盘放在腿的内凸起上,直径为25 mm,厚度为2 mm,如图2(a)所示。

  b) 对于重复测定,坩埚架为耐热钢丝制成的托架,其尺寸适当,有2 mm厚的陶瓷板,用于支撑坩埚,如图2(b)所示。

5.5 天平

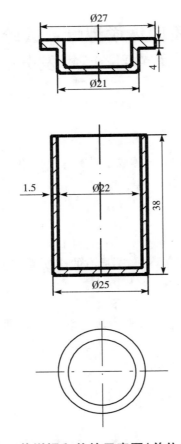

图 1　石英坩埚和盖的示意图（单位为毫米）

感量 0.1 mg。

5.6　干燥器

避免样品从气体中吸收水分,内装变色硅胶或粒状无水氯化钙。

6　温度校正

马弗炉的温度读数应使用未铠装的校准热电偶定期检查。未铠装的热电偶(第 5 章)应尽可能靠近永久安装的热电偶所在区域。

7　样品的制备

试验样品应根据 NY/T 1880 进行制备,制备成标称最大粒度不超过 1 mm 的一般分析样品。

一般分析样品应均匀混合,且与实验室空气达到水分平衡或烘干。

一般分析样品应取出试验子样,在测定挥发分的同时,根据 NY/T 1881.3 测定一般分析样品水分。

8　试验步骤

将空坩埚及盖放置在坩埚架上[如图 2(a)所示],或将需测定的空坩埚及盖放置在坩埚架上[如图 2(b)所示],然后放入马弗炉中。维持(900±10)℃温度 7 min。从马弗炉中取出坩埚,在耐热材质的板上冷却到室温,保存在干燥器中。

称量冷却的空坩埚和盖的质量,称量(1±0.1) g 的一般分析样品子样并放入坩埚,精确到 0.1 mg。盖上盖,在洁净、坚硬的表面上轻轻敲击坩埚,直到子样在坩埚底部形成厚度均匀的样品层。装有样品

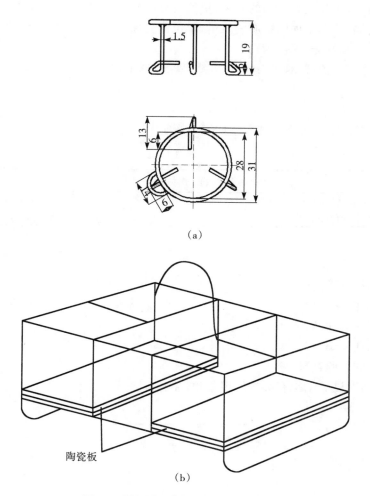

（a）

（b）

图 2　坩埚架示意图（单位为毫米）

的坩埚放到冷却的坩埚架上。

　　将马弗炉预先加热至 920℃ 左右，打开炉门，迅速将放有坩埚的坩埚架送入恒温区并关上炉门，保持 7 min±5 s。坩埚及坩埚架刚放入时，炉温会有所下降，但必须在 3 min 内使炉温恢复至（900±10）℃，否则，此次试验作废。加热时间包括温度回复时间。

　　取出坩埚并放置在耐热板上冷却至室温，保存在干燥器中，然后称量冷却的坩埚及样品的质量，精确到 0.1 mg。

　　注1：在测定前后对坩埚进行相同的处理，使坩埚表面吸附的水膜影响最小，同时快速冷却以减小剩余的生物质固体成型燃料对水分的吸收。

　　注2：如果进行重复测定，坩埚架上任何空缺处都应放入空坩埚。

　　注3：对于某些生物质固体成型燃料，可能需要对干燥样品进行测定，以避免在加热过程中由于剧烈反应引起的燃料损失。在这种情况下，装有样品的坩埚在送入马弗炉之前，应在 105℃ 下进行干燥。

9　结果计算

　　用干燥基质量百分比来表示的样品中的挥发分 V_d 按式（1）计算：

$$V_d = \left[\frac{100(m_2 - m_3)}{m_2 - m_1} - M_{ad} \right] \times \frac{100}{100 - M_{ad}} \quad\cdots\cdots （1）$$

　　式中：

　　m_1——空坩埚和盖的质量，单位为克（g）；

m_2——燃烧前坩埚、盖和试验样品的质量,单位为克(g);

m_3——燃烧后坩埚、盖和坩埚内物质的质量,单位为克(g);

M_{ad}——一般分析样品水分,单位为百分率(%)。

报告的结果为重复测定的算术平均值,计算结果保留到小数点后一位。

10 精密度

挥发分测定的重复性限和再现性临界差如表1规定。

表 1

试验结果允许的最大差值(干燥基)	
重复性界限	再现性临界差
算术平均值的3%	算术平均值的4%

11 试验报告

试验报告至少包括以下内容:

——实验室名称和试验日期;

——所试验的产品或样品;

——与本标准的任何偏差;

——基于干燥基的试验结果;

——试验步骤中,对试验结果有影响的现象和观测值,即异常现象。

ICS 75.160.10
D 71

中华人民共和国农业行业标准

NY/T 1881.5—2010

生物质固体成型燃料试验方法
第5部分:灰分

Densified biofuel−test methods
Part 5:Ash content

2010-05-20 发布　　　　　　　　　　　　　　2010-09-01 实施

中华人民共和国农业部 发布

前　言

NY/T 1881《生物质固体成型燃料试验方法》分为：

——第1部分：通则；

——第2部分：全水分；

——第3部分：一般分析样品水分；

——第4部分：挥发分；

——第5部分：灰分；

——第6部分：堆积密度；

——第7部分：密度；

——第8部分：机械耐久性。

本部分为 NY/T 1881 的第5部分。

本部分对应于 CEN/TS 14775：2004《固体生物质燃料—灰分含量的测定方法》。本部分与 CEN/TS 14775：2004 的一致性程度为非等效。

本标准由中华人民共和国农业部科技教育司提出并归口。

本标准起草单位：农业部规划设计研究院、北京盛昌绿能科技有限公司、江苏正昌集团公司。

本标准主要起草人：赵立欣、田宜水、孟海波、孙丽英、周伯瑜、赵庚福、孙振华、傅友红、郝波、潘嘉亮、姚宗路、罗娟、霍丽丽。

生物质固体成型燃料试验方法
第5部分:灰分

1 范围

NY/T 1881的本部分规定了生物质固体成型燃料灰分含量的测定方法。

本部分适用于所有生物质固体成型燃料。

2 规范性引用文件

下列文件对于本文件的应用是必不可少的。凡是注日期的引用文件,仅注日期的版本适用于本文件。凡是不注日期的引用文件,其最新版本(包括所有的修改单)适用于本文件。

NY/T 1879 生物质固体成型燃料采样方法

NY/T 1880 生物质固体成型燃料样品制备方法

NY/T 1881.1 生物质固体成型燃料试验方法 第1部分:通则

NY/T 1881.3 生物质固体成型燃料试验方法 第3部分:一般分析样品含水量

3 术语

NY/T 1881.1确立的术语和定义适用于本部分。

4 方法提要

在严格控制时间、样品质量、设备规格,温度在(550 ± 10)℃等条件下,通过计算样品在空气中加热后剩余物的质量占样品总质量的百分比来测定灰分。

注:与550℃相比,按照ISO 1171:1997在更高温度(815℃)测定的灰分含量不同,可以解释为无机物的挥发、无机物的进一步氧化(更高的氧化态)和碳酸盐分解成CO_2而引起的损失。

5 仪器设备

5.1 马弗炉

要求具有程序控制温度水平的恒温区,且能在指定的时间内达到规定温度。马弗炉内的通风速率应满足在加热过程中生物质固体成型燃料燃烧不缺氧。

注:每分钟5次~10次的通风速率比较合适。

5.2 灰皿

由惰性材料制成,其尺寸为装入样品后,灰皿底不超过$0.1 \text{g}/\text{cm}^2$。

5.3 天平

感量0.1mg。

5.4 干燥器

没有干燥剂的干燥器。

注:在ISO 1171:1997固体矿物燃料—灰分含量的测定中指定使用没有干燥剂的干燥器。

6 样品的制备

试验样品为一般分析样品,其标称最大粒度等于或小于1mm,根据NY/T 1880的规定进行制备。

灰分含量的测定可按下面的方法之一：

6.1 直接使用制备好的一般分析试验样品测定,包括根据 NY/T 1881.3,同时测定一般分析试验样品的水分含量。

6.2 按照与一般分析样品水分含量的测定相同干燥步骤,干燥一般分析样品,从中取出试验子样。为了测定灰分含量,在称量前保持绝对干燥。

> 注:对于某些生物质固体成型燃料,为了保证一定的精密度,可能需要制备标称最大粒度小于 1 mm(如 0.25 mm)的试验样品。

7 试验步骤

7.1 在马弗炉中加热空灰皿至(550±10)℃,至少保持 60 min。取出灰皿,在耐热板上冷却灰皿 5 min～10 min,然后放入没有干燥剂的干燥器中,冷却至环境温度。当灰皿冷却后,称量空灰皿质量,并记录结果。

> 注:可同时对多个空灰皿操作。

7.2 在称重之前将一般分析样品均匀混合。放置(1±0.1)g 样品在灰皿底,均匀摊开。称量灰皿和样品的质量精确到 0.1 mg,并记录结果。如果试验样品预先被干燥,灰皿和样品都应在 105℃干燥后称重,作为防范吸收水分的措施。

> 注:若预计灰分含量很少,则使用更大容量的样品(和更大的灰皿)来提高精确度。

7.3 将灰皿放在冷马弗炉内,遵循下述加热方法加热马弗炉内的样品:

    ——在 50 min 内将马弗炉均匀升温至 250℃(即升温速度为 5℃/min)。维持此温度 60 min,使挥发分在燃烧前挥发;

    ——继续将马弗炉均匀升温至(550±10)℃,升温时间为 60 min 或升温速度为 5℃/min,保持此温度水平至少 120 min。

7.4 从马弗炉中取出灰皿。将灰皿放在耐热板上冷却 5 min～10 min,然后放入没有干燥剂的干燥器中,冷却至环境温度。当到达环境温度时,立即称量灰皿的质量,精确到 0.1 mg,记录结果。根据第 8 章计算样品的灰分含量。

7.5 如果怀疑烧灼不完全(如目视检查时发现有烟灰),可以采取以下措施之一:

    a) 将样品放回至灼热的马弗炉(550℃)中 30 min 以上,直到质量变化小于 0.2 mg;

    b) 在样品放回到常温马弗炉之前,在样品中滴入几滴蒸馏水或硝酸铵,重新加热至(550±10)℃,保持此温度 30 min 以上,直到质量变化小于 0.2 mg。

8 结果计算

基于干燥基的样品的灰分含量 A_d 按式(1)计算:

$$A_d = \frac{m_3 - m_1}{m_2 - m_1} \times 100 \times \frac{100}{100 - M_{ad}} \quad \cdots\cdots\cdots\cdots\cdots\cdots\cdots\cdots\cdots\cdots\cdots \quad (1)$$

式中:

m_1——空灰皿的质量,单位为克(g);

m_2——空灰皿和试验样品的质量,单位为克(g);

m_3——空灰皿和灰分的质量,单位为克(g);

M_{ad}——测定试验样品的一般分析样品水分,单位为百分率(%)。

结果为重复测定的平均值,保留到小数点后一位。

9 精密度

灰分测定的重复性限和再现性临界差如表 1 规定。

表1

灰分,%	试验结果允许的最大差值(干燥基)	
	重复性界限	再现性临界差
<10	0.2	0.3
≥10	算术平均值的2.0%	算术平均值的3.0%

10 试验报告

试验报告至少包括以下内容：

——实验室名称和试验日期；

——所试验的产品或样品；

——与本标准的任何偏差；

——基于干燥基的试验结果；

——试验步骤中,对试验结果有影响的现象和观测值,即异常现象。

ICS 75.160.10
D 71

中华人民共和国农业行业标准

NY/T 1881.6—2010

生物质固体成型燃料试验方法
第6部分：堆积密度

Densified biofuel-test methods
Part 6:Bulk density

2010-05-20 发布

2010-09-01 实施

中华人民共和国农业部 发布

前　言

NY/T 1881《生物质固体成型燃料试验方法》分为：

——第1部分：通则；

——第2部分：全水分；

——第3部分：一般分析样品水分；

——第4部分：挥发分；

——第5部分：灰分；

——第6部分：堆积密度；

——第7部分：密度；

——第8部分：机械耐久性。

本部分为 NY/T 1881 的第6部分。

本部分对应于 CEN/TS 15103:2005《固体生物质燃料－堆积密度的测定方法》。本部分与 CEN/TS 15103:2005 的一致性程度为非等效。

本标准由中华人民共和国农业部科技教育司提出并归口。

本标准起草单位：农业部规划设计院、北京盛昌绿能科技有限公司、江苏正昌集团公司。

本标准主要起草人：赵立欣、田宜水、孟海波、孙丽英、周伯瑜、赵庚福、孙振华、傅友红、郝波、潘嘉亮、姚宗路、罗娟、霍丽丽。

生物质固体成型燃料试验方法
第6部分：堆积密度

1 范围

NY/T 1881 的本部分规定了使用标准容器来测定生物质固体成型燃料堆积密度的方法。

本部分适用于所有的生物质固体成型燃料。

2 规范性引用文件

下列文件对于本文件的应用是必不可少的。凡是注日期的引用文件，仅注日期的版本适用于本文件。凡是不注日期的引用文件，其最新版本（包括所有的修改单）适用于本文件。

NY/T 1879 生物质固体成型燃料 采样方法

NY/T 1880 生物质固体成型燃料 样品制备方法

NY/T 1881.1 生物质固体成型燃料试验方法 第1部分：通则

NY/T 1881.2 生物质固体成型燃料试验方法 第2部分：全水分

3 术语

NY/T 1881.1 确立的术语和定义适用于本部分。

4 方法提要

将试验样品装入已知尺寸和形状的标准容器并称量。根据单位标准体积的净质量来计算堆积密度，并根据测定的全水分报告堆积密度。

5 仪器设备

5.1 测量容器

5.1.1 大容器

大型测量容器的填充容积为 50 L，容积的偏差为 1 L（即 2%），有效直径（内径）为 360 mm，有效高度（内高）为 491 mm，如图 1(a)所示。结构坚固，内表面光滑。

5.1.2 小容器

小型测量容器的填充容积为 5 L，容积的偏差为 0.1 L（即 2%），有效直径（内径）为 167 mm，有效高度（内高）为 228 mm，如图 1(b)所示。结构坚固，内表面光滑。

5.2 电子称

感量为 10 g。用于大容器测量。

5.3 天平

感量为 1 g。用于小容器测量。

5.4 木棒

小块木料，最好由坚硬的木材制造，长度为 600 mm，截面为 50 mm×50 mm。

5.5 木板

厚度为 15 mm，尺寸足够大（振动时容器可落在上面）的平整木板。

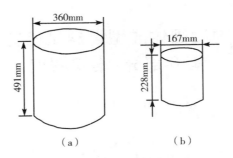

图1 测量容器示意图

6 样品制备

根据 NY/T 1879 进行采样。如果有必要,根据 NY/T 1880 对样品进行缩分。样品的体积应超过测量容器体积的 30%。

对于标称最大粒度大于 100 mm 的生物质固体成型燃料,将其切割成标称最大粒度小于 100 mm。使用刀片或带锯沿成型燃料轴线的合适角度将成型燃料切断。

注:采取适当措施保证水分均匀分布在样品内。

7 试验步骤

7.1 容器体积的测定

使用前,应测定容器的质量和填充容积。用天平称量洁净、干燥的空容器。然后,在容器中装入水及几滴润湿剂(如液体肥皂)直到最大容量。水温应在 10℃～20℃ 之间。根据水的净重和密度计算容器的容积,记录结果并圆整到 0.000 01 m³(大容器)或 0.000 001 m³(小容器)。

注1:水温对密度的影响可忽略不计。

注2:应定期检查容器的容积。

7.2 容器的选择

所有的生物质固体成型燃料均可使用大容器。对于标称最大粒度不大于 12 mm 的颗粒燃料,可选择使用小容器。

7.3 测量步骤

a) 将样品从高于容器上缘 200 mm～300 mm 的高度倒入容器中,直到形成最大可能高度的锥体。

注:确保在填装前,保持容器干燥、洁净。

b) 振动填装好的容器。即将容器从 150 mm 高度自由掉落在平坦、水平、坚硬地面上的木板上。确保木板和地面完全接触。在振动之前,清除掉落木板上的颗粒,确保容器在竖直方向上碰撞地面。重复振动两次以上。然后,根据 7.3a 填装容器中空出的空间。

注:为了正确估计掉落的高度,在把装有样品的容器移动到自由下落处之前,将其放置在 150 mm 的坚硬直板上。

c) 用木棒将在振动时被移到容器边缘的多余燃料除去。当容器中包含有粗糙燃料时,所有阻碍直板自由通过的颗粒都必须手动除去。若大颗粒的去除使齐平的表面出现大洞,则要将洞填满并重复去除步骤。

d) 称量容器。

e) 将使用过和未使用的燃料混合在一起,重复 7.3a)到 7.3d)的步骤至少一次,以获得两个重复试验。

f) 堆积密度测定以后,立即按照 NY/T 1881.2 测定样品的全水分。

8 结果计算

8.1 收到基堆积密度的计算

根据式（1）计算样品收到基的堆积密度：

$$D_{ar} = \frac{m_2 - m_1}{V} (含水量为 M_{ar}) \cdots\cdots\cdots\cdots\cdots\cdots\cdots\cdots\cdots\cdots\cdots (1)$$

式中：

m_1——容器的质量，单位为千克（kg）；

m_2——容器及燃料的质量，单位为千克（kg）；

V——容器的容积，单位为立方米（m³）。

单次测定的结果应计算到小数位后一位，结果为算术平均值，并四舍五入到 10 kg/m³。

8.2 干物质堆积密度的计算

根据式（2）计算干物质的堆积密度：

$$D_{dm} = D_{ar} \times \frac{100 - M_{ar}}{100} \cdots\cdots\cdots\cdots\cdots\cdots\cdots\cdots\cdots\cdots\cdots (2)$$

注：式中忽略了在不同干燥场合测试样品时，通常会引起重大偏差的收缩或膨胀。因此，只有在相同水分含量的情况下，才能在燃料样品之间进行比较。

9 精密度

由于生物质固体成型燃料具有变化性，因此本试验方法不可能给出一个精确的说明（重复性或再现性）。

10 试验报告

试验报告至少包括以下内容：

——实验室名称和试验日期；

——被测试样品的标示；

——使用容器的尺寸规格；

——与本标准的任何偏差；

——测定步骤中对结果有影响的现象和观测值，即异常特征；

——根据 8.1（要求）或 8.2（可选）的测定结果。

ICS 75.160.10
D 71

NY/T 1881.7—2010

中华人民共和国农业行业标准

生物质固体成型燃料试验方法
第7部分：密度

Densified biofuel—test methods
Part 7: Particle density

2010-05-20 发布　　　　　　　　　　　2010-09-01 实施

中华人民共和国农业部 发布

NY/T 1881.7—2010

前　言

NY/T 1881《生物质固体成型燃料试验方法》分为:

——第1部分:通则;

——第2部分:全水分;

——第3部分:一般分析样品水分;

——第4部分:挥发分;

——第5部分:灰分;

——第6部分:堆积密度;

——第7部分:密度;

——第8部分:机械耐久性。

本部分为 NY/T 1881 的第7部分。

本部分对应于 CEN/TS 15150:2005《固体生物质燃料－颗粒密度的测定方法》。本部分与 CEN/TS 15150:2005 和的一致性程度为非等效。

本标准由中华人民共和国农业部科技教育司提出并归口。

本标准起草单位:农业部规划设计研究院、北京盛昌绿能科技有限公司、江苏正昌集团公司。

本标准主要起草人:赵立欣、田宜水、孟海波、孙丽英、周伯瑜、赵庚福、孙振华、傅友红、郝波、潘嘉亮、姚宗路、罗娟、霍丽丽。

生物质固体成型燃料试验方法
第 7 部分：密度

1 范围

NY/T 1881 的本部分规定了生物质固体成型燃料密度的试验方法。

本部分适用于所有的生物质固体成型燃料。

注：生物质固体成型燃料密度并不是一个绝对值，随环境或技术因素（如空气湿度、振动或生物降解等）变化而发生变化。此外，生物质固体成型燃料密度可能随时间发生变化。因此，其测量值应作为瞬时的燃料特性。

2 规范性引用文件

下列文件对于本文件的应用是必不可少的。凡是注日期的引用文件，仅注日期的版本适用于本文件。凡是不注日期的引用文件，其最新版本（包括所有的修改单）适用于本文件。

NY/T 1879　生物质固体成型燃料　采样方法

NY/T 1880　生物质固体成型燃料　样品制备方法

NY/T 1881.1　生物质固体成型燃料试验方法　第 1 部分：通则

NY/T 1881.2　生物质固体成型燃料试验方法　第 2 部分：全水分

3 术语

NY/T 1881.1 确立的术语和定义适用于本部分。

4 方法提要

称取一定量的生物质固体成型燃料样品，表面用蜡涂封后（防止水渗入样品的孔隙），通过测定样品在空气中重量与在随后液体中测定重量的差值来测定浮力，再计算出蜡颗粒样品的体积，减去蜡的体积后，计算出生物质固体成型燃料的密度。

注：压块的密度也可以用立体测量方法估计，参见附录 A。颗粒也可被切开，用立体测量方法来估计体积。使用立体测量方法时，要注意重复试验间的较大可变性。

5 试剂

5.1　含少量离子的水（如饮用水），温度为 10℃～30℃。

5.2　熔点为 52℃～54℃的石蜡。

6 仪器设备

6.1 水银温度计

0℃～100℃，分度为 0.5℃。

6.2 颗粒燃料试验专用设备

6.2.1 天平

感量 0.001 g。由于天平具有很高的灵敏度，试验台应放置在防风的柜中，防止发生干扰，并立即读取显示的数值。

6.2.2 透明玻璃烧杯

容量为 200 mL。

6.2.3 密度测量台

可放在天平上,包括一个跨天平称量盘的支架,用于防止天平过载。支架用于支撑玻璃烧杯(6.2.2)。通过一个具有吊杆的支撑架,将称量盘(浸没盘)悬挂在装有液体的玻璃烧杯中(图1)。盘中一次至少能容纳四颗颗粒燃料。支撑架和浸没盘都直接放置在天平盘上。浸没设备(盘和吊杆)在装入颗粒时可以移动。通过吊杆使浸没深度保持恒定。浸没盘的底部开有直径小于颗粒直径的小孔。当浸没时,水可以通过小孔从下面进入盘中。如果被测样品材料的密度较小(小于 1.0 g/cm³),则需要有翻转浸没盘的修正吊杆。它将在颗粒压倒液体表面以下,防止颗粒漂浮在液体表面。

在吊杆上面固定有一个额外的称量盘,用于在空气中进行质量测定。

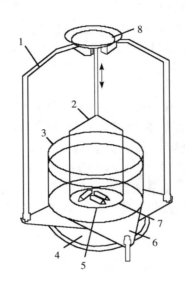

1——支撑架;	5——浸没盘;
2——悬挂绳;	6——支架;
3——玻璃烧杯;	7——颗粒燃料;
4——天平;	8——称量盘。

图 1 密度测量台与天平示意图(用于测定颗粒燃料)

6.3 压块试验用设备

6.3.1 天平

感量 0.01 g。如果每个需要测量的压块质量都大于 500 g,则其精度可降至 0.1 g。

天平必须有将悬挂质量传到称重传感器的连接点。

6.3.2 透明容器

用于盛放液体,要有足够的容量来容纳液体和需浸没的压块。

注:当容器的横截面约比压块的横截面大 8 倍时,通常容器的容量足够大。在这种情况下,任何由压块浸没而引起的液体水平面变化作用可忽略。这些误差可能是由于连接钢丝绳有较大部分浸没在液体中引起的。

6.3.3 细钢丝绳

能悬挂在天平连接点,在钢丝绳的末端配有一个圆环或钩,便于悬挂样品。

6.3.4 三脚架

可放置天平,配有金属圆板,板上开孔以便钢丝绳能顺利穿过而悬挂在天平下面(图2)。

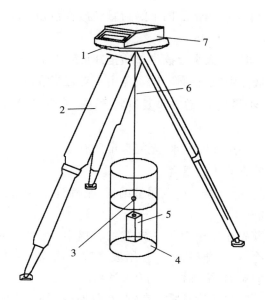

1——开孔的支撑板；
2——三脚架；
3——钢环；
4——透明容器；

5——样品(压块)；
6——细钢丝绳；
7——天平。

图 2　压块浮力测定装置

6.3.5　钢环或其他任何金属支撑设备

以便将压块固定在钢丝绳下连接点。

6.3.6　如果被测样品的密度较小(小于 1.0 g/cm³)，则需要一个砝码，可压在压块上面以防止压块浮出液体表面。

7　样品制备

7.1　按照 NY/T 1879 的规定进行采样。如果有必要，按照 NY/T 1880 的规定对样品进行缩分。

7.2　样品的总质量为 500 g(直径等于或小于 12 mm)或 1 000 g(直径大于 12 mm)或最少 15 个压块。

7.3　从样品中选出至少 40 个颗粒或 10 个压块作为子样，存放在将进行测定的房间内至少 2 d。

7.4　按照 NY/T 1881.2 的规定，测定样品的全水分。

8　试验步骤

8.1　生物质颗粒燃料的测定步骤

8.1.1　在玻璃烧杯中装入一定高度的水，可保证盘上所有颗粒都能被水浸没。

8.1.2　将装有液体的玻璃烧杯放在支架上。

8.1.3　在合理的时间间隔内检查液体温度。

8.1.4　在空气中测定一组颗粒(至少四颗)的总质量，记录测量结果，精确到 0.001 g。

8.1.5　将称量过的样品浸入预先加热至 70℃～90℃ 的石蜡中，用玻璃棒迅速拨动样品直至表面不再产生气泡为止。立即取出，稍冷，撒在塑料布上，并用玻璃棒迅速拨开颗粒使其不互相黏着。冷却至室温，去掉黏在蜡样品颗粒表面上的蜡屑，准确称重至 0.001 g。

8.1.6　将空的浸没设备放到支撑架指定的支架上。浸没设备不能碰到玻璃烧杯的底部或内壁。

8.1.7　当空的浸没设备在液面下最大深度时，将天平的皮重调为零。

8.1.8 取出浸没设备,将8.1.4中已测量的四个蜡封颗粒放在浸没盘上,小心地将它放回到支撑架上指定的支架上。

8.1.9 当颗粒都浸没在液体中时,从天平上读出总质量并记录下来,精确到0.001 g。

8.1.10 在读数以后,立刻从液体中取出颗粒,以避免由于颗粒溶解造成的液体污染。

8.1.11 重复8.1.4到8.1.9步骤9次,总共重复试验3次。在3次重复试验后至少要换一次水。

8.2 压块的测定步骤

8.2.1 在液体盛放容器中装入一定高度的水,至能保证所有压块都能被水浸没。

8.2.2 在合理的时间间隔内检查液体的温度。

8.2.3 在空气中测定压块样品的总质量,记录测量结果,精确到0.01 g。如果测试的每个压块质量都大于500 g,则记录结果精确到0.1 g。

8.2.4 将称量后的样品浸入预先加热至70℃～90℃的石蜡中,用玻璃棒迅速拨动样品直至表面不再产生气泡为止。立即取出,稍冷,撒在塑料布上,并用玻璃棒迅速拨开样品使其不互相黏着。冷却至室温,去掉黏在蜡封样品表面上的蜡屑,准确称重至0.001 g。

8.2.5 将空钢环或其他任何可安装该设备固定在钢丝绳的连接环上,并将此空设备浸没到最大深度。该设备不能接触到容器的内壁或底部。

8.2.6 当空的设备在液面下时,将天平的皮重调为零。

8.2.7 从容器中取出安装设备,将8.2.4中已涂蜡的压块固定在安装设备上,然后将其固定在连接圆环上,小心地将整个负荷浸入液体中。

8.2.8 当压块浸没在液体中时,从天平上读出总质量并记录下来,精确到0.01 g。如果每个压块的总质量都大于500 g,则记录结果精确到0.1 g。如果测试样品的密度小于1.0 g/cm³,则需要一个额外的砝码固定在负荷上以防止压块浮出液面。这需将这额外重量的皮重调到零(8.2.6)。

8.2.9 在记录读数以后,立刻从液体中取出压块,以避免由于压块溶解造成的液体污染。

注1:压块不能接触到容器的内壁或底部。液体中的质量读数应在压块浸入以后立即进行,以防止压块从中携带液体或发生分解。通常在天平显示的数值大致恒定时的最初3 s～5 s内完成读数。

8.2.10 重复8.2.4到8.2.9步骤9次,总共重复试验3次。在3次重复试验后至少要换一次水。

9 结果计算

9.1 通常液体(水和清洁剂)的密度为0.995 8 g/cm³,可使用此值进行计算,或使用单独测定的密度值。

9.2 根据式(1)计算一组颗粒或每个压块的密度:

$$\rho_M = \frac{m_a}{\dfrac{m_1 - m_2}{\rho_1} - \dfrac{m_1 - m_a}{\rho_2}} \quad\cdots\cdots\cdots\cdots\cdots\cdots\cdots\cdots\cdots\cdots\cdots\cdots\cdots (1)$$

式中:

ρ_M——给定全水分 M 的一组颗粒或单个压块的密度,单位为克每立方厘米(g/cm³);

m_a——样品在空气中的质量(包括样品水分),单位为克(g);

m_1——涂蜡样品的质量(包括样品水分),单位为克(g);

m_2——涂蜡样品在液体中的质量(包括样品水分),单位为克(g);

ρ_1——使用的液体密度,参见9.1,单位为克每立方厘米(g/cm³);

ρ_2——石蜡的密度,可通过加热制成没有裂纹和气泡的石蜡颗粒,根据本部分测定规定的方法测定,单位为克每立方厘米(g/cm³)。

注:根据物理原理,放入样品会引起液面的上升。由于浸没的物体更大,浮力也就增大了。但这个影响可以忽略

不计。

9.3　根据 8.1.9 或 8.2.9 计算重复试验的算术平均值,精确到 0.01 g/cm³。

10　精密度

由于生物质固体成型燃料具有变化性,因此本试验方法不可能给出一个精确的说明(重复性或再现性)。

11　试验报告

试验报告至少包括以下内容:
——实验室名称和试验日期;
——产品或被测试样品的名称;
——对本部分的引用;
——与本部分的任何偏差;
——测定步骤中对结果有影响的现象和观测值,如异常特征;
——样品的全水分;
——在给定全水分的试验结果。

附　录　A

（资料性附录）

立体体积估算法

A.1　规则形状的圆柱形压块或切割成规则形状的颗粒燃料

A.1.1　推荐的估算步骤如表 A.1。

表 A.1

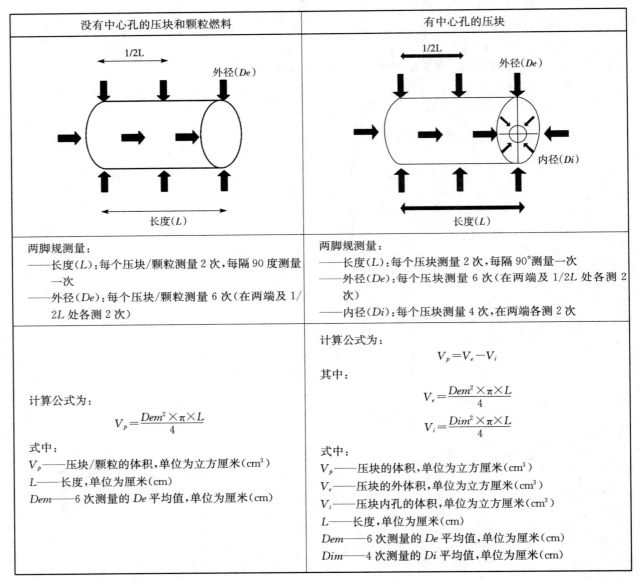

没有中心孔的压块和颗粒燃料	有中心孔的压块
两脚规测量： ——长度(L)：每个压块/颗粒测量 2 次，每隔 90 度测量一次 ——外径(De)：每个压块/颗粒测量 6 次(在两端及 1/2L 处各测 2 次)	两脚规测量： ——长度(L)：每个压块测量 2 次，每隔 90°测量一次 ——外径(De)：每个压块测量 6 次(在两端及 1/2L 处各测 2 次) ——内径(Di)：每个压块测量 4 次，在两端各测 2 次
计算公式为： $$V_p = \frac{Dem^2 \times \pi \times L}{4}$$ 式中： V_p——压块/颗粒的体积，单位为立方厘米(cm³) L——长度，单位为厘米(cm) Dem——6 次测量的 De 平均值，单位为厘米(cm)	计算公式为： $$V_p = V_e - V_i$$ 其中： $$V_e = \frac{Dem^2 \times \pi \times L}{4}$$ $$V_i = \frac{Dim^2 \times \pi \times L}{4}$$ 式中： V_p——压块的体积，单位为立方厘米(cm³) V_e——压块的外体积，单位为立方厘米(cm³) V_i——压块内孔的体积，单位为立方厘米(cm³) L——长度，单位为厘米(cm) Dem——6 次测量的 De 平均值，单位为厘米(cm) Dim——4 次测量的 Di 平均值，单位为厘米(cm)

A.1.2　推荐重复次数：压块 5 次，颗粒 10 次。

A.2　压块

A.2.1　推荐可选的估算方法（同样适用于不规则的压块）如下：

——取一张薄纸(A4 大小,即 21 cm×29.7 cm),称量其质量 M_s,精确到 0.1 mg,测量尺寸,精确到 0.01 cm。计算面积 A_s;

——将压块直立放置在纸的中央;

——用细铅笔(0.5 mm)沿着压块底部画一圈线,建议使用专门的水线标志装置;

——用剪刀沿线剪下圈住的部分;

——称量剪下来纸的质量 M(单位为 g,精确到 0.1 mg);

——用两脚规测量压块的长度 L_b(测两次),单位为 cm。如果有内孔,测量内孔直径 Di(测量 4 次,两端各 2 次,每次隔 90°)。

计算:

压块底部的面积为(无孔时):

$$A_B = \frac{A_S \times M_P}{M_S} \quad\cdots\cdots\cdots\cdots\cdots\cdots\cdots\cdots\cdots\cdots\cdots\cdots\cdots\cdots\cdots \text{(A.1)}$$

式中:

A_B——底部面积,单位为平方厘米(cm^2);

A_S——未被剪裁的纸的面积,单位为平方厘米(cm^2);

M_P——剪下的纸的质量,单位为克(g);

M_S——未被剪裁的纸的质量,单位为克(g)。

如果压块中心有孔,则应减去底部的面积。

压块的体积按式(A.2)计算:

$$V_b = A_b \times L_b \quad\cdots\cdots\cdots\cdots\cdots\cdots\cdots\cdots\cdots\cdots\cdots\cdots\cdots\cdots\cdots \text{(A.2)}$$

式中:

V_b——压块的体积,单位为立方厘米(cm^3);

A_b——压块的面积,单位为立方厘米(cm^3);

L_b——压块的长度,单位为厘米(cm)。

A.2.2 推荐重复次数:至少 5 次。

ICS 75.160.10
D 71

中华人民共和国农业行业标准

NY/T 1881.8—2010

生物质固体成型燃料试验方法
第8部分：机械耐久性

Densified biofuel–test methods
Part 8:Mechanical durability

2010-05-20 发布

2010-09-01 实施

中华人民共和国农业部 发布

NY/T 1881.8—2010

前　言

NY/T 1881《生物质固体成型燃料试验方法》分为：

——第 1 部分：通则；

——第 2 部分：全水分；

——第 3 部分：一般分析样品水分；

——第 4 部分：挥发分；

——第 5 部分：灰分；

——第 6 部分：堆积密度；

——第 7 部分：密度；

——第 8 部分：机械耐久性。

本部分为 NY/T 1881 的第 8 部分。

本标准由中华人民共和国农业部科技教育司提出并归口。

本标准起草单位：农业部规划设计研究院、北京盛昌绿能科技有限公司、江苏正昌集团公司。

本标准主要起草人：赵立欣、田宜水、孟海波、孙丽英、周伯瑜、赵庚福、孙振华、傅友红、郝波、潘嘉亮、姚宗路、罗娟、霍丽丽。

生物质固体成型燃料试验方法
第8部分:机械耐久性

1 范围

NY/T 1881的本部分规定了使用标准测试器来测定生物质固体成型燃料械耐久性的要求和方法。本部分适用于所有的生物质固体成型燃料。

2 规范性引用文件

下列文件对于本文件的应用是必不可少的。凡是注日期的引用文件,仅注日期的版本适用于本文件。凡是不注日期的引用文件,其最新版本(包括所有的修改单)适用于本文件。

NY/T 1879　生物质固体成型燃料　采样方法

NY/T 1880　生物质固体成型燃料　样品制备方法

NY/T 1881.1　生物质固体成型燃料试验方法　第1部分:通则

NY/T 1881.2　生物质固体成型燃料试验方法　第2部分:全水分

3 术语

NY/T 1881.1确立的术语和定义适用于本部分。

4 方法提要

在可控的振动下,通过在试验样品之间、样品与测试器内壁之间发生碰撞,然后将已磨损和细小的颗粒分离出来,根据剩余的样品质量计算机械耐久性。

5 仪器设备

5.1 测试器

转鼓由罐体、支架及盖等组成。

罐体为圆柱形钢筒,内径184 mm,内筒深度184 mm,壁厚不小于6.4 mm。

罐内配有一个支架(图1),结构如下:两个环:外径181 mm,宽19 mm,由厚度为3 mm的钢板制成;三个支板:长度165 mm,宽度19 mm,由厚度为3 mm的钢板制成,用六个支脚固定在环上。支脚的两端与环的外端平齐,支脚的外缘与环的外缘的距离为15.9 mm。用铆钉固定支架各部件。

在支架和罐体内壁间加楔子,将支架固定在罐体内,尽可能保证其轴线与罐体的轴线一致,使支架可以和罐体一起转动。罐体采用嵌入式盖密封,盖下垫一厚橡胶垫圈,可采用螺栓法将盖压紧。设备组装如图2。

将转鼓水平放置在一适当的转动装置上,并可沿其轴线以(40±1)r/min的速度旋转。

5.2 试验筛

根据所测生物质固体成型燃料的直径,按照ISO 3310-1选择合适的金属线网试验筛,筛网孔径约等于成型燃料直径(或对角线)的2/3,但不能超过45 mm。

对颗粒燃料,选取孔径为3.15 mm的圆孔筛。

5.3 天平

最大量程2 kg,感量0.1 g。

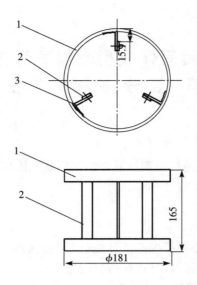

1——环；
2——支板；
3——支脚。

图 1　支架

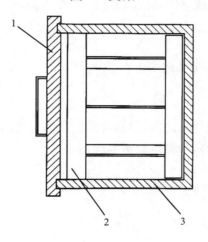

1——盖；
2——支架；
3——罐体。

图 2　转鼓示意图

6　样品制备

按照 NY/T 1879 进行采样。如果有必要，根据 NY/T 1880 对样品进行缩分。样品的质量应符合本部分的要求（取决于最大标称粒度），但至少为 10 kg。

将样品分为两部分：一份用来测定全水分（5 kg），另一份用于测定机械耐久性（5 kg）。

样品应保存在密闭容器中以防止吸潮。在耐久性测试过程中，样品应处于室温状态。

按 NY/T 1881.2 规定的方法测定样品的全水分。

对于标称最大粒度大于 100 mm 的生物质固体成型燃料，将其切割成标称最大粒度小于 100 mm。使用刀片或带锯沿成型燃料轴线的合适角度将成型燃料切断。

样品中不能包括任何粉末。使用 5.2 中的试验筛或通过人工挑选，将粉末从样品中分离出来。

注 1：压块的长度影响其在转鼓中的行为，从而影响机械耐久性。

注 2：锯和齿形类型的选择应尽可能有利于形成平滑的切面。

7 试验步骤

7.1 将制备(1±0.1)kg的样品放入转鼓,以(40±1)r/min的速度旋转,(500±1)转。

7.2 然后,将样品通过试验筛,筛网孔径约等于压块直径(或对角线)的2/3,但不超过45 mm。根据ISO 3310-1在16 mm～45 mm孔径范围选择合适的试验筛。对颗粒燃料,使用孔径为3.15 mm的圆孔筛。

7.3 通过机械或人工振动一段时间进行筛分,保证颗粒完全分离。

注:应注意筛分过程中的简单处理可能会影响试验结果。

称量保留在筛网上样品重量。根据第8章计算样品的机械耐久性。

8 结果计算

生物质固体成型燃料的机械耐久性使用式(1)计算:

$$DU = \frac{m_A}{m_E} \times 100 \quad\cdots\cdots\cdots\cdots\cdots\cdots\cdots\cdots\cdots\cdots\cdots\cdots\cdots\cdots (1)$$

式中:

DU——机械耐久性,单位为百分率(%);

m_E——转鼓处理前未筛分的样品质量,单位为克(g);

m_A——转鼓处理后筛分的样品质量,单位为克(g)。

重复进行两次试验,计算结果的平均值,保留到小数点后一位。

9 精密度

机械耐久性测定的重复性限和再现性临界差如表1规定。

表 1

机械耐久性	试验结果允许的最大差值	
	重复性限	再现性临界差
≥97.5%	0.2%	0.5%
<97.5%	1%	2%

10 试验报告

试验报告至少包括以下内容:

——试验室名称和试验日期;

——被测试产品(样品)的名称以及重复试验的次数;

——对本部分的引用;

——机械耐久性结果的平均值和全水分;

——测定过程中记录的异常特征;

——本部分没有包括的步骤或作为可选的部分;

——样品规格。

附加报告(资料性)

——所有独立重复机械耐久性的结果。

ICS 75.160.10
D 71

中华人民共和国农业行业标准

NY/T 1882—2010

生物质固体成型燃料成型设备技术条件

Technical conditions for densified biofuel molding equipment

2010-05-20 发布

2010-09-01 实施

中华人民共和国农业部 发布

前　言

本标准的附录 A 为资料性附录。

本标准由中华人民共和国农业部科教司提出并归口。

本标准起草单位：农业部农村可再生能源重点开放实验室、江苏苏州恒辉生物能源开发有限公司、南京大学、国能生物发电集团有限公司、哈尔滨工业大学。

本标准主要起草人：张百良、李保谦、徐桂转、罗凯、杨世关、樊峰鸣、赵志有。

生物质固体成型燃料成型设备技术条件

1 范围

本标准规定了生物质固体成型设备的分类、要求、检验规则、标志、包装、运输与贮存。

本标准适用于以生物质为原料生产成型燃料的成型设备（以下简称成型设备）；螺旋挤压式成型设备参照本标准执行。

2 规范性引用文件

下列文件对于本文件的应用是必不可少的。凡是注日期的引用文件，仅注日期的版本适用于本文件。凡是不注日期的引用文件，其最新版本（包括所有的修改单）适用于本文件。

GB/T 13306　铭牌型式与尺寸的规定

GB/T 13384　机电产品包装通用技术条件

NY/T 1878　生物质固体成型燃料技术条件

3 术语和定义

下列术语和定义适用于本标准。

3.1

燃料能耗　energy consumption of per ton biofuel

生产 1 t 固体生物质成型燃料设备所消耗的能量。单位为 kW·h/t。

3.2

原料允许含水率　permitted moisture of raw material

成型生物质成型燃料时，允许原料的最高含水率。单位为％。

3.3

粉尘浓度　dust content

在设备工作车间的规定范围内，单位体积空气中含有粉尘的质量。单位为 mg/m³。

3.4

设备维修周期　machine repairing cycle

生物质成型燃料成型设备成型部件维修、更换的最短时间。单位为 h。

3.5

成型率　rate of densified biofuel

生产的生物质成型燃料中未成型燃料的质量与成型燃料的总质量之比。单位为％。

4 设备分类

4.1 按燃料成型原理分类

环模式、平模式、液压冲压式、机械冲压式和螺旋挤压式。

4.2 按成型燃料的形状分类

棒状成型设备、块状成型设备和颗粒状成型设备。

4.3 符号

HM——环模式；

PM——平模式；

YY——液压冲压式；

JX——机械冲压式；

LX——螺旋挤压式；

L——颗粒状；

K——块状；

B——棒状。

4.4 生物质成型燃料设备型号示例

示例：YY—B×22—Ⅱ表示：液压冲压式生物质成型燃料成型设备，生产棒状生物质成型燃料，电机功率为22 kW，第二代设计产品。

5 要求

5.1 设备要求

成型设备能耗、设备维修周期、产量应符合表1的要求。

表 1 设备要求

项 目	单 位	产品外形分类符号	指 标
成型设备能耗	kWh/t	L	≤90
		B	≤70
		K	≤60
设备维修周期	h	L、K	>500
		B	>1 500
产量	t/h	L、K	≥设计值
		B	≥设计值
成型率	%	>90	
安全防护装置		运动部件和加热器设置安全防护装置	

5.2 设备运行环境

成型设备运行环境的噪音和粉尘应符合表2的要求。

表 2 噪音和粉尘的要求

项 目	单 位	指 标
运行噪音	dB	≤85
粉尘浓度	mg/m³	≤10

5.3 燃料产品质量应符合 NY/T 1878 的要求

6 检验规则

成型设备产品出厂要检验表1、表2中的所有项目,表1中的项目必须全部满足要求,表2中的项目中允许有1项不合格。

7 标志、包装、运输及贮存

7.1 标志

成型设备应在明显位置设置铭牌,铭牌型式与尺寸应符合 GB/T 13306 的规定。

铭牌内容至少应包括:

a) 设备型号;

b) 设备名称;

c) 设备类型;

d) 主要性能:额定生产率、燃料能耗;

e) 整机外形尺寸(长×宽×高,mm);

f) 出厂编号及生产日期;

g) 制造厂名及厂标。

7.2 包装

成型设备(含配套部件在内)出厂包装的技术文件应包括下列内容:

a) 出厂合格证;

b) 使用说明书;

c) 安装技术文件及图样清单(按合同规定的清单提供);

d) 装箱清单;

e) 成套交货范围。

7.3 运输

成型设备包装运输参照 GB/T 13384 的规定执行。

7.4 贮存

成型设备安装前应放置在排水畅通的场地上,离地 300 mm。应符合单机说明书有关规定,需要油封的部件超过规定的油封期时应重新油封。

附　录　A
（资料性附录）
生物质固体成型燃料成型设备原料粒度及允许含水率

项　目	单　位	产品外形分类符号	要　求
原料粒度	mm	L	＜5
		K	＜30
		B	＜30
原料允许含水率	％	L、K	＜22

ICS 75.160.10
D 71

中华人民共和国农业行业标准

NY/T 1883—2010

生物质固体成型燃料成型设备试验方法

Testing method for densified biofuel molding equipment

2010-05-20 发布

2010-09-01 实施

中华人民共和国农业部 发布

前　言

本标准中的附录 A 为资料性附录。

本标准由中华人民共和国农业部科技教育司提出并归口。

本标准起草单位：农业部规划设计研究院、合肥天焱绿色能源开发有限公司、江苏正昌集团公司、北京盛昌绿能科技有限公司。

本标准主要起草人：赵立欣、田宜水、孟海波、刘勇、赵庚福、周伯瑜、张海涛、郝波、潘嘉亮、孙振华、傅友红、姚宗路、霍丽丽、孙丽英、罗娟。

生物质固体成型燃料成型设备试验方法

1 范围

本标准规定了生物质固体燃料成型设备性能试验的方法。

本标准适用于以生物质为原料生产固体成型燃料的成型设备。

2 规范性引用文件

下列文件对于本文件的应用是必不可少的。凡是注日期的引用文件，仅注日期的版本适用于本文件。凡是不注日期的引用文件，其最新版本（包括所有的修改单）适用于本文件。

GB/T 3768 声学声压法测定噪声源声功率级 反射面上方采用包络测量表面的简易法

GB/T 5748 作业场所空气中粉尘测定方法

JB/T 5169 颗粒饲料压制机 试验方法

NY/T 1881.2 生物质固体成型燃料试验方法 第2部分：全水分

NY/T 1880 生物质固体成型燃料样品制备方法

NY/T 1882 生物质固体成型燃料成型设备技术条件

3 术语和定义

下列术语和定义适用于本标准。

3.1

生物质固体成型燃料成型设备 biomass solid fuel densifying equipment

以生物质为原料生产固体成型燃料的专用设备。按成型原理可分为模辊挤压型、活塞冲压型和螺旋挤压型等。

3.2

成型率 the rate of qualified solid biofuels

生物质固体成型燃料加工后筛上质量与筛上及筛下燃料总质量的比。

3.3

生产率 productivity

在生物质固体燃料成型设备纯工作时间内，单位时间生产的生物质固体成型燃料的质量。

3.4

吨燃料能耗 energy consumption per ton solid biofuel

生物质固体燃料成型设备生产 1 t 成型燃料所消耗的能量。

4 仪器设备

本试验使用的仪器设备如表 1 所示。

表 1 试验仪器设备一览表

序号	仪器名称	精度、要求	数量
1	电力分析仪	额定电压 380 V，分辨率为 0.01 A	1 个
2	干燥箱	带鼓风的干燥箱	1 台
3	水银温度计	量程 0℃～100℃，分度值 0.5℃	2 支

表 1（续）

序号	仪器名称	精度、要求	数量
4	半导体点温计	量程−10℃～120℃,分度值0.1℃	1支
5	湿度计	相对湿度量程0%～100%,分辨率0.1%	1支
6	手持离心式转速表	测量精度≥2级	1只
7	声级计	分辨率0.1 dB(A)	1套
8	粉尘采样器	分辨率1 μg/m³	1台
9	方孔筛	由网孔尺寸为0.8倍被采样品标称最大粒度的金属丝编织制成	1个
10	秒表	电子秒表,每小时误差不超过±0.3 s	2只
11	接斗	有一个正方形或矩形的开口,开口宽度至少应为被采样品标称最大粒度的2.5倍～3倍,长度应足够长以接取完整燃料	1个
12	天平(架盘式)	称量500 g,感量0.5 g	2台
13	电子称	称量200 g,感量0.1 g	1台
14	磅秤	称量500 kg,感量200 g	1台
15	电子秤	称量10 kg,感量100 g	1台
16	游标卡尺	测量上限125 mm,读数值0.02 mm	1把
17	外径千分尺	测量范围0 mm～25 mm,读数值0.01 mm	1把

5 试验条件与要求

5.1 试验条件

5.1.1 场地

试验场地应宽敞,做到安全防火。

5.1.2 样机

试验样机应具有制造商的质量检查合格证及完整使用说明书,设备安装应能满足机组保持良好工作状态以符合测定的要求。样机的基本测试数据参考附表并记录,见表 A.1。

5.1.3 电源

试验用电源电压为 380 V,偏差不大于±5%。

5.1.4 仪器、仪表、量具

试验用仪器、仪表、量具等必须按规定在试验前进行验定。

5.1.5 电动机负荷

试验中电动机的平均电流不得大于额定电流的 10%。

5.1.6 原料

试验用生物质原料应符合生物质固体成型燃料成型设备产品说明书的要求。

5.2 试验前物料要求和测定

5.2.1 含水率

按 NY/T 1881.2 测定。

5.2.2 粒度

取 100 g 的成品料,用相应孔径的标准筛进行筛分,筛上残留物应不大于 2%。

6 试验步骤

6.1 空载电流及空载转速测定

启动样机,空载运转 10 min 后,按使用说明书的要求将样机调整至最佳工作状态,待设备运转正常后用电力分析仪和转速表分别测定空载电流及空载转速,重复测定 3 次。

6.2 加入原料

待成型设备工作稳定,加入原料,待生产出的生物质固体成型燃料完全成型且表面光滑后,进行后续试验。

6.3 温度和相对湿度的测定

负载运转 10 min 以后,定时用半导体点温计和湿度计测量进料温度、出料温度、环境温度和相对湿度,并计算其平均值,至少测量 3 次。

6.4 成型率的测定

在样机出料口处用接斗接取 2 kg 样品,空气冷却后,在温度不高于环境温度 8℃时,按照成型燃料规格用方孔筛筛分,然后用盘秤称量筛上物质量,重复测定 3 次。

6.5 生产率的测定

确认成型设备工作稳定后,在样机出料口处接取样品,每次接取样品时间不得少于 1 min,接取样品质量不得少于 20 kg,用磅秤称量,并用秒表记录接取样品时间。重复试验 5 次,每次时间间隔不少于 5 min。保留接取样品,供 6.10 使用。

6.6 负载功率和负载转速的测定

用电力分析仪及转速表测定机组的负载电流和负载转速,每隔 5 min 测一次,重复测定 3 次。该步骤可与上一步骤同时进行。

6.7 噪声的测定

按 GB/T 3768 的规定,用声级计测定工作时的噪声,并测定计算样机噪声声功率级。

6.8 粉尘浓度的测定

按 GB/T 5748 的规定,用粉尘采样器测定样机工作时的粉尘浓度。

6.9 表面温度的测定

以上试验结束后停机,待机器完全停止运行后,立即打开设备外壳,用半导体点温计测定试验结束时各轴承外壳表面的温度,重复测定 3 次。

6.10 成型燃料规格的测定

在 6.5 所得固体成型燃料样品中,随机抽取 20 个生物质固体成型燃料,分别用游标卡尺和外径千分尺测量长度、宽度(或直径)等几何尺寸,并取平均值。

7 结果计算

7.1 成型率

$$X = \frac{m_a}{m_b} \times 100 \quad \cdots\cdots\cdots\cdots\cdots\cdots\cdots\cdots\cdots\cdots\cdots\cdots (1)$$

式中:

X——成型率,单位为百分率(%);

m_a——样品冷却筛分后,筛上物质量,单位为克(g);

m_b——样品冷却后总质量,单位为克(g)。

报告时的结果为重复测定的算术平均值,计算结果保留到小数点后一位。

7.2 生产率

$$Q = 3\,600 \times \frac{m(1-H)}{t(1-15\%)} \quad \cdots\cdots\cdots\cdots\cdots\cdots\cdots\cdots\cdots\cdots (2)$$

式中:

Q——工作小时生产率,单位为千克每小时(kg/h);

m——接取样品的质量,单位为千克(kg);

H——成型燃料的全水分,单位为百分率(%);

t——接取样品时间,单位为秒(s)。

报告时的结果为重复测定的算术平均值,计算结果保留到个位。

7.3 吨燃料成型能耗

$$W = \frac{1\,000P}{Q} \quad\cdots\cdots\cdots\cdots\cdots\cdots\cdots\cdots\cdots\cdots\cdots\cdots\cdots\cdots\cdots\cdots\cdots\quad(3)$$

式中:

W——纯工作小时吨燃料成型能耗,单位为千瓦时每吨(kW·h/t);

P——每小时消耗的电能,单位为千瓦(kW);

Q——小时生产率,单位为千克每小时(kg/h)。

计算结果保留到个位。

8 数据记录和试验报告

8.1 数据记录

数据记录格式参见附录 A。

8.2 试验报告

试验报告应包括以下内容:

a) 封面:试验单位名称、报告名称、报告人、校对人、审批人、日期及报告编号;

b) 试验条件;

c) 试验方法;

d) 试验结果;

e) 其他需要说明的内容。

附　录　A

（资料性附录）

数据记录格式

A.1　本试验数据记录参见表 A.1 至表 A.3。

表 A.1　试验样机基本参数

试验日期：_____　　　测定地点：_____

名称及型号		
制造单位		
型式		
生产率,kg/h		
外形尺寸(长×宽×高),mm		
机器质量,kg		
主电机	功率,kW	
	额定电压,V	
	额定电流,A	
	额定转速,r/min	
喂料电机	功率,kW	
	转速,r/min	
主要部件结构尺寸	直径,mm	
	有效宽度,mm	
主要部件及数量		
产品成型率,%		
吨燃料成型能耗,kW·h/t		
备注		

测定人：_____　　　记录人：_____

表 A.2　原料与成型燃料物理特性

测定日期：_____　　　　测定地点：_____

原　　料：_____　　　　环境温度：_____　　　相对湿度：_____

		检测项目及内容	结果
原料	全水分	样品烘干前质量,g	
		样品烘干后质量,g	
		全水分,%	
	粒度	>4.75 mm	
		>3.35 mm 至≤4.75 mm	
		>2.36 mm 至≤3.35 mm	
		>1.40 mm 至≤2.36 mm	
		>1.00 mm 至≤1.40 mm	
		≤1.00 mm	
成型后的燃料	规格	尺寸 1,mm	
		尺寸 2,mm	
	全水分	样品烘干前质量,g	
		样品烘干后质量,g	
		全水分,%	
	密度	样品在空气中质量,g	
		涂蜡样品质量,g	
		涂蜡样品在液体中的质量,g	
		使用液体密度,g/cm³	
		石蜡密度,g/cm³	
		成型燃料密度,g/cm³	
	机械耐久性	转鼓处理前未筛分的样品质量,g	
		转鼓处理后筛分过的样品质量,g	
		机械耐久性,%	

测定人：_____　　　　记录人：_____

表 A.3 成型设备性能测试

测定日期：_____   测定地点：_____

环境温度：_____   相对湿度：_____

序号	项 目		结果	备注
1	空载电流，A			
2	空载转速，r/min			
3	成型率测定	样品冷却筛分后，筛上物质量 m_a，g		
		样品冷却后总质量 m_b，g		
		成型率 X，%		
4	生产率测定	接取的样品质量 m，g		
		成型燃料全水分 H，g		
		接取样品时间 t，s		
		生产率 Q，kg/h		
5	进料温度，℃			
6	出料温度，℃			
7	负载功率，kW			
8	负载转速，r/min			
9	吨燃料成型能耗 W，kW·h/t			
10	噪声，dB(A)			
11	试验后轴承温度	主轴轴承，℃		
		其他轴承，℃		

测定人：_____   记录人：_____

ICS 27.160
F 12

中华人民共和国农业行业标准

NY/T 1913—2010

农村太阳能光伏室外照明装置技术要求

Rural area solar PV lighting devices for outdoor use-
technical requirements

2010-07-08 发布

2010-09-01 实施

中华人民共和国农业部 发布

前　言

本部分遵照 GB/T 1.1—2009 给出的规则起草。

本部分由中华人民共和国农业部科技教育司提出并归口。

本部分主要起草单位：中国农村能源行业协会小型电源专业委员会、中国照明学会新能源照明专业委员会、北京爱友恩新能源技术研究所、北京良业城市照明节能技术有限公司、北京城光日月科技有限公司、乐雷光电技术(上海)有限公司、北京桑普光电技术有限公司、河北格林光电技术有限公司、黄石东贝机电集团太阳能有限公司、扬州开元太阳能照明科技有限公司。

本部分主要起草人：李安定、吴初瑜、朱伟钢、李晓辉、张晔、孙培雨、张锋、曹春峰、房峰杰、周庆申。

农村太阳能光伏室外照明装置
技术要求

1 范围

本标准规定了农村太阳能光伏室外照明的装置分类、装置部件及技术要求、装置整体要求、试验方法、检验规则以及标志、包装、运输等要求。

本标准适用于我国农村乡镇与村庄的道路、庭院、广场等公共场所照明用太阳能光伏室外照明装置。

2 规范性引用文件

下列文件对于本文件的应用是必不可少的。凡是注日期的引用文件,仅注日期的版本适用于本文件。凡是不注日期的引用文件,其最新版本(包括所有的修改单)适用于本文件。

GB/T 191 包装储运图示标志(eqv ISO780:1977)

GB/T 2828.1 计数抽样检验程序 第1部分:按接收质量限(AQL)检索的逐批检验抽样计划(ISO2859.1:1999,IDT)

GB/T 2829 周期检查计数抽样程序及抽样表(适用于生产过程稳定性的检查)

GB/T 5700 照明测量方法

GB 7000.1 灯具安全要求与试验(IEC60598—1:1999,IDT)

GB 7000.5 道路照明与街道照明灯具的安全要求(idt IEC 598—2—3:1993)

GB/T 9535 地面用晶体硅光伏组件设计鉴定与定型(eqv IEC 1215:1993)

GB/T 15144 管形荧光灯用交流电子镇流器 性能要求(IEC 60929:2000)

GB/T 18911 地面用薄膜光伏组件设计鉴定和定型(idt IEC 61646:1996)

GB/T 19064 家用太阳能光伏电源系统技术条件和试验方法

GB 19510.5 灯的控制装置 第5部分:普通照明用直流电子镇流器的特殊要求(IEC 61347-2-4:2000,IDT)

GB/T 19638.2 固定型阀控密封式铅酸蓄电池

GB/T 19639.1 小型阀控密封式铅酸蓄电池 技术条件

GB/T 19656 管形荧光灯用直流电子镇流器 性能要求(IEC 60925:2001,IDT)

3 术语和定义

下列术语和定义适用于本文件。

3.1

太阳能光伏室外照明装置 solar PV lighting devices for outdoor use

将太阳电池组件、蓄电池、照明部件、控制器以及机械结构等部件组合在一起,以太阳能为能源,在室外离网使用的照明装置。

3.2

太阳电池组件 solar cell module

具有封装及内部联结的、能单独提供直流电输出的、最小不可分割的太阳电池组合。

3.3

充放电控制器　charge & discharge controller

具有自动控制太阳电池方阵向蓄电池充电、蓄电池向照明部件放电功能的控制装置。

3.4

道路照明灯具　luminaires for road lighting

道路照明所采用的功能性灯具。按其配光分成截光型、半截光型和非截光型灯具。

3.5

灯具效率　luminaire efficiency

在相同的使用条件下,灯具发出的总光通量与灯具内所有光源发出的总光通量之比。

3.6

半截光型灯具　semi-cut-off luminaire

最大光强方向与灯具向下垂直轴夹角在 $0°\sim75°$ 之间,$90°$ 和 $80°$ 方向上的光强最大允许值分别为 50 cd/1 000 lm 和 100 cd/1 000 lm 的灯具。且不管光源光通量的大小,其在 $90°$ 方向上的最大值不应超过 1 000 cd。

3.7

非截光型灯具　non-cut-off luminaire

灯具的最大光强方向不受限制,$90°$ 方向上的光强最大值不应超过 100 cd 的灯具。

4　装置分类

太阳能光伏室外照明装置按用途和使用场所分为路灯和庭院灯两类。

4.1　农村太阳能光伏路灯

有机动车行驶的乡镇与村庄街道、旅游景区道路等照明用。

4.2　农村太阳能光伏庭院灯

室外公共场所、庭院、居住区、休闲区和人行道路等照明用。

5　装置部件技术要求

5.1　太阳电池组件(太阳能光电转换部件)

晶体硅太阳电池组件的技术性能应符合 GB/T 9535 的规定;非晶硅和其他薄膜太阳电池组件的技术性能应符合 GB/T 18911 的规定。

5.2　蓄电池(储能部件)

宜选择阀控密封式铅酸蓄电池,其性能应符合 GB/T 19638.2 或 GB/T 19639.1 的规定;选择其他类型储能部件时,其性能应符合或优于 GB/T 19638.2 或 GB/T 19639.1 的相关规定。

5.3　控制部件(充放电控制器等)

　　a)　充放电控制器性能应符合 GB/T 19064—2003 中 6.3.2～6.3.13 的规定;

　　b)　装置宜采用直流供电,也可采用逆变器交流供电;

　　c)　交流供电时,所配置的"逆变器"应符合 GB/T 19064 的相关规定。

5.4　电光源及其附件和灯具(照明部件)

　　a)　电光源的安全要求、性能要求应符合相关国家标准;

　　b)　气体放电灯用直流电子镇流器应符合 GB 19510.5 和 GB/T 19656 的规定;

　　c)　荧光灯用交流电子镇流器应符合 GB/T 15144 的规定;

　　d)　灯具安全性能应符合 GB 7000.1 和 GB 7000.5 的规定。

5.5　灯杆、太阳电池组件固定架等(结构部件)

　　a)　灯杆及太阳电池组件固定架采用钢质构件的,应采用热镀锌、喷塑等防腐处理;如采用其他材

料构件,应符合国家相关标准;

    b) 太阳电池组件固定架、灯具与灯杆组合后,应符合装置整体技术要求。

5.6 连接电缆

电缆的选择应同时满足:其电流不应大于电缆允许载流容量,电压损失应符合 6.3.3 要求;电缆应满足机械强度要求。

6 装置整体性能要求

6.1 应用环境

6.1.1 应能在－20℃～50℃的温度范围内(厂家应根据应用区域的气候条件及用户需求合理设定温度下限)正常工作。

6.1.2 应能在连续 $3\sim n$ 个(厂家可根据应用区域条件设定上限 n)阴、雨、雪天时正常工作。

6.1.3 太阳电池组件,应在日照的所有时间内,没有被任何物体或阴影遮蔽。

6.2 安全要求

6.2.1 应能承受 8 级以上风荷载(厂家可根据应用区域的条件设定风荷载级别)。

6.2.2 应具有良好的防水、防腐蚀、防潮、防污染措施。

6.2.3 装置带电体与装置金属部件之间的绝缘电阻不应小于 2 MΩ。

6.2.4 应使用专用工具装配、拆卸装置,控制器室、蓄电池室应有防盗措施。

6.2.5 控制器室应距地面 200 mm 以上。

6.2.6 应在蓄电池与控制器之间加装短路保护。

6.3 性能要求

6.3.1 装置外观

    a) 装置应做防腐处理,表面应光滑、平整、无划痕;

    b) 太阳电池组件倾角、方位角的设置,应能在当地取得年平均日照最大值。

6.3.2 充放电及照明控制方式和要求

    a) 装置的充放电控制器要求见 5.3;

    b) 宜采用光控、时控或两者结合的方式;

    c) 时控的开、关灯时间应可调,开、关灯时的时间误差范围不应大于±5 min;

    d) 光控值宜设定在地面天然光照度为 5 lx～10 lx 时;

    e) 具有防止在开、关光源时出现反复接通、断开光源的措施。

6.3.3 充放电线路的线路电压损失

    a) 太阳电池组件以额定电流通过控制器对蓄电池充电时

太阳电池组件输出端与控制器输入端之间的线路电压损失不应大于蓄电池额定电压的 3%。

    b) 蓄电池在额定条件下,通过控制器对照明部件放电时

蓄电池输出端与控制器的蓄电池输入端之间的线路电压损失不应大于蓄电池额定电压的 1%;

控制器输出端与照明部件输入端之间的电压损失不应大于蓄电池额定电压的 3%。

6.3.4 装置的持续放电能力

在连续 $3\sim n$(厂家根据应用区域条件设定上限 n)个阴、雨、雪天内,应能够每天均提供正常照明。

装置持续 n 个阴雨天,则蓄电池的蓄电量需要维持 $(n+1)$d;

蓄电池的放电深度不应大于 75%。

6.3.5 装置的光源、附件、灯具及灯具安装高度

a) 农村太阳能光伏路灯

宜选用高压钠灯、金属卤化物灯、低压钠灯、LED 灯等光源；

宜选用半截光型灯具,灯具尺寸应与光源功率配套,灯具防护等级不应低于 IP54；

灯具效率不应低于 70%；

灯具安装高度宜为 4 m～8 m。

b) 农村太阳能光伏庭院灯

宜选用自镇流荧光灯、LED 灯等光源；

可选用非截光型灯具,灯具防护等级不应低于 IP54；

灯具安装高度宜为 2.5 m～4 m。

c) 气体放电灯用直流电子镇流器必须具有恒功率输出特性

荧光灯直流电子镇流器必须具有良好的预热,灯丝预热启动时间不应小于 0.4 s。

d) 装置用电光源的发光效能

自镇流荧光灯、LED 灯的发光效能不应低于 50 Lm/W；

高压钠灯、金属卤化物灯、低压钠灯的发光效能不应低于 60 Lm/W。

e) 装置用电光源的寿命

高压钠灯、金属卤化物灯、低压钠灯、自镇流荧光灯不应低于 8 000 h；

LED 灯(含配套电器)不应低于 20 000 h。

f) 装置的灯杆高度应同时满足灯具安装高度和太阳电池组件的安装要求。

7 试验方法

试验分为部件试验和整机试验。

7.1 部件试验

部件应取得符合按 5.1～5.6 条相关标准检测并合格的检测报告。

7.2 整机试验

整机试验在部件检验合格,组装后进行。

7.2.1 外观

用目视、触摸及千分卡尺、直尺测量等方法检验。

7.2.2 绝缘电阻

用绝缘电阻测量仪测量导电部件与钢制灯杆间的绝缘电阻。

7.2.3 充放电及照明控制

a) 充放电自动控制:按 GB/T 19064—2003 中 6.3.2～6.3.13 的规定进行。

b) 照明控制

光控加时控:光控开灯,用照度计检测开灯时地面的天然光照度值；

时控关灯,应能根据季节需要调节,照明时间用计时器检测。

时间控制:开、关灯时间应能根据季节需要调节,照明时间用计时器检测。

光照控制:用照度计检测装置开、关灯时地面天然光照度值。

7.2.4 充放电线路的电压损失

装置的线路压降用 0.5 级直流电压表、电流表测量并计算的方法检查:

a) 充电时,测量太阳电池组件的输出端至控制器的充电输入端线缆的线路电压损失。

断开太阳电池组件输出端的线缆,将该线缆接至可调稳压电源；

断开控制器充电输入端的线缆,将该线缆接至可调负载；

调节可调稳压电源电压至太阳电池组件的额定电压值,调节可调负载,使太阳电池组件的输出电流为其额定电流值,测量可调负载的电压,该电压与可调稳压电源的电压差值即为该线缆的线路电压损失。

  b) 放电时,测量蓄电池至控制器输入端;控制器输出端至照明部件输入端线缆的线路电压损失。

    断开蓄电池线缆,将该线缆接至可调稳压电源;

    通过控制器使照明装置在额定状态下工作 1 h;

    测量控制器输入端电压值,其与可调稳压电源电压的差值为蓄电池至控制器输入端线缆线路电压损失;测量控制器输出端电压和照明部件(逆变供电时,则与逆变器)输入端电压,其差值为该线缆的线路电压损失。

7.2.5 装置的持续放电能力

在正常使用条件下,蓄电池在充满的状态,断开太阳电池组件,按以下方法检测;

蓄电池在每 N 个小时内(N:装置每天的照明时间)的放电深度不大于[75/($n+1$)]%(n:阴雨天天数)。

7.2.6 风荷载

厂商应提供装置承受 6.2.1 规定的风荷载的设计计算说明。

8 检验规则

8.1 检验分类

检验分为出厂检验和型式检验。

8.2 出厂检验

按 GB/T 2828.1 的规定执行。采用一次抽样,项目、检查水平和合格质量水平应符合表1的规定。

表 1 出厂检验要求

序号	检验项目	技术要求	试验方法	检查水平 IL	合格质量水平 AQL*
1	部件的技术要求		7.1		
2	装置外观	6.2.5,6.3.1	7.2.1		
3	绝缘电阻	6.2.4	7.2.2	I	4.0
4	充电及照明控制方式和要求	6.3.2	7.2.3		
5	装置持续放电能力	6.3.4	7.2.5		
* 部件按国家标准规定的试验方法进行检验时,合格质量水平(AQL)应取相应国标给出值。					

8.3 型式试验

按 GB/T 2829 的规定执行。采用一次抽样方案,项目及合格判定条件应符合表2的规定。

表 2 型式检验要求

序号	检验项目	技术要求	试验方法	判别水平 DL	不合格质量水平 RQL	样本数 n	判定数组 AC Re
1	装置外观	6.3.1	7.2.1				
2	绝缘电阻	6.2.4	7.2.2				
3	充放电线路电压损失	6.3.3	7.2.4	II	50	6	1 2
4	充放电及照明控制方式和要求	6.3.2	7.2.3				
5	装置的持续放电能力	6.3.4	7.2.5				
6	风荷载	6.2.1	7.2.6				

样品从出厂检验合格的产品中随机抽取。

型式检验若不合格,则该批为不合格。应立即停止生产和验收,已验收的停止出厂,查明原因,采取措施,直到新的型式检验合格后才能恢复生产和验收。

型式检验每年不少于一次。当出现下列情况之一时,应进行型式检验:

a) 产品试制定型鉴定时;

b) 停产半年以上恢复生产时;

c) 当设计、工艺或材料变更可能影响其性能时;

d) 质量技术监督部门提出进行检验时。

9 标志、包装、运输

9.1 标志

装置应有清晰、牢固的下列标志:

a) 产品名称、型号、商标;

b) 配套太阳电池组件、蓄电池、电光源的规格、型号;

c) 生产厂商、出厂日期。

9.2 包装

a) 装置的各部件宜分别包装,包装箱应符合相关标准要求;

b) 箱外应有"向上"、"小心轻放"、"防潮"、"堆码层数极限"等,应符合 GB/T 191 的规定;

c) 包装箱内应有部件清单、安装说明、产品合格证、用户手册及维护管理要求等文件。

9.3 运输

a) 在运输条件和注意事项中应说明装、卸、运的要求及运输中的防护条件;

b) 应防止雨雪淋袭和强烈震动。

ICS 27.160
F 12

中华人民共和国农业行业标准

NY/T 1914—2010

农村太阳能光伏室外照明装置
安装规范

Rural area solar PV lighting devices for outdoor use–
installation regulations

2010-07-08 发布

2010-09-01 实施

中华人民共和国农业部 发布

前　言

本部分遵照 GB/T 1.1—2009 给出的规则起草。

本部分由中华人民共和国农业部科技教育司提出并归口。

本部分主要起草单位：中国科学院电工研究所、北京照明学会、北京科诺伟业科技有限公司、河南桑达能源环保有限公司、北京天能英利新能源科技有限公司、北京雨昕阳光太阳能工业有限公司、山东力诺太阳能电力工程公司、北京昌日新能源科技有限公司、北京市天韵太阳能科技发展有限公司、山东圣阳电源实业有限公司。

本部分主要起草人：李安定、王大有、李良霞、李富民、林清洪、熊克苍、肖明山、王效伏、郑再兴、尹子军。

农村太阳能光伏室外照明装置
安装规范

1 范围

本标准规定了农村太阳能光伏室外照明装置安装时的一般要求、技术准备、照明指标以及安装要求。

本标准适用于我国农村乡镇和村庄的道路、庭院、公共场所以及人行道路照明用的太阳能光伏室外照明装置。

2 规范性引用文件

下列文件对于本文件的应用是必不可少的。凡是注日期的引用文件,仅注日期的版本适用于本文件。凡是不注日期的引用文件,其最新版本(包括所有的修改单)适用于本文件。

CJJ 45 城市道路照明设计标准

NY/T 1914 农村太阳能光伏室外照明装置 技术要求

3 术语和定义

NY/T 1914 中界定的以及下列术语和定义适用于本部分。

3.1

灯具的安装高度 luminarie mounting height

灯具的光中心至路面的垂直距离。

3.2

灯具的安装间距 luminaire mounting spacing

沿道路的中心线测得的相邻两个灯具之间的距离。

3.3

灯具的悬挑长度 overhang of luminaire

灯具的光中心至邻近一侧缘石的水平距离,即灯具伸出或缩进缘石的水平距离。

4 一般要求

4.1 装置的各部件应具有产品出厂合格证书、安装使用说明书、用户手册和装箱清单等文件。

4.2 安装现场应无危及人身安全的隐患,并符合下列要求:

a) 道路应畅通、无障碍物;

b) 系统部件应堆放整齐,不应对安装人员的安全构成威胁;

c) 安装工具和设备在场地的存放使用和移动不应对人员和系统部件构成危险和损坏。

4.3 施工单位应具有相应的施工资质,施工人员应按本规范和有关技术文件的规定施工,并应遵守有关的安全要求和劳动保护的规定。

4.4 根据装置的特点,成立由经过专门培训的或专业安装人员构成的安装组,并指定现场指挥。

5 技术准备

5.1 安装前,应了解和掌握工程设计图纸和相关文件、产品使用说明书,熟悉被安装装置的结构特点及安装步骤和方法。

5.2 按产品装箱单,认真清点和检查装置各部件、零件是否完好齐全,发现缺件应配齐,有损坏的应修复或更换。

5.3 按使用说明书要求备齐基础用料、安装工具和起吊设备。

5.4 安装组应依据具体施工条件,制定必要的施工方案、操作规程和安全措施。

6 照明指标

各类场所照明指标应符合表1的规定。

表1 各类场所的照明指标

场 所	维持平均水平照度,lx	水平照度均匀度	眩光限制
步行街、广场	4～5	0.2	—
居住区庭院	2～3	—	—
乡镇人行道路	1～2	—	—
乡镇街道、道路	3～4	0.1～0.2	宜采用半截光型灯具

7 安装要求

7.1 装置的设计

装置安装前应参照 CJJ 45—2006,对具体场所进行照明设计,以确保照明效果符合本规范第6章规定的照明指标。

7.1.1 照明设计

应包括以下内容:

a) 选择电光源的类型、功率及其附件、灯具类型,确定太阳电池组件、蓄电池容量、控制器要求,装置结构部件;

b) 确定灯具布置方式、安装高度、安装间距、悬挑长度和仰角;

c) 地基尺寸及固定方法。

7.1.2 路灯灯位设置

a) 根据道路宽度、照明要求选择布灯方式,宜选择单侧布置(灯)、双侧交错布置(灯)、双侧对称布置(灯)中的一种布置(灯)方式,见图1。

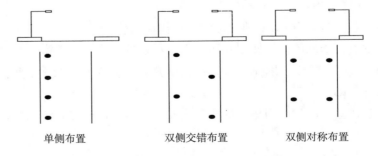

单侧布置　　　　双侧交错布置　　　　双侧对称布置

图1 农村太阳能光伏道路照明装置三种基本布置方式

b) 灯具的悬挑长度不宜超过安装高度的 1/4,灯具的仰角不宜超过 15°;

c) 灯具的安装高度(H)、间距(S)、路宽(W)及布置方式之间的关系,可根据表 2 确定。

表 2 安装高度(H)、间距(S)与路宽(W)和布置方式间的关系

灯具布置方式	安装高度(H)	间距(S)
单侧布置	0.8~1 W	4~5 H
双侧交错布置	0.6~0.7 W	4~5 H
双侧对称布置	0.4~0.5 W	4~5 H

7.1.3 庭院灯灯位设置

根据照明指标、场所的要求、灯具的光强分布曲线来确定庭院灯的安装高度和间距。

7.2 装置的安装

7.2.1 装置安装的基本要求参阅图 2 和表 3。

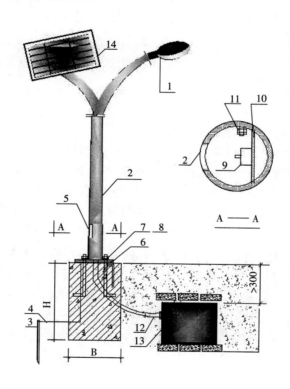

1——灯具;	8——螺母、垫圈;
2——灯杆;	9——断路器;
3——接地极;	10——固定钢板;
4——接地线;	11——接地端子;
5——接地盒;	12——电源进线管;
6——固定钢板;	13——电池;
7——螺栓;	14——太阳能电池板。

注 1:所有金属结构件均应做好防腐处理。

注 2:灯杆基础尺寸 B、H 由工程设计确定。

注 3:灯杆及所有金属构件均应可靠接地。

注 4:太阳能硅板应面向太阳,无遮阳物体遮挡,仰角及方位角应调整至最佳受光位置。

图 2 农村太阳能光伏室外照明装置安装示意图

表3 设备材料表

编号	名　称	单位	数量	备　注
1	灯具	个	1	由工程设计确定
2	灯杆	个	1	由工程设计确定
3	接地极	套	1	SC50/L＝2 500
4	接地线			40×4镀锌扁钢
5	接线盒	个	1	由工程设计确定
6	固定钢板	块	1	由工程设计确定
7	螺栓	个	4	由工程设计确定
8	螺母、垫圈	个	4	由工程设计确定
9	断路器	个	1	由工程设计确定
10	固定钢板	块	1	由工程设计确定
11	接地端子	个	1	由工程设计确定
12	电源进线管	米		可扰金属导管
13	电池	块		由工程设计确定
14	太阳能电池板	块	1	由工程设计确定

7.2.2 装置基础

装置基础可采用钢筋混凝土预制或现场浇制；

装置体积、尺寸应根据当地的气候条件和土质进行合理设计；

基础应设置在土质坚硬的地方，如设置在河流、水渠、排水沟附近时，应采取防水、排水措施；

基础应保证灯杆与地面垂直，其杆顶的轴向偏差应小于灯杆高度的0.3%；

蓄电池室应有防盗措施，如设置在地下时，应有通气管道。

7.2.3 太阳电池组件

宜安装在装置的上部，并使太阳电池组件在日照期间内，避开高大树木和建(构)筑物的阴影区。

仰角与方位角，应调整到当地年平均日照最大值的位置，且安装应牢固、可靠。

接线盒宜设置在太阳电池组件的背面上半部，应具有防雨淋的措施。

7.2.4 蓄电池

要保持蓄电池表面清洁，安装时应采用专用接头，避免电化学腐蚀。蓄电池要安放在保温、隔热、通风干燥处。

7.2.5 装置的防雷与接地

4 m以上灯杆基础中，应参照图2设置接地极；

可导电部分应与金属灯杆、固定钢板、固定金属件以及基础钢筋可靠连接，并进行接地，其接地电阻应小于30 Ω。

7.3 现场检测

7.3.1 安全性能

经下列安全检查合格后，才能投入运行：

a) 太阳电池组件、蓄电池、控制器、照明部件等应安装、连接正确、牢固可靠；

b) 灯杆基础应牢固、可靠；

c) 灯杆与地面垂直，其杆顶的轴向偏差符合要求；

d) 测量接地电阻、绝缘电阻应符合要求。

7.3.2　运行测量

a)　检测开、关灯控制和照明时间,应符合要求;

b)　检测充放电线缆电压损失,应符合要求;

c)　按本标准附录 A 照明效果现场测量方法,测量被照面的照度值和均匀度,应符合表 1 的要求。

7.3.3　装置正常运行 10d 后,按以下内容检查

a)　按本规范 7.3.2 运行测量的规定检查开、关灯控制和照明时间;

b)　检查装置在 n 个阴雨天时的照明时,应符合要求。

附 录 A

（规范性附录）

照明效果现场测量方法

A.1 测量条件

A.1.1 应采用能读到 0.1 lx 的一级照度计。照度计应定期进行检定。

A.1.2 气体放电灯需点燃 100 h 后，选择无月光的夜晚进行现场测量。

A.1.3 应在开灯 1 h 后测量。在测量过程中，照度计光电池不得被测量人员、围观人员或其他物体遮挡。

A.2 测量方法

A.2.1 道路照明的测量

A.2.1.1 选择测量路段和测量区域

选择能够代表被测道路照明状况的路段。

测量区域：在纵向（沿道路走向）应包括同一侧的两根灯杆之间的区域；

在横向，单侧布置应包括整个路宽，双侧交错和双侧对称布置只可包括 1/2 路宽。

A.2.1.2 测点布置方法

道路的纵方向，将两灯杆之间距离 10 等分；

道路的横方向，将每条车道 3 等分；

从而把测量路段划分为若干（2 车道道路为 60）个面积相等的网格，在每个网格中心布一个测量点。具体操作时，先用皮尺量出两灯杆之间距离，然后从一根灯杆开始布点。最边角上一点距路缘为 1/6 车道宽度，距灯杆水平（测量区边线）距离为 1/20 杆距，其余各点按图 A.1 布置。

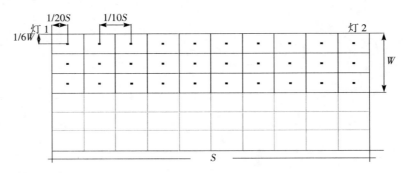

W——车道宽度；

S——两灯杆之间距离；

·——测点。

图 A.1 单侧布置(灯)双车道道路照明测点布置图

A.2.1.3 平均照度和照度均匀度的计算

路面平均照度 E_{av} 采用了面积中心法布置测点：

$$E_{av} = \frac{1}{MN} \sum_i E_i \quad\cdots\cdots\cdots\cdots\cdots\cdots\cdots\cdots\cdots\cdots\cdots (A.1)$$

式中：

E_{av}——路面平均照度；

E_i——在第 i 个测点上测得的照度；

M——纵方向划分的点数；

N——横方向划分的点数。

即被测路段上路面平均照度为各中心测点照度之和除以测点总数。

照度均匀度 U_E：

$$U_E = E_{min} / E_{av} \quad\text{···}\quad (A.2)$$

式中：

U_E——照度均匀度；

E_{min}——最小照度。

即路面照度均匀度为各测点照度值中的最小照度与平均照度计算值之商。

A.2.2 广场、庭院、休闲娱乐等场所照明的测量

A.2.2.1 根据场地形状和照明灯具布置情况确定测量区域。

若场地和灯具布置对称，则可只测量 1/4 或 1/2 区域代表整个场地。

若没有对称性，则只能对整块场地进行测量。

A.2.2.2 参照道路照明测量布点方法和计算方法。

在被测量场地上布好测量点，并对测量结果进行处理，求出平均照度和照度均匀度。

ICS 75.160.10
D 71

中华人民共和国农业行业标准

NY/T 1915—2010

生物质固体成型燃料 术语

Densified biofuel—Terminology and definitions

2010-07-08 发布　　　　　　　　　　　　　2010-09-01 实施

中华人民共和国农业部 发布

前　言

本标准遵照 GB/T 1.1—2009 给出的规则起草。

本标准由中华人民共和国农业部科技教育司提出并归口。

本标准起草单位：农业部规划设计研究院。

本标准主要起草人：田宜水、赵立欣、孟海波、孙丽英、姚宗路、罗娟、霍丽丽。

生物质固体成型燃料 术语

1 范围

本标准规定了生物质固体成型燃料的有关术语、定义和符号。

本标准适用于生物质固体成型燃料的管理、教学、研发、生产和应用等领域。

2 通用术语

2.1

生物质 biomass

利用太阳能经光合作用合成的任何有机物,包括农林副产品及加工剩余物、能源作物以及人畜粪便等有机物。

2.2

生物质能 biomass energy

利用生物质转化成的能源。

2.3

生物质燃料 biofuel

直接或间接从生物质中生产的燃料。

2.4

生物质固体成型燃料 densified biofuel

通过专门设备将生物质压缩成特定形状来增加其密度的固体燃料。

2.5

生物质压块燃料 biomass briquette

由切碎的固体生物质原料通过成型机压缩成方形或圆柱形等一定形状的生物质固体成型燃料,直径或横截面的对角线长度一般大于 25 mm。

2.6

生物质颗粒燃料 biomass pellet

由粉碎的固体生物质原料通过成型机压缩成圆柱形的生物质固体成型燃料,直径一般不大于 25 mm,长度不大于其直径的 4 倍。

2.7

燃料规格 fuel specification

对燃料外观尺寸、形状及密度等性状的描述。

3 原料术语

3.1

农作物秸秆 straw

农业生产过程中,收获了小麦、玉米、稻谷等作物籽实以后,残留的部分不能食用的茎、叶等副产品。

3.2

农产品加工业剩余物 residues from food processing industry

农产品初级加工过程中产生的生物质剩余物,如玉米芯、甘蔗渣、稻壳和花生壳等。

3.3

采伐剩余物　logging residues

森林抚育和间伐作业中的零散木材、残留的树枝、树叶和木屑等木质生物质剩余物。

3.4

木材加工业剩余物　by-products from wood processing industry

木材采运和加工过程中产生的枝丫、锯末（屑）、木片、梢头、板皮和截头等木质生物质剩余物。

4　分析术语

4.1　采样和样品制备术语

4.1.1

样品　sample

为确定燃料的特性而采取的具有代表性的一定量生物质燃料。

4.1.2

采样　sampling

从大量生物质燃料中采取有代表性的一部分样品的过程。

4.1.3

随机采样　random sampling

在采取子样时，对采样的部位或时间均不施加任何人为意志，能使任何部位的生物质燃料都有机会被采取的过程。

4.1.4

系统采样　systematic sampling

按相同的时间、空间或质量间隔采取子样，但第一个子样在第一个间隔内随机采取，其余的子样按选定的间隔采取的过程。

4.1.5

批　lot

需要测试特性的一个独立生物质燃料量。

4.1.6

采样单元　sub-lot

测试结果所需的一批生物质燃料的一部分。

示例：假设一个供热站每天收到 20 辆运输车成型燃料，每一车燃料都进行全水分的测试，可随机选择一辆车代表所有其他车来进行测试。

在这个例子中，批是一天运输的燃料数量（20 辆运输车），采样单元则是任一车燃料。

4.1.7

子样　increment

采样设备在一次操作中提取的部分生物质燃料。

4.1.8

合并样品　combined sample

从一个采样单元中取出的全部子样合并的样品。

注：子样在加入合并样品之前可能会因缩分而减少。

4.1.9

普通样品　common sample

预期用途大于一次的样品。

4. 1. 10

分样 sub-sample

样品的一部分。

4. 1. 11

实验室样品 laboratory sample

交付实验室的合并样品,或合并样品的分样,或一个子样,或子样的分样。

4. 1. 12

一般分析样品 general analysis sample

实验室样品的分样,标称最大粒度约为 1 mm,用于物理特性和化学特性的测试。

4. 1. 13

全水分样品 moisture analysis sample

为测定全水分而制备的样品。

4. 1. 14

粒度分析样品 size analysis sample

指定用来分析粒度值分布的样品。

4. 1. 15

试验子样 test portion

实验室样品的分样,由执行一次测试方法所需数量的燃料组成。

4. 1. 16

样品制备 sample preparation

样品达到分析或试验状态的过程,主要包括破碎、混合和缩分,有时还包括筛分和空气干燥,它可以分为几个阶段进行。

4. 1. 17

缩分 mass-reduction

减少样品或子样质量的过程。

4. 1. 18

混合 mixing

将样品或子样混合均匀的过程。

4. 1. 19

破碎 size-reduction

减小样品或子样标称最大粒度的过程。

4. 2 分析术语

4. 2. 1

工业分析 proximate analysis

水分、灰分、挥发分和固定碳四个项目分析的总称。

4. 2. 2

外在水分 free moisture;surface moisture

M_f

在一定条件下样品与周围空气湿度达到平衡时所失去的水分。

4. 2. 3

内在水分 inherent moisture

M_{inh}

在一定条件下样品达到空气干燥状态时所保持的水分。

4.2.4

全水分　total moisture

M_t

生物质燃料的外在水分和内在水分的总和。

4.2.5

一般分析样品水分　moisture in the general analysis test sample

M_{ad}

在一定条件下,一般分析样品在实验室中与周围空气湿度达到大致平衡时所含有的水分。

4.2.6

最高内在水分　moisture holding capacity

MHC

样品在温度 30℃、相对湿度 96% 下达到平衡时测得的内在水分。

4.2.7

灰分　ash

A

生物质燃料样品在规定条件下完全燃烧后所得的残留物。

4.2.8

外来灰分　extraneous ash

生物质燃料生产过程混入的矿物质所形成的灰分。

4.2.9

内在灰分　inherent ash

原始植物中的矿物质所形成的灰分。

4.2.10

挥发分　volatile matter

V

样品在规定条件下隔绝空气加热,并进行水分校正后的质量损失。

4.2.11

固定碳　fixed carbon

FC

从测定样品挥发分后的残渣中减去灰分后的残留物,通常用 100 减水分、灰分和挥发分得出。

4.2.12

弹筒发热量　bomb calorific value

单位质量的样品在充有过量氧气的氧弹内燃烧,其燃烧产物组成为氧气、氮气、二氧化碳、硝酸、液态水以及固态灰时放出的热量。

4.2.13

恒容高位发热量　gross calorific value at constant volume

$Q_{gr,v}$

样品的弹筒发热量减去硫和氮的校正值后的热量。

4.2.14

恒容低位发热量　net calorific value at constant volume

$Q_{net,v}$

样品的恒容高位发热量减去样品中水和燃烧时生成的水的蒸发潜热后的热值。

4.2.15

元素分析　ultimate analysis

生物质燃料中碳、氢、氧、氮、硫五个分析项目的总称。

4.2.16

全碳　total carbon

C

生物质燃料中有机碳和无机碳的总和。

4.2.17

全氢　total hydrogen

H

生物质燃料有机物质和无机物质及水中氢的总和。

4.2.18

全氮　total nitrogen

N

生物质燃料有机物质和无机物质中氮的总和。

4.2.19

全氧　total oxygen

O

生物质燃料有机物质和无机物质及水中氧的总和。

4.2.20

有机硫　organic sulfur

S_o

与生物质燃料的有机质相结合的硫。

4.2.21

无机硫　inorganic sulfur; mineral sulfur

生物质燃料中矿物质内的硫化物硫、硫铁矿硫、硫酸盐硫和元素硫的总称。

4.2.22

全硫　total sulfur

S

生物质燃料中无机硫和有机硫的总和。

4.2.23

全氯　total chlorine

Cl

生物质燃料中无机氯和有机氯的总和。

4.2.24

密度　particle density

单个生物质固体成型燃料的密度。

4.2.25

堆积密度　bulk density

BD

在规定条件下将生物质固体成型燃料填充在容器内，质量与容器体积的比。

4.2.26

堆积体积　bulk volume

包括燃料间缝隙在内的生物质固体成型燃料的体积。

4.2.27

能量密度　energy density

单位体积的生物质燃料所含净能量。

4.2.28

机械耐久性　mechanical durability

DU

生物质固体成型燃料在装卸、输送和运输过程中保持完整个体的能力。

4.2.29

标称最大粒度　nominal top size

在特定条件下确定生物质固体燃料的粒度值分布,至少有95%的燃料可以通过筛网孔径的尺寸。

4.2.30

搭桥　bridging

生物质固体成型燃料在开放和封闭流动中具有的形成稳定拱架的能力。

4.2.31

流动性　flow ability

固体流动的性能。

注:参见搭桥。

4.2.32

着火温度　ignition temperature

生物质燃料释放出足够的挥发分与周围大气形成可燃混合物的最低燃烧温度。在规定的条件下,加热到生物质开始着火的温度。

4.2.33

灰成分分析　ash analysis

灰的元素组成(通常以氧化物表示)分析。

4.2.34

灰熔融性　ash fusibility

在规定条件下测得到的随加热温度而变化的灰堆变形、软化、呈半球和流动时的特征物理状态。

4.2.35

变形温度　deformation temperature

DT

在灰熔融性测定中,灰锥尖端(或棱)开始变圆或变曲时的温度。

4.2.36

软化温度　softening temperature

ST

在灰熔融性测定中,灰锥弯曲至锥尖触及托板或灰锥变成球形时的温度。

4.2.37

半球温度　hemispherical temperature

HT

在灰熔融性测定中,灰锥形状变至近似半球形,即高约等于底长的一半时的温度。

4.2.38

流动温度 flow temperature

FT

在灰熔融性测定中,灰锥熔化展开成高度小于 1.5 mm 的薄层时的温度。

4.2.39

结渣性 clinkering property

生物质固体成型燃料在气化或燃烧过程中,灰分受热软化、熔融而结渣的性能的度量。以规定条件下一定粒度的样品燃烧后,大于 6 mm 的渣块占全部残渣的质量分数表示。

4.3 分析结果中基的表示术语

4.3.1

收到基 as received basis

ar

以收到状态的生物质燃料为基准。

4.3.2

空气干燥基 air dried basis

ad

与空气湿度达到平衡状态的生物质燃料为基准。

4.3.3

干燥基 dry basis

d

以假想无水状态的生物质燃料为基准。

4.3.4

干燥无灰基 dry ash-free basis

daf

以假想无水、无灰状态的生物质燃料为基准。

5 成型设备术语

5.1

生物质固体成型燃料成型设备 biomass molding equipment

用于生产生物质固体成型燃料的专用成型设备。

5.2

压模辊压式成型机 pellet mill

利用压辊的作用,将原料被压入成型孔内压制成成型燃料的成型设备。

5.3

卧式环模成型机 pellet mill with horizontal and ring type die

压模为环模且压模轴线与主轴均呈水平布置的压模辊压式成型机。

5.4

立式环模成型机 pellet mill with vertical and ring type die

压模为环模且压模轴线与主轴均呈垂直布置的压模辊压式成型机。

5.5

立式平模成型机 pellet mill with vertical and round flat type die

压模为平模且压模轴线与主轴均呈垂直布置的压模辊压式成型机。

5.6

螺旋挤压成型机　screw extrusion molding machine

利用螺旋推挤将生物质压制成成型燃料的成型设备。

5.7

活塞冲压式成型机　ram compression molding machine

利用活塞的往复运动实现压缩成型的生物质固体成型燃料成型设备。

5.8

成型率　the rate of qualified molded biofuel

生物质固体成型设备生产成型燃料的质量占所加工原料的百分比。

5.9

生产率　productivity

在生物质固体成型设备纯工作时间内,单位时间生产的生物质固体成型燃料的质量。

5.10

吨燃料成型能耗　energy consumption per ton solid biofuel

生物质固体成型燃料成型设备生产 1 t 成型燃料所消耗的能量。

5.11

压模　die

带有模孔(块、棒)的成型部件。

5.12

环模　ring matrix pellet press die

呈圆柱面环状的压模。

5.13

平模　disk matrix pellet die

呈平板状的压模。

5.14

压辊　roller assembly

向粉料施加压力从压模孔挤出生物质颗粒燃料的部件。

6　其他术语

6.1

添加剂　additives

为增强燃料的性能,在生产过程中添加到原料中的物质。

6.2

黏结剂　pressing aid

用于提高生物质固体成型燃料成型能力的添加剂。

6.3

抗渣剂　slagging inhibitor

用于减少生物质固体成型燃料在使用过程中出现结渣趋势的添加剂。

中　文　索　引

英 文 索 引

技能培训类

ICS 53.100
B 90

中华人民共和国农业行业标准

NY/T 1907—2010

推土(铲运)机驾驶员

2010-07-08 发布

2010-09-01 实施

中华人民共和国农业部 发布

前　言

本标准遵照 GB/T 1.1—2009 给出的规则起草。

本标准由农业部人事劳动司提出并归口。

本标准起草单位:农业部农机行业职业技能鉴定指导站。

本标准主要起草人:温芳、李宗岭、叶宗照、周小燕、祖树强、陈志强。

推土(铲运)机驾驶员

1 范围

本标准规定了推土(铲运)机驾驶员职业的术语和定义、职业概况、基本要求、工作要求、比重表。
本标准适用于推土(铲运)机驾驶员的职业技能培训鉴定。

2 术语和定义

下列术语和定义适用于本文件。

2.1 推土(铲运)机驾驶员

驾驶推土(铲运)机,进行推土、铲运、平整等农田水利工程和农村设施建设土石方作业的人员。

3 职业概况

3.1 职业等级

本职业共设三个等级,分别为:初级(国家职业资格五级)、中级(国家职业资格四级)、高级(国家职业资格三级)。

3.2 职业环境条件

室外、噪声、粉尘、振动。

3.3 职业能力特征

具有一定观察、判断和应变能力;四肢灵活,动作协调;无红绿色盲,两眼视力不低于对数视力表4.9(允许矫正);两耳能辨别距离音叉50 cm的声源方向。

3.4 基本文化程度

初中毕业。

3.5 培训要求

3.5.1 培训期限

全日制职业学校教育,根据其培养目标和教学计划确定。晋级培训期限:初级不少于180标准学时,中级不少于150标准学时,高级不少于120标准学时。

3.5.2 培训教师

培训初级的教师应具有本职业高级以上职业资格证书或相关专业初级以上专业技术职务任职资格;培训中、高级的教师应具有本职业高级职业资格证书3年以上或相关专业中级以上专业技术职务任职资格。

3.5.3 培训场地与设备

满足教学需要的标准教室、实践场所以及必要的教具和设备。

3.6 鉴定要求

3.6.1 适用对象

从事或准备从事本职业的人员。

3.6.2 申报条件

3.6.2.1 初级(具备下列条件之一者)

——经本职业初级正规培训达规定标准学时数,并取得结业证书;

——在本职业连续见习工作2年以上。

3.6.2.2 中级(具备下列条件之一者)

——取得本职业初级职业资格证书后,连续从事本职业工作1年,经本职业中级正规培训达规定标准学时数,并取得结业证书;

——取得本职业初级职业资格证书后,连续从事本职业工作3年以上;

——连续从事本职业工作4年以上,经本职业中级正规培训达规定标准学时数,并取得结业证书;

——连续从事本职业工作6年以上;

——取得经劳动保障行政部门审核认定的、以中级技能为培养目标的中等以上职业学校相关专业的毕业证书。

3.6.2.3 高级(具备下列条件之一者)

——取得本职业中级职业资格证书后,连续从事本职业工作2年以上,经本职业高级正规培训达规定标准学时数,并取得结业证书;

——取得本职业中级职业资格证书后,连续从事本职业工作4年以上;

——连续从事本职业工作9年以上,经本职业高级正规培训达规定标准学时数,并取得结业证书;

——取得劳动保障行政部门审核认定的、以高级技能为培养目标的高级技工学校或高等职业学校相关专业的毕业证书;

——取得本专业或相关专业大专以上毕业证书,经本职业高级正规培训达规定标准学时数,并取得结业证书;

——取得本专业或相关专业大专以上毕业证书,连续从事本职业工作2年以上。

3.6.3 鉴定方式

分为理论知识考试和技能操作考核。理论知识考试采用闭卷笔试方式,技能操作考核采用现场实际操作方式。理论知识考试和技能操作考核均实行百分制,成绩皆达到60分以上者为合格。

3.6.4 考评人员与考生配比

理论知识考试考评人员与考生配比为1∶20,每个标准教室不少于2名考评人员;技能操作考核考评人员与考生配比为1∶5,且不少于3名考评人员。职业资格考评组成员不少于5人。

3.6.5 鉴定时间

理论知识考试为120 min;技能操作考核依考核项目而定,但不少于90 min。

3.6.6 鉴定场所设备

理论知识考试在标准教室进行;技能操作考核在具备必要考核设备的实践场所进行。

4 基本要求

4.1 职业道德

4.1.1 职业道德基本知识。

4.1.2 职业守则:

遵章守法,安全生产;

爱岗敬业,忠于职守;

钻研技术,规范操作;

诚实守信,优质服务。

4.2 基础知识

4.2.1 机械常识

——常用金属和非金属材料的种类、牌号、性能及用途;

——常用油料的牌号、性能与用途;

——常用标准件的种类、规格和用途;

——常用工具、量具使用知识。

4.2.2 电工常识

——直流电路与电磁的基本知识；

——交流电路基本概念；

——安全用电知识。

4.2.3 推土(铲运)机基础知识

——推土(铲运)机的类型及其主要特点；

——推土(铲运)机的总体构造及功用。

4.2.4 相关法律、法规知识

——《中华人民共和国道路交通安全法》的相关知识；

——《中华人民共和国安全生产法》的相关知识；

——《中华人民共和国环境保护法》的相关知识；

——《中华人民共和国合同法》的相关知识。

5 工作要求

本标准对初级、中级和高级的技能要求依次递进,高级别涵盖低级别的要求。

5.1 初级

职业功能	工作内容	技能要求	相关知识
一、出车前检查	(一)检查车辆主机	1. 能进行车辆外观的检查 2. 能检查发动机机油量 3. 能检查发动机冷却液 4. 能检查风扇皮带松紧度 5. 能检查轮胎气压或履带松紧度 6. 能检查电解液液面高度	1. 车辆外观检查的主要内容 2. 发动机机油量检查方法 3. 发动机冷却液的检查步骤 4. 风扇皮带松紧度的检查方法 5. 轮胎气压或履带松紧度的检查方法 6. 电解液液面高度的检查方法
	(二)检查操作元件与工作装置	1. 能检查推土(铲运)机手柄、开关等操作元件的技术状态 2. 能检查推土(铲运)机的推土、铲运等工作装置作业前的技术状态	1. 推土(铲运)机操作元件的名称、功能 2. 推土(铲运)机工作装置的基本知识 3. 推土(铲运)机工作装置技术状态的检查内容
二、驾驶与作业实施	(一)驾驶与装车运输	1. 能驾驶推土(铲运)机在常规道路上行驶 2. 能完成推土(铲运)机装车运输	1. 推土(铲运)机驾驶的基本作业要领和注意事项 2. 机动车辆装卸、运输推土(铲运)机的要求和注意事项
	(二)作业实施	1. 能识别土壤的性质和工程的分类 2. 能在正常作业条件下操作推土(铲运)机进行推土(铲运)作业 3. 能填写工作日记	1. 土壤的性质和工程的分类知识 2. 正常作业条件下推土(铲运)作业的操作要领和作业方法 3. 推土(铲运)机土石方作业技术要求 4. 推土(铲运)机安全作业操作规程 5. 工作日记的内容和填写要求
三、故障诊断与排除	(一)发动机故障诊断与排除	1. 能判断和排除发动机油路堵塞等简单故障 2. 能判断和排除发动机漏油、漏水等简单故障	1. 发动机的总体构造与功用 2. 发动机油路堵塞、漏油和漏水等简单故障的发生原因及排除方法
	(二)电气系统故障诊断与排除	1. 能判断与排除蓄电池自行放电、接线柱等线路接头松动、保险丝烧毁等简单故障 2. 能判断与排除喇叭不响、灯不亮等简单故障	1. 推土(铲运)机电气系统的组成及功用 2. 推土(铲运)机电路的特点 3. 蓄电池的基本知识 4. 推土(铲运)机电气系统简单故障的发生原因及排除方法

（续）

职业功能	工作内容	技能要求	相关知识
四、技术维护与修理	（一）日常保养	1. 能进行推土（铲运）机的清洁、润滑、检查、调整和紧固等日常保养 2. 能补充和加注燃油、机油、冷却液和润滑脂 3. 能完成机器的入库保管	1. 技术维护的概念和分类 2. 日常保养的内容和要求 3. 燃油、机油、润滑脂、冷却液的加注方法 4. 保管期间推土（铲运）机因维护不当而易损坏的类型及原因 5. 入库保管的技术措施
	（二）机器修理	1. 能进行风扇传动带等简单易损件的更换 2. 能进行刀片等工作装置简单易损件的更换	1. 风扇传动带、刀片等简单易损件的更换步骤 2. 推土（铲运）机推土铲、松土器等工作装置的结构

5.2 中级

职业功能	工作内容	技能要求	相关知识
一、出车前检查	（一）检查车辆主机	1. 能进行推土（铲运）机整机性能的检查 2. 能完成高温、寒冷等特殊气候条件下的推土（铲运）机发动机技术状态的检查	1. 推土（铲运）机整机性能检查的内容 2. 高温、寒冷等特殊气候条件下车辆技术状态检查的内容
	（二）检查操作元件与工作装置	1. 能检查车辆的制动性能 2. 能检查车辆的离合器自由行程 3. 能检查推土铲、松土器等工作装置的升降可靠性	1. 车辆制动性能的检查方法 2. 检查车辆离合器自由行程的注意事项 3. 检查推土铲、松土器等工作装置升降可靠性的注意事项
二、驾驶与作业实施	（一）车辆驾驶	1. 能在风雨、冰雪等特殊气候条件下驾驶推土（铲运）机 2. 能驾驶推土（铲运）机在坡道等复杂道路行驶	1. 风雨、冰雪等特殊气候条件下驾驶推土（铲运）机的注意事项 2. 推土（铲运）机在坡道等复杂道路上的驾驶操作要领
	（二）作业实施	1. 能进行黏土、冻土等特殊条件下的推土（铲运）作业 2. 能驾驶推土机填筑路基和开挖路堑作业 3. 能驾驶推土机进行傍山、傍坡推土作业 4. 能驾驶回转式铲刀推土机进行推土作业	1. 在黏土、冻土等特殊条件下作业的要领和注意事项 2. 推土机填筑路基和开挖路堑作业操作要领 3. 傍山、傍坡推土作业操作要领和注意事项 4. 驾驶回转式铲刀推土机进行推土作业的注意事项
三、故障诊断与排除	（一）发动机故障诊断与排除	1. 能判断和排除发动机启动困难或排烟异常等常见故障 2. 能判断和排除发动机进气道及空气滤清器堵塞等造成启动困难、无力等常见故障	1. 发动机的基本构造和工作过程 2. 发动机空气滤清器堵塞等常见故障的发生原因及排除方法
	（二）传动与行走系统和转向制动系统故障诊断与排除	1. 能判断和排除行走时跑偏等行走系统常见故障 2. 能判断和排除变速器挂挡困难、脱挡等传动系统常见故障 3. 能判断和排除转向与制动失灵等转向与制动系统常见故障	1. 机械传动的类型、特点和失效形式 2. 传动、行走系统、转向与制动系统的构造和工作原理 3. 传动与行走系统和转向与制动系统常见故障的原因及排除方法
四、技术维护与修理	（一）机器试运转	1. 能进行推土（铲运）机试运转的基本操作 2. 能进行推土（铲运）机试运转后技术状态的检查和调整	1. 推土（铲运）机试运转的目的、原则和基本规程 2. 推土（铲运）机试运转后的质量验收标准
	（二）定期保养	1. 能识读零件图 2. 能进行推土（铲运）机累计工作 250 h 内的技术保养	1. 机械识图的一般知识 2. 推土（铲运）机累计工作 250 h 的周期技术保养规程
	（三）机器修理	1. 能进行轴承、油封等一般易损件的更换 2. 能进行推土（铲运）机松土齿等一般工作部件的更换	1. 滤清器、轴承、油封等一般易损件的拆装要领 2. 推土（铲运）机松土齿等一般工作部件的更换方法

5.3 高级

职业功能	工作内容	技能要求	相关知识
一、驾驶与作业实施	(一)车辆驾驶	1. 能驾驶推土(铲运)机在泥水中、松软的地面等恶劣环境下行驶 2. 能完成推土(铲运)机陷车的应急处理	1. 在泥水中、松软的地面等恶劣环境下作业的操作要领和注意事项 2. 土壤的垂直载荷与沉陷的关系 3. 推土(铲运)机应急处理方法
	(二)作业实施	1. 能驾驶推土机进行平整场地等精细作业 2. 能驾驶推土机配合进行并列推土等特殊作业	1. 平整场地等精细作业的驾驶操作要领和注意事项 2. 激光平地作业的工作装置和工作过程 3. 进行激光平地作业的操作要领和步骤 4. 进行并列推土等特殊作业的操作要领
二、故障诊断与排除	(一)发动机故障诊断与排除	1. 能判断和排除发动机功率不足、燃油消耗率过高等复杂故障 2. 能判断和排除发动机工作不稳定等复杂故障	1. 发动机复杂故障的发生原因和排除方法 2. 废气涡轮增压的基本知识 3. 电控高压共轨柴油发动机的基础知识
	(二)电气系统故障诊断与排除	1. 能识读推土(铲运)机电路图 2. 能判断与排除蓄电池充电电流过大、过小或不充电等电气系统常见故障	1. 主要电器设备的构造及工作原理 2. 电路图的识读内容和方法 3. 电气系统常见故障的原因及排除方法
	(三)液压系统故障诊断与排除	1. 能识读推土(铲运)机液压回路图 2. 能判断和排除因液压油缸及其他液压元件漏油、油路堵塞造成液压系统失灵等常见故障 3. 能判断和排除因液压系统油缸抖动、不能保持中立、系统压力过高或过低等液压系统常见故障	1. 液压传动基本知识 2. 液压系统的基本构造及工作过程 3. 常用的液压回路和工作过程 4. 液压回路图的识读内容和方法 5. 液压系统漏油等常见故障的发生原因及排除方法
三、技术维护与修理	(一)定期保养	1. 能识读装配图 2. 能进行推土(铲运)机累计工作500 h的技术保养 3. 能进行推土(铲运)机电气、液压系统重要部件的检查和维护	1. 公差与配合、表面粗糙度的基本知识 2. 机械装配图的识读方法 3. 累计工作500 h技术保养规程 4. 电气、液压系统重要部件的维护技术要求
	(二)机器修理	1. 能完成履带行走装置等重要部件的拆装和更换 2. 能进行液压油缸、分配器和液压马达等液压系统重要零部件的拆装和更换	1. 履带行走装置等重要部件的拆装和更换方法 2. 液压油缸、分配器和液压马达等液压系统重要零部件的拆装与更换操作要领及注意事项
四、管理与培训	(一)技术管理	1. 能制订作业计划 2. 能完成作业成本核算	1. 作业计划包含的内容 2. 作业成本的构成和降低途径 3. 影响生产率的因素
	(二)培训与指导	1. 能指导初、中级人员操作 2. 能对初级人员进行技术培训	1. 培训教育的基本方法 2. 推土(铲运)机驾驶员培训的基本要求

6 比重表

6.1 理论知识

项 目		初级,%	中级,%	高级,%
基本要求		30	25	20
相关知识	一、作业准备	15	10	—
	二、驾驶与作业实施	25	25	20
	三、故障诊断与排除	10	20	25
	四、技术维护与修理	20	20	20
	五、管理与培训	—	—	15
合 计		100	100	100

6.2 技能操作

项 目		初级,%	中级,%	高级,%
相关知识	一、作业准备	15	10	—
	二、驾驶作业实施	40	40	35
	三、故障诊断与排除	15	25	30
	四、技术维护与修理	30	25	20
	五、管理与培训	—	—	15
合 计		100	100	100

ICS 25.160.01
B 90

中华人民共和国农业行业标准

NY/T 1908—2010

农 机 焊 工

2010-07-08 发布

2010-09-01 实施

中华人民共和国农业部 发布

前　言

本标准遵照 GB/T 1.1—2009 给出的规则起草。

本标准由农业部人事劳动司提出并归口。

本标准起草单位：农业部农机行业职业技能鉴定指导站。

本标准主要起草人：温芳、张天翊、夏正海、欧南发。

农 机 焊 工

1 范围

本标准规定了农机焊工职业的术语和定义、职业概况、基本要求、工作要求、比重表。

本标准适用于农机焊工的职业技能鉴定。

2 术语和定义

下列术语和定义适用于本文件。

2.1 农机焊工

操作焊接设备,从事农业机械金属工件焊接、切割加工和维修的人员。

3 职业概况

3.1 职业等级

本职业共设 3 个等级,分别为:初级(国家职业资格五级)、中级(国家职业资格四级)、高级(国家职业资格三级)。

3.2 职业环境条件

室内、外,常温。光辐射、烟尘、有害气体和环境噪声。

3.3 职业能力特征

具有一定的学习理解和表达能力、应变能力;动作协调,视力良好,具有分辨颜色色调和浓淡的能力。

3.4 基本文化程度

初中毕业。

3.5 培训要求

3.5.1 培训期限

全日制职业学校教育,根据其培养目标和教学计划确定。晋级培训期限:初级不少于 300 标准学时,中级不少于 280 标准学时,高级不少于 240 标准学时。

3.5.2 培训教师

培训初级的教师应具有本职业高级职业资格证书或相关专业初级以上专业技术职务任职资格;培训中级、高级的教师应具有本职业高级职业资格证书 3 年以上或相关专业中级以上专业技术职务任职资格。

3.5.3 培训场地与设备

满足教学需要的标准教室和实践场所,以及必要的教具和设备。

3.6 鉴定要求

3.6.1 适用对象

从事或准备从事本职业的人员。

3.6.2 申报条件

3.6.2.1 初级(具备下列条件之一者)

——经本职业初级正规培训达规定标准学时数,并取得结业证书;

——在本职业连续见习工作 2 年以上。

3.6.2.2 中级(具备下列条件之一者)

——取得本职业初级职业资格证书后,连续从事本职业工作满1年,经本职业中级正规培训达规定标准学时数,并取得结业证书;

——取得本职业初级职业资格证书后,连续从事本职业工作3年以上;

——连续从事本职业工作4年以上,经本职业中级正规培训达规定标准学时数,并取得结业证书;

——连续从事本职业工作6年以上;

——取得经劳动保障行政部门审核认定的,以中级技能为培养目标的中等以上职业学校相关专业的毕业证书。

3.6.2.3 高级(具备下列条件之一者)

——取得本职业中级职业资格证书后,连续从事本职业工作满2年,经本职业高级正规培训达规定标准学时数,并取得结业证书;

——取得本职业中级职业资格证书后,连续从事本职业工作4年以上;

——连续从事本职业工作9年以上,经本职业高级正规培训达规定标准学时数,并取得结业证书;

——取得劳动保障行政部门审核认定的,以高级技能为培养目标的高级技工学校或高等职业学校本专业的毕业证书;

——取得本专业或相关专业大专以上毕业证书,经本职业高级正规培训达规定标准学时数,并取得结业证书;

——取得本专业或相关专业大专以上毕业证书后,连续从事本职业工作2年以上。

3.6.3 鉴定方式

分为理论知识考试和技能操作考核。理论知识考试采用闭卷笔试方式,技能操作考核采用现场实际操作方式。理论知识考试和技能操作考核均实行百分制,成绩皆达60分以上者为合格。

3.6.4 考评人员与考生配比

理论知识考试考评人员与考生配比为1:20,每个标准教室不少于2名考评人员;技能操作考核考评员与考生配比为1:5,且不少于3名考评人员。

3.6.5 鉴定时间

理论知识考试为120 min;技能操作考核依考核项目而定,但不少于90 min。

3.6.6 鉴定场所设备

理论知识考试在标准教室进行;技能操作考核在具备必要设备及安全设施完善的场所进行。

4 基本要求

4.1 职业道德

4.1.1 职业道德基本知识。

4.1.2 职业守则:

遵章守法,安全生产;

爱岗敬业,钻研技术;

遵守规程,规范操作;

诚实守信,优质服务。

4.2 基础知识

4.2.1 机械识图知识

——机械制图的一般规定;

——投影的基本原理;

——常用零部件的画法及标注;

——焊缝符号和焊接方法代号表示方法；

——零件图识读知识。

4.2.2 常用金属材料基本知识

——农业机械常用的金属材料；

——常用金属材料的主要力学性能、物理性能和化学性能；

——碳素结构钢、合金钢、铸铁、有色金属的分类、牌号、成分、性能和用途。

4.2.3 电工基本知识

——直流电基本知识；

——电磁基本知识；

——交流电基本概念；

——电流表和电压表的使用方法。

4.2.4 化学基本知识

——常用的化学元素符号；

——原子的组成和分子的形成。

4.2.5 农业机械相关知识

——薄型构件在农业机械中的应用及结构特点；

——铸铁构件在农业机械中的应用及结构特点；

——铝及铝合金构件在农业机械中的应用及结构特点；

——铜及铜合金构件在农业机械中的应用及结构特点。

4.2.6 冷加工基本知识

——钳工基础知识；

——钣金工基础知识。

4.2.7 焊接的物理实质和分类

——焊接的物理实质；

——焊接方法分类。

4.2.8 安全及环境保护知识

——安全用电知识；

——焊接环境保护知识；

——焊接劳动保护知识。

4.2.9 相关法律、法规知识

——《中华人民共和国安全生产法》的相关知识；

——《中华人民共和国劳动法》的相关知识；

——《中华人民共和国农业机械化促进法》的相关知识；

——《农业机械产品修理、更换、退货责任规定》的相关知识。

5 工作要求

本标准对初级、中级和高级的技能要求依次递进，高级别涵盖低级别的要求。

5.1 初级

职业功能	工作内容	技能要求	相关知识
一、焊前准备	（一）劳动保护准备及安全技术检查	1. 能准备普通焊接环境下作业个人劳动防护用品 2. 能进行普通焊接环境下场地、焊接设备、工具和夹具的安全检查	1. 在普通焊接条件下焊接环境的有害因素和防止措施知识（劳动卫生、安全事故等） 2. 焊条电弧焊安全操作规程 3. 气焊、气割安全操作规程 4. 钎焊安全操作规程 5. 焊条电弧焊、气焊和钎焊设备、工夹具的安全作业检查要求
	（二）施焊对象分析	1. 能识读简单的焊接零件图或部件图 2. 能识别碳素结构钢和合金结构钢	1. 焊接零件图或部件图识读方法 2. 碳素结构钢和合金结构钢的识别方法
	（三）焊接设备准备	1. 能根据农业机械施焊工件选择合适的焊条、电弧焊机、焊钳、电缆及焊接工具、夹具	1. 焊条电弧焊机的组成、种类、型号、特点及应用 2. 焊条电弧焊机铭牌上的内容及含义 3. 焊条电弧焊机对用电电源的要求 4. 焊钳和焊接电缆的选用原则 5. 焊接工夹具知识
		2. 能根据农业机械施焊补工件选择合适的氧—乙炔焊接设备及工夹具	1. 氧—乙炔气焊、气割工作原理、特点和应用 2. 气焊、气割设备的组成及主要部件和工夹具
		3. 能根据农业机械焊补工件选择钎焊设备及工具	1. 钎焊的原理、种类、特点和应用 2. 钎焊设备的组成及主要部件结构和工具
	（四）焊接物料准备	1. 能选择及使用碳钢焊条	1. 焊条的组成和作用 2. 焊条的分类、型号和牌号 3. 碳钢焊条的选择原则和使用前的准备
		2. 能选择及使用气焊焊丝和焊剂 3. 能选择及使用钎焊钎料和钎焊剂	1. 气焊焊丝和焊剂的作用、种类和使用前的准备 2. 钎焊钎料和钎焊剂的作用、种类和使用前的准备
		4. 能进行低碳钢焊接件坡口准备	1. 焊接接头的种类 2. 焊接坡口形式和坡口尺寸 3. 坡口的清理
二、焊接	（一）焊条电弧焊	1. 能使用焊条电弧焊设备和工夹具 2. 能选用焊条电弧焊工艺参数 3. 能进行焊接电弧的引弧、运弧、收弧 4. 能对柴油机、喷灌泵底座等简单机架进行组对和定位焊	1. 焊条电弧焊机的接线、调节及使用方法 2. 焊条电弧焊工艺特点 3. 焊条电弧焊工艺参数的选用 4. 焊接电弧知识 5. 工件组对和定位焊基本知识
		5. 能对联合收割机、播种机踏板等形状简单的低碳钢结构件平板进行平焊位的单面焊双面成型和立焊、横焊 6. 能对柴油机、喷灌泵底座等简单机架进行角接及T型接头焊接	焊条电弧焊操作要点

（续）

职业功能	工作内容	技能要求	相关知识
二、焊接	（二）氧—乙炔气焊、气割	1. 能使用氧—乙炔气焊、气割设备、工夹具及材料	1. 氧—乙炔气焊、气割火焰的构造、形状、特点和应用 2. 气焊、气割材料 3. 气焊操作技术
		2. 能选用气焊、气割低碳钢的工艺参数 3. 能对农用半挂车厢上形状简单的或受力不大的低碳钢平板进行平气焊补 4. 能对农用半挂车厢等农业机械中的低碳钢中、厚板材及角钢等进行气割	1. 气焊形状简单的或受力不大的低碳钢件工艺参数 2. 低碳钢平板平气焊的操作要点 3. 气割低碳钢中、厚板的工艺参数 4. 气割低碳钢中、厚板的操作要点
	（三）钎焊	1. 能选用钎焊设备、工具及材料 2. 能对形状简单的水箱散热器管等薄壁构件的损坏部位进行软（锡）钎焊	1. 钎焊的设备、工具及材料的使用方法 2. 水箱散热器管等薄壁构件软（锡）钎焊修复工艺参数 3. 水箱散热器管等薄壁构件软（锡）钎焊的操作要点
三、焊后检验与修补	（一）焊接检验	1. 能进行焊缝表面缺陷的外观检查 2. 能使用通用量具进行焊缝外观尺寸的检查	1. 焊接外部缺陷种类 2. 焊接质量外观检查方法 3. 通用量具的使用方法
	（二）缺陷分析与修补	1. 能分析外部缺陷产生的主要原因 2. 能进行返修和焊补	1. 焊缝外部缺陷产生的原因和防止方法 2. 返修要求 3. 返修和焊补方法

5.2 中级

职业功能	工作内容	技能要求	相关知识
一、焊前准备	（一）劳动保护准备及安全技术检查	1. 能准备在复杂焊接环境下的个人劳动防护用品 2. 能检查在复杂焊接环境下的有害因素和劳动卫生、安全保护措施 3. 能进行复杂焊接环境下的场地设备、工夹具安全检查	1. 在人多、空间狭窄、有易燃杂物等复杂焊接环境下焊条电弧焊、气焊、钎焊的安全操作注意事项 2. 氩弧焊、二氧化碳气体保护焊、电阻焊、堆焊的安全操作规程 3. 能检查焊条电弧焊、气焊、钎焊、氩弧焊、二氧化碳气体保护焊等焊接设备、工夹具在复杂焊接环境下的安全使用性能
	（二）施焊对象分析	1. 能识读较复杂的焊接部件图和简单的装配图	简单的装配图识读方法
		2. 能识读常用的化学反应及反应方程式	1. 原子结构 2. 常用的化学反应及反应方程式知识
		3. 能识读铁碳合金平衡相图	1. 金属晶体结构的一般知识 2. 合金的组织结构及铁碳合金的基本知识 3. 铁碳合金平衡相图及应用
		4. 能识别铝及铝合金、铜及铜合金	铝及铝合金、铜及铜合金的识别方法

（续）

职业功能	工作内容	技能要求	相关知识
一、焊前准备	（三）焊接设备准备	1. 能根据农业机械施焊工件选用焊条电弧焊、氧—乙炔气焊设备	1. 变压器的结构和基本工作原理 2. 焊条电弧焊机及主要部件的结构、工作原理 3. 氧—乙炔气焊设备主要部件的结构、工作原理
		2. 能根据农业机械施焊工件选择氩弧焊焊接设备及焊接工夹具	1. 氩弧焊机的工作原理、种类、特点及应用 2. 钨极氩弧焊设备的组成及主要部件结构、型号和性能参数
		3. 能根据农业机械施焊工件选择二氧化碳气体保护焊设备及焊接工夹具	1. 二氧化碳气体保护焊的工作原理、特点和应用 2. 二氧化碳气体保护焊设备的组成、主要部件结构、型号及性能参数
	（四）焊接物料准备	1. 能选用焊接低合金钢、不锈钢的焊条 2. 能选用气焊低合金钢、铝合金及铜合金的焊丝和焊剂 3. 能选用保护气体	1. 焊接冶金原理 2. 低合金钢焊条的型号、牌号及选用 3. 不锈钢焊条的型号、牌号及选用 4. 气焊低合金钢、铝合金及铜合金的焊丝和焊剂的选用 5. 焊接保护气体的种类、性质和选用 6. 焊接钨极常识
		4. 能进行不同位置的焊接坡口准备 5. 能控制较小的焊接变形准备 6. 能进行焊前预热	1. 不同焊接位置的坡口准备 2. 焊接变形知识 3. 焊前预热作用和方法
二、焊接（可根据考生实际情况任选一项）	（一）焊条电弧焊	1. 能选用低合金结构钢的焊接工艺参数	1. 焊接性概念 2. 低合金结构钢的焊接性 3. 低合金结构钢的焊接工艺参数
		2. 能对水泵进水管、排水管、连接法兰等农业机械中的板、管、板管类焊接结构件进行组对和定位焊	板、管、板管类焊接结构件的组对及定位焊基本要求
		3. 能对东风-12型手扶拖拉机机架等形状复杂的农业机械零部件或受力较大低碳钢及低合金钢结构件进行平板对接立焊、横焊的单面焊双面成型 4. 能对农业机械中的低碳钢平板进行对接仰焊 5. 能对联合收割机割台等农业机械中的低碳钢管进行垂直固定的单面焊双面成型 6. 能对联合收割机割台等农业机械中的低碳钢管、板进行插入式垂直固定、水平固定的焊接 7. 能对水泵进水管、排水管、连接法兰等进行水平转动或水平固定密封焊接	1. 不同位置的焊接工艺参数 2. 不同位置焊接的操作工艺要点
		8. 能选用珠光体耐热钢和低温钢焊接材料及工艺	1. 珠光体耐热钢和低温钢的焊接性 2. 珠光体耐热钢和低温钢的焊接工艺

（续）

职业功能	工作内容	技能要求	相关知识
二、焊接（可根据考生实际情况任选一项）	（二）氧—乙炔气焊、气割	1. 能对形状复杂的农业机械中低合金结构钢件进行气焊	1. 氧—乙炔气焊形状复杂的农业机械中低合金结构钢件的工艺参数 2. 氧—乙炔气焊形状复杂的农业机械中低合金结构钢件的操作要点
		2. 能对联合收割机等农业机械中的薄板、管类结构件进行气割	1. 氧—乙炔气割农业机械中的薄板、管类结构件工艺参数 2. 氧—乙炔气割农业机械中的薄板、管类结构件的操作要点
		3. 能对铝合金水箱等形状简单的铝合金结构件进行气焊补 4. 能对高压油管等形状简单的铜及铜合金结构件进行气焊补	1. 铝及铝合金的焊接性、气焊特点和气焊工艺参数 2. 铜及铜合金的焊接性、气焊特点和气焊工艺参数
	（三）钎焊	1. 能进行水箱散热器等结构件的硬钎焊	1. 水箱散热器等结构件硬（铜）钎焊的工艺参数 2. 水箱散热器等结构件硬（铜）钎焊的操作要点
		2. 能进行低碳钢与硬质合金的硬钎焊	异种材质金属（低碳钢与硬质合金）进行硬钎焊的工艺参数及操作要点
	（四）钨极氩弧焊	1. 能选用手工钨极氩弧焊设备、工具及材料 2. 能对喷灌机铝弯头等农业机械结构件进行焊接	1. 手工钨极氩弧焊设备调节和使用方法 2. 手工钨极氩弧焊焊接受力不大的农业机械结构件的工艺参数
		3. 能对农业机械中的平板结构件进行手工钨极氩弧焊对接平焊位单面焊双面成型 4. 能对农业机械中的管类结构件进行手工钨极氩弧焊对接单面焊双面成型	手工钨极氩弧焊的操作要点
		5. 能选择奥氏体不锈钢焊接工艺参数和材料 6. 能用手工钨极氩弧焊对农业机械中奥氏体不锈钢平面或管的对接单面焊双面成型	1. 不锈钢的分类及性能 2. 奥氏体不锈钢的焊接性 3. 奥氏体不锈钢焊接工艺参数 4. 奥氏体不锈钢焊接操作要点
	（五）二氧化碳气体保护焊	1. 能选用二氧化碳气体保护焊设备、工夹具及材料 2. 能选用半自动二氧化碳气体保护焊工艺参数 3. 能对联合收割机割台、机架类等农业机械进行平、立、横位置单面焊双面成型半自动二氧化碳气体保护焊	1. 二氧化碳气体保护焊设备调节和使用方法 2. 二氧化碳气体保护焊的熔滴过度及飞溅 3. 半自动二氧化碳气体保护焊工艺参数 4. 半自动二氧化碳气体保护焊操作要点
	（六）其他焊接方法	1. 能选择和使用电阻焊、堆焊等其他焊接设备 2. 能选择和使用电阻焊、堆焊等其他焊接方法的工艺参数 3. 能运用电阻焊、堆焊等其他焊接方法对形状简单的农业机械结构件进行焊接	1. 电阻焊、堆焊等其他焊接方法的原理、类型、特点和应用范围 2. 电阻焊、堆焊等其他焊接设备的组成、主要部件结构 3. 电阻焊、堆焊等其他焊接方法的工艺参数 4. 电阻焊、堆焊等其他焊接方法的操作要点

（续）

职业功能	工作内容	技能要求	相关知识
三、焊接接头质量控制	（一）控制焊接接头的组织和性能	1. 能控制焊后焊接接头中出现的多种组织 2. 能控制焊缝中出现的有害气体及有害元素	1. 钢铁热处理基本知识 2. 焊接熔池的一次结晶、二次结晶过程 3. 焊接接头热影响区的组织和性能 4. 焊缝中有害气体及有害元素的影响和控制措施
	（二）控制焊接应力和变形	1. 能控制焊接残余变形 2. 能矫正焊接残余变形	1. 焊接应力及变形产生的原因 2. 焊接残余变形的种类 3. 控制焊接残余变形的措施 4. 矫正焊接残余变形方法
四、焊后检验与修补	（一）焊接检验	1. 能对农业机械的焊接接头外观缺陷进行检验 2. 能使用焊口检测尺等量具进行焊缝外观尺寸的检查	1. 焊接检验方法分类 2. 焊接检验方法的应用范围 3. 焊口检测尺等量具的使用方法
		3. 能对水箱散热器焊缝进行密封性试验	1. 焊接常用的非破坏性检验方法 2. 焊接非破坏性检验方法的工作原理 3. 水箱散热器密封性试验（气密性检验）方法
	（二）缺陷分析与修补	1. 能分析焊接缺陷产生的原因和防止措施	1. 焊接缺陷的种类、特征和危害 2. 焊接缺陷产生的主要原因及防止措施
		2. 能进行焊接缺陷的返修	1. 焊接缺陷的返修要求 2. 焊接缺陷的返修方法

5.3 高级

职业功能	工作内容	技能要求	相关知识
一、焊前准备	（一）劳动保护准备及安全技术检查	1. 能准备在特殊焊接环境下作业的个人劳动防护用品 2. 能进行特殊焊接环境下场地设备、工夹具的安全检查 3. 能检查在特殊焊接环境下的有害因素和劳动卫生、安全保护措施	1. 在高空、潮湿、焊补油箱或油罐等特殊焊接环境下焊接电弧焊、气体保护焊等安全操作注意事项 2. 焊条电弧焊、气体保护焊等设备、工夹具在特殊焊接环境下安全使用性能 3. 埋弧焊、金属喷涂、等离子弧焊等其他焊接方法的安全操作规程
	（二）施焊对象分析	1. 能识读较复杂的焊接装配图 2. 能识别铸铁材料	1. 焊接装配图的识读知识 2. 铸铁材料的识别方法
	（三）焊接设备准备	1. 能进行常用焊接设备的调试 2. 能正确选择和使用埋弧焊、金属喷涂、等离子弧焊等其他焊接设备	1. 常用焊接设备调试方法 2. 埋弧焊、金属喷涂、等离子弧焊等其他焊接方法的原理、特点和应用范围 3. 埋弧焊、金属喷涂、等离子弧焊等其他焊接设备的组成、主要部件结构
	（四）焊接物料准备	1. 能选用农业机械常用金属材料的焊条、焊丝和焊剂 2. 能进行农业机械中铸铁、有色金属、异种钢等焊接的坡口准备	1. 铸铁、有色金属、异种钢焊接的焊条、焊丝、焊剂的选择和使用 2. 铸铁、有色金属、异种钢焊接前准备要求
二、焊接（可根据考生实际情况任选一项焊接方法）	（一）焊条电弧焊	1. 能进行农业机械中珠光体钢和奥氏体不锈钢的单面焊双面成型	1. 异种钢的焊接性 2. 珠光体钢和奥氏体不锈钢（含复合钢板）的焊接工艺参数及操作要点
		2. 能进行装载机铲斗与铲刀等农业机械中的低碳钢与低合金钢的焊接	1. 低碳钢与低合金钢的焊接性 2. 低碳钢与低合金钢的焊接工艺参数及操作要点

（续）

职业功能	工作内容	技能要求	相关知识
二、焊接（可根据考生实际情况任选一项焊接方法）	（一）焊条电弧焊	3. 能对拖拉机箱体类铸铁件缺陷进行焊条电弧焊补	1. 铸铁的焊接性 2. 焊条电弧焊焊补铸铁件的工艺参数及操作要点
		4. 能对农用挂车车厢等农业机械中的平板对接进行仰焊位单面焊双面成型 5. 能对联合收割机割台等农业机械中的管对接进行水平固定位置的单面焊双面成型 6. 能对排灌机械中骑座式管板进行仰焊位置单面焊双面成型 7. 能对农业机械中的小直径管进行垂直固定和水平固定加障碍的单面焊双面成型 8. 能对水泵进、排水管等农业机械中的小直径管进行45°倾斜固定单面焊双面成型 9. 能对农用挂车等受力较大的农业机械机架等重要结构件进行焊接	各种位置焊接的操作要点
	（二）氧—乙炔气焊、气割	1. 能对铝合金箱体等形状复杂或受力较大的农业机械中的铝及铝合金、铜及铜合金结构件等进行气焊补 2. 能对拖拉机箱体等农业机械的铸铁件缺陷进行气焊补	1. 气焊形状复杂或受力较大的铝及铝合金、铜及铜合金结构件工艺参数及操作要点 2. 气焊补铸铁件缺陷的工艺参数及操作要点
	（三）钨极氩弧焊	1. 能对氩弧焊的设备进行调试 2. 能选用手工钨极氩弧焊焊接旋耕机轴与刀柄座等农业机械中形状复杂或受力较大的结构件的工艺参数 3. 能对农业机械中管类结构件进行手工钨极氩弧焊打底，焊条电弧焊填充、盖面	1. 氩弧焊设备调试方法 2. 手工钨极氩弧焊焊接形状复杂或受力较大的结构件的工艺参数 3. 手工钨极氩弧焊操作要点
	（四）二氧化碳气体保护焊	1. 能对二氧化碳气体保护焊设备进行调试 2. 能对农用挂车车厢、车架等农业机械结构件进行半自动二氧化碳气体保护焊的各种位置单面焊双面成型	1. 二氧化碳气体保护焊设备调试方法 2. 半自动二氧化碳焊接工艺参数及操作要点
	（五）其他焊接方法	1. 能对埋弧焊、金属喷涂、等离子弧焊等其他焊接设备进行调试 2. 能选择和使用埋弧焊、金属喷涂、等离子弧焊等其他焊接方法的工艺参数 3. 能运用埋弧焊、金属喷涂、等离子弧焊等其他焊接设备对农业机械结构件进行焊接	1. 埋弧焊、金属喷涂、等离子弧焊等其他焊接设备调试方法 2. 埋弧焊、金属喷涂、等离子弧焊等其他焊接方法的工艺参数 3. 埋弧焊、金属喷涂、等离子弧焊等其他焊接方法的操作要点
三、焊接接头质量控制	（一）控制焊接接头组织和性能	1. 能控制焊接过程中焊接接头的性能 2. 能改善焊后焊接接头的性能	1. 影响焊接接头性能的因素 2. 控制和改善焊接接头性能的措施
	（二）控制焊接应力及变形	1. 能选用焊接工艺，减少焊接残余应力 2. 能消除焊接残余应力	1. 焊接残余应力的分类 2. 减少焊接残余应力的措施 3. 消除焊接残余应力的方法

（续）

职业功能	工作内容	技 能 要 求	相 关 知 识
四、焊后检验与修补	（一）焊接检验	1. 能根据力学性能和 X 线检验的结果评定焊接质量 2. 能进行焊缝磁粉探伤 3. 能进行焊缝渗透试验 4. 能对农业机械的容器进行耐压试验	1. 焊接破坏性检验方法 2. 力学性能评定标准 3. X 线评定标准 4. 磁粉探伤的原理、分类、特点和应用 5. 焊缝渗透试验（荧光、着色法）方法 6. 容器耐压试验（水压、气压试验）方法
	（二）缺陷分析与修补	1. 能分析与修补农业机械中铸铁件的焊接缺陷 2. 能分析与修补农业机械中铝及铝合金、铜及铜合金的焊接缺陷 3. 能分析与修补异种钢的焊接缺陷	1. 铸铁焊接缺陷产生原因及修补措施 2. 铝及铝合金焊接缺陷产生原因及修补措施 3. 铜及铜合金焊接缺陷产生原因及修补措施 4. 异种钢焊接缺陷产生原因及修补措施
五、管理与培训	（一）组织管理	1. 能组织农机焊工的焊接生产 2. 能够进行农机焊工简单的成本核算和定额管理	1. 焊接生产管理基本知识 2. 成本核算和定额管理基本知识
	（二）技术文件编写	1. 能编制简单的农机焊接工艺流程 2. 能进行简单的技术总结	1. 焊接工艺流程 2. 技术总结内容和方法
	（三）培训与指导	1. 能培训初级农机焊工 2. 能对初、中级农机焊工进行技术指导	1. 焊接及初级焊工培训有关知识 2. 生产实习技术指导知识

6 比重表

6.1 理论知识

项 目			初级，%	中级，%	高级，%
基本要求		职业道德	5	5	5
		基础知识	25	20	15
相关知识	一、焊前准备	劳动保护准备及安全技术检查	5	5	4
		施焊对象分析	5	8	5
		焊接设备准备	5	5	4
		焊接物料准备	5	5	4
	二、焊接（中、高级可根据考生实际情况任选一项）	焊条电弧焊	30	30	30
		氧—乙炔焊	10		
		钎焊（初、中级）	5		
		钨极氩弧焊	—		
		二氧化碳气体保护焊	—		
		其他焊接方法	—		
	三、焊接接头质量控制	（一）控制焊接接头组织和性能	—	8	8
		（二）控制焊接应力和变形	—	7	7
	四、焊后检验与修补	（一）焊接检验	3	5	5
		（二）焊接缺陷分析与修补	2	2	4
	五、管理与培训	（一）组织管理	—	—	5
		（二）技术文件编写	—	—	2
		（三）培训与指导	—	—	2
合 计			100	100	100

6.2 技能操作

项 目			初级，%	中级，%	高级，%
技能要求	一、焊前准备	（一）劳动保护准备与安全技术检查	10	5	5
		（二）施焊对象分析	2	10	10
		（三）焊接设备准备	3	5	5
		（四）焊接物料准备	5	5	5
	二、焊接（中、高级可根据考生实际情况任选一项）	焊条电弧焊	50	50	40
		氧—乙炔焊	15		
		钎焊（初、中级）	5		
		钨极氩弧焊	—		
		二氧化碳气体保护焊	—		
		其他焊接方法	—		
	三、焊接接头质量控制	（一）控制焊接接头组织和性能	—	8	8
		（二）控制焊接应力和变形	—	7	7
	四、焊后检验与修补	（一）焊接检验	6	5	5
		（二）焊接缺陷分析和修补	4	5	5
	五、管理与培训	（一）组织管理	—	—	5
		（二）技术文件编写	—	—	2
		（三）培训与指导	—	—	3
合 计			100	100	100

ICS 65.060
B 90

中华人民共和国农业行业标准

NY/T 1909—2010

农机专业合作社经理人

2010-07-08 发布

2010-09-01 实施

中华人民共和国农业部 发布

前　言

本标准遵照 GB/T 1.1—2009 给出的规则起草。

本标准由农业部人事劳动司提出并归口。

本标准起草单位:农业部农机行业职业技能鉴定指导站。

本标准主要起草人:温芳、韩振生、周小燕、叶宗照。

农机专业合作社经理人

1 范围

本标准规定了农机专业合作社经理人职业的术语和定义、职业概况、基本要求、工作要求、比重表。

本标准适用于农机专业合作社经理人的职业技能培训鉴定。

2 术语和定义

下列术语和定义适用于本文件。

2.1 农机专业合作社经理人

在农机专业合作社中,负责生产经营管理的人员。

3 职业概况

3.1 职业等级

本职业共设 4 个等级,分别为:中级(国家职业资格四级)、高级(国家职业资格三级)、技师(国家职业资格二级)、高级技师(国家职业资格一级)。

3.2 职业环境条件

室内、室外,常温。

3.3 职业能力特征

具有一定的观察、分析判断、沟通协调、计算和语言表达理解能力,具有较强的组织管理和决策领导能力。

3.4 基本文化程度

初中毕业。

3.5 培训要求

3.5.1 培训期限

全日制职业学校教育,根据其培养目标和教学计划确定。晋级培训期限:中级不少于 210 标准学时,高级不少于 180 标准学时,技师不少于 150 标准学时,高级技师不少于 100 标准学时。

3.5.2 培训教师

培训中、高级的教师,应具有本职业技师以上职业资格证书或相关专业中级以上专业技术职务任职资格;培训技师的教师,应具有本职业高级技师职业资格证书或相关专业高级专业技术职务任职资格;培训高级技师的教师,应具有本职业高级技师职业资格证书 2 年以上或相关专业高级专业技术职务任职资格。

3.5.3 培训场地与设备

满足教学需要的标准教室和实践场所,以及必要的工作环境和设施设备。

3.6 鉴定要求

3.6.1 适用对象

从事或准备从事本职业的人员。

3.6.2 申报条件

3.6.2.1 中级(具备下列条件之一者)

——取得农机相关职业初级职业资格证书后,连续从事本职业工作 1 年以上,经本职业中级正规培训达规定标准学时数,并取得结业证书;

——取得农机相关职业初级职业资格证书后,连续从事本职业工作 3 年以上;

——连续从事本职业工作 4 年以上,经本职业中级正规培训达规定标准学时数,并取得结业证书;

——连续从事本职业工作 6 年以上;

——取得经主管部门审核认定的、以中级技能为培养目标的中等以上职业学校相关专业毕业证书。

3.6.2.2 高级(具备下列条件之一者)

——取得相关职业中级职业资格证书后,连续从事本职业工作 2 年以上,经本职业高级职业资格正规培训达规定标准学时数,并取得结业证书;

——取得相关职业中级职业资格证书后,连续从事本职业工作 4 年以上;

——连续从事本职业工作 9 年以上,经本职业高级职业资格正规培训达规定标准学时数,并取得结业证书;

——取得高级技工学校或经主管部门审核认定的、以高级技能为培养目标的高等职业学校本专业毕业证书;

——取得相关专业大专以上毕业证书,经本职业高级职业资格正规培训达规定标准学时数,并取得结业证书;

——取得相关专业大专以上毕业证书后,连续从事本职业工作 2 年以上。

3.6.2.3 技师(具备下列条件之一者)

——取得本职业高级职业资格证书后,连续从事本职业工作 4 年以上,经本职业技师职业资格正规培训达规定标准学时数,并取得结业证书;

——取得本职业高级职业资格证书后,连续从事本职业工作 6 年以上;

——取得相关专业大专以上毕业证书后,连续从事本职业工作 4 年以上,经本职业技师职业资格正规培训达规定标准学时数,并取得结业证书。

3.6.2.4 高级技师(具备下列条件之一者)

——取得本职业技师职业资格证书后,连续从事本职业工作 2 年以上,经本职业高级技师职业资格正规培训达规定标准学时数,并取得结业证书;

——取得本职业技师职业资格证书后,连续从事本职业工作 4 年以上。

3.6.3 鉴定方式

分为理论知识考试和技能操作考核。理论知识考试采用闭卷笔试方式,技能操作考核采用现场实际操作或模拟、口述方式。理论知识考试和技能操作考核均实行百分制,成绩皆达到 60 分及以上者为合格。技师、高级技师鉴定考核通过后,还须进行综合评审。

3.6.4 考评人员与考生配比

理论知识考试考评人员与考生配比为 1∶20,每个标准教室不少于 2 名考评人员;技能操作考核考评人员与考生配比为 1∶5,且不少于 3 名考评人员。综合评审委员不少于 5 名。

3.6.5 鉴定时间

理论知识考试为 120 min;技能操作考核依据考核项目而定,但不少于 60 min。

3.6.6 鉴定场所设备

理论知识考试在标准教室进行;技能操作考核在具备必要考核条件的实践场所进行。

4 基本要求

4.1 职业道德

4.1.1 职业道德基本知识。

4.1.2 职业守则:

遵纪守法,廉洁自律;

爱岗敬业,开拓创新;

诚实守信,优质服务;

规范管理,安全生产。

4.2 基础知识

4.2.1 农机专业合作社基本知识

——农机专业合作社特点、服务对象和内容;

——设立农机专业合作社的基本原则、条件、程序;

——办好农机专业合作社的要素。

4.2.2 农业机械基本知识

——农业机械的种类、用途;

——常用农业机械的基本构造、组成及功用;

——农业机械维护与修理基本知识;

——农机常用油料的种类、性能与选用。

4.2.3 农机作业知识

——农机作业市场的类型、特点和跨区作业知识;

——农业机械作业质量标准;

——农机作业相关农艺知识;

——农业机械安全作业知识。

4.2.4 相关法律、法规知识

——《中华人民共和国农民专业合作社法》的相关知识;

——《中华人民共和国劳动法》的相关知识;

——《中华人民共和国农机化促进法》的相关知识;

——《农业机械安全监督管理条例》的相关知识;

——农机专业合作社的相关法规知识。

5 工作要求

本标准对中级、高级、技师和高级技师农机合作社经理人的技能要求依次递进,高级别涵盖低级别的要求。

5.1 中级

职业功能	工作内容	技能要求	相关知识
一、经营策划	(一)市场调查	1. 能进行农机作业市场现场调查 2. 能通过网络进行农机作业市场调查	1. 农机作业市场调查的概念、目标和内容 2. 农机作业市场调查的渠道和方法
	(二)经营决策	1. 能根据市场信息选择农机作业项目 2. 能洽谈农机作业项目并签订服务合同	1. 业务洽谈基本知识 2. 农机作业服务合同的类型与内容 3. 农机作业服务合同签订的注意事项及风险防范知识
二、生产管理	(一)作业管理	1. 能根据耕整、播种和植保等农机作业需求制订单项作业计划 2. 能根据耕整、播种和植保等农机单项作业项目配备作业机具 3. 能对耕整、播种和植保等农机单项作业进行示范指导 4. 能根据作业点的实际需求和作业进度调配农机具 5. 能进行农机单项作业质量的评定	1. 农机单项作业计划的编写方法和内容 2. 耕整、播种和植保作业等农机具配备相关知识 3. 耕整、播种和植保等农机田间作业知识 4. 影响耕整、播种和植保等农机作业进度的因素 5. 农机作业质量影响因素和评定方法

（续）

职业功能	工作内容	技能要求	相关知识
二、生产管理	（二）设施设备管理	1. 能进行合作社安全防火、防盗的管理，配备防火设施 2. 能进行油料的储存与使用管理 3. 能组织农机具的日常维护 4. 能组织农机具的入库保管	1. 合作社安全防范知识 2. 油料运输和保管知识 3. 农机具日常技术维护保养知识 4. 农机具日常保管及长期存放知识
三、员工与财务管理	（一）员工管理	1. 能进行人员招聘信息的搜集与整理 2. 能招聘员工和签订劳动合同 3. 能进行员工岗前培训	1. 人员招聘需求信息来源的途径 2. 人员聘用的基本原则、条件和程序 3. 劳动合同的含义及内容 4. 岗前培训的主要形式和内容
	（二）财务管理	1. 能核算农机作业量和作业成本 2. 能核算合作社的收入、成本和费用支出	1. 农机专业合作社财务会计的职能、对象和要素 2. 农机作业量的计算方法 3. 农机作业成本的构成及核算方法 4. 合作社的收入、成本和费用支出管理常识

5.2 高级

职业功能	工作内容	技能要求	相关知识
一、经营策划	（一）市场调查	1. 能编制农机作业市场调查问卷 2. 能进行农机作业市场信息的分类与筛选	1. 农机作业市场调查问卷的编写要点 2. 农机作业市场信息资料的分类与筛选方法
	（二）经营决策	1. 能判断农机作业市场信息的准确性和有效性 2. 能拟定农机作业服务收费标准	1. 影响农机作业市场信息准确性的因素 2. 农机作业服务收费标准的原则和方法
二、生产管理	（一）作业管理	1. 能根据栽植、收获及跨区等农机作业需求制订作业计划 2. 能根据栽植、收获及跨区等农机作业项目制定机具配备方案 3. 能对栽植、收获等农机作业进行示范指导 4. 能根据农机跨区作业的需求，合理调配人员、物资和机具 5. 能依据农机作业质量标准验收作业质量	1. 栽植、收获与跨区等农机作业的主要特点及其作业计划编写的要求和注意事项 2. 不同类型农机具的作业特点和作业效率 3. 农机具的选用和动力匹配知识 4. 栽植、收获等农机作业知识 5. 农机跨区作业人员和机具配备的要求 6. 农机作业质量标准的内容和验收方法
	（二）设施设备管理	1. 能拟定合作社机库、油料库、配件库、维修车间、农具棚和机具停放场的配置方案 2. 能编制合作社的设备安全使用和管理制度 3. 能编制零配件出入库及旧件处理等制度 4. 能组织农机具定期技术维护保养	1. 机库、油料库、配件库、维修车间、农具棚和机具停放场的配置和测算知识 2. 设备安全使用管理基本知识和制度的编写基本要求 3. 农机零配件出入库及旧件处理知识 4. 农机具定期技术维护和管理知识
三、员工与财务管理	（一）员工管理	1. 能根据员工岗位特点安排培训 2. 能编制农机专业合作社员工岗位职责 3. 能进行员工绩效考评	1. 在岗培训的类型与特点 2. 农机行业职业资格证书制度相关知识 3. 员工岗位职责编制的原则和要求 4. 员工绩效考评的相关知识
	（二）财务管理	1. 能编制合作社年度费用计划 2. 能读懂财务会计报表 3. 能拟定开支审批、物资保管、财产和现金管理等制度	1. 编制年度费用计划的依据和方法 2. 财务会计报表的内容和阅读注意事项 3. 开支审批、物资保管、财产和现金管理制度的内容

5.3 技师

职业功能	工作内容	技能要求	相关知识
一、经营策划	（一）市场调查	1. 能编制农机作业市场调查方案 2. 能撰写农机作业市场调查报告	1. 农机作业市场调查方案的内容 2. 农机作业市场调查报告的撰写要求
	（二）经营决策	1. 能根据市场信息，对经营项目进行可行性分析 2. 能在项目分析的基础上，拟定经营项目的实施方案 3. 能编制农机专业合作社示范社建设方案	1. 经营项目可行性分析基本知识 2. 合作社经营计划的内涵、作用、种类和编制的原则 3. 农机专业合作社示范社建设的相关知识
二、生产管理	（一）作业管理	1. 能制订耕整、播种、植保和收获等生产过程"一条龙"农机作业服务计划 2. 能制订耕整、播种、植保和收获等生产过程"一条龙"农机作业项目机具配备方案 3. 能根据作业条件组织农机实施耕整、播种、施肥等复式作业 4. 能对农机作业服务质量进行标准化管理 5. 能对农机作业项目进行经济效益分析	1. 耕整、播种、植保和收获等生产过程"一条龙"农机作业服务的内容和特点 2. 耕整、播种、植保和收获等生产过程"一条龙"农机作业机具配备相关知识 3. 耕整、播种、施肥等农机复式作业相关知识 4. 农机作业质量标准化管理知识 5. 农机作业项目经济效益分析方法
	（二）设施设备管理	1. 能对农机专业合作社设施、设备进行规范化建设和管理 2. 能编制和组织实施机务区、库房、维修车间、油料库等管理制度 3. 能编制和组织实施农机维修设备管理制度和操作规程 4. 能制订油料需求和零配件储备计划 5. 能组织农机具的季节性检修	1. 农机专业合作社设施、设备规范化建设和管理知识 2. 机务区、库房、维修车间、油料库等管理制度编写要求和内容 3. 农机维修设备管理制度和操作规程的编写要求和内容 4. 油料、零配件消耗与供应知识 5. 农机具季节性检修相关知识
三、员工与财务管理	（一）员工管理	1. 能编制合作社员工劳动规章制度 2. 能进行员工工作岗位的分析与评价 3. 能建立合作社员工的工作激励机制 4. 能进行员工薪酬管理	1. 企业劳动规章制度的含义及内容 2. 工作岗位评价信息的采集方法 3. 员工工作激励机制的类型及实施方法 4. 薪酬管理知识
	（二）财务管理	1. 能编制和组织实施合作社增收节支计划 2. 能根据财务会计制度规定，指导会计人员设置会计账簿和会计科目 3. 能组织编制合作社年度财务会计报告 4. 能组织编制合作社年度盈余分配方案和亏损处理方案	1. 合作社增收节支途径和方法 2. 合作社会计账簿和会计科目的设置要求 3. 年度财务会计报告的内容和编制要求 4. 年度盈余分配方案和亏损处理方案的编制知识

5.4 高级技师

职业功能	工作内容	技能要求	相关知识
一、经营策划	（一）市场调查	1. 能组织农机作业市场专项调查 2. 能预测农机作业市场发展趋势	1. 我国不同区域、气候及农作物生长条件农机化生产知识 2. 农机作业市场分析、预测的方法和步骤
	（二）经营决策	1. 能编制合作社的经营计划 2. 能编制农机专业合作社经营管理发展规划	1. 经营项目实施方案的内容 2. 农机专业合作社经营管理发展规划的编制要求
二、生产管理	（一）作业管理	1. 能根据当地作物品种布局，编制区域综合机械化作业方案 2. 能制定区域综合机械化的机具优化配备方案 3. 能组织实施耕整、播种、植保和收获等生产过程"一条龙"农机作业的品牌服务 4. 能进行区域综合机械化作业的经济效益分析	1. 区域综合机械化作业方案编制要点 2. 区域综合机械化机具优化配备的原则和要求 3. 耕整、播种、植保和收获等生产过程"一条龙"农机作业的品牌化服务管理的内容和要求 4. 农机作业经济效益的分析方法

（续）

职业功能	工作内容	技能要求	相关知识
二、生产管理	（二）设施设备管理	1. 能编制、实施农机专业合作社设施和设备规范化建设发展规划 2. 能组织实施农机节能减排技术 3. 能进行农机具和设备维修的优化管理	1. 农机专业合作社设施和设备规范化建设发展规划的编制要求 2. 农机节能减排技术的主要内容 3. 影响农机具维修质量与成本的主要因素
三、员工与财务管理	（一）员工管理	1. 能根据生产需要制订员工培训计划 2. 能设计合作社员工绩效管理系统 3. 能进行农机专业合作社管理经验的总结和典型案例宣讲	1. 培训需求分析的方法 2. 员工培训计划的主要内容 3. 绩效管理系统的内容和要求 4. 经验交流与典型案例分析要点
	（二）财务管理	1. 能进行合作社财务的规范化管理 2. 能利用会计信息进行合作社的财务状况分析 3. 能进行投资收益及融资业务的管理	1. 合作社财务管理规范化的要求 2. 合作社财务状况分析的相关知识 3. 投资与融资业务的基本知识

6 比重表

6.1 理论知识

项　　目		中级，%	高级，%	技师，%	高级技师，%
基本要求		30	30	25	20
相关知识	经营策划	15	15	20	23
	生产管理	40	35	35	35
	员工与财务管理	15	20	20	22
合　　计		100	100	100	100

6.2 技能操作

项　　目		中级，%	高级，%	技师，%	高级技师，%
技能要求	经营策划	20	20	25	25
	生产管理	60	55	50	50
	员工与财务管理	20	25	25	25
合　　计		100	100	100	100

ICS 03.100.30
B 90

中华人民共和国农业行业标准

NY/T 1910—2010

农 机 维 修 电 工

2010-07-08 发布

2010-09-01 实施

中华人民共和国农业部 发布

前　言

本标准遵照 GB/T 1.1—2009 给出的规则起草。

本标准由农业部人事劳动司提出并归口。

本标准起草单位:农业部农机行业职业技能鉴定指导站。

本标准主要起草人:解双、温芳、韩振生、张天翊。

农 机 维 修 电 工

1 范围

本标准规定了农机维修电工职业的术语和定义、职业的基本要求、工作要求。

本标准适用于农机维修电工的职业技能鉴定。

2 术语和定义

下列术语和定义适用于本文件。

2.1

农机维修电工

从事农业机械及其生产设备电气系统线路及器件等安装、调试与维护、修理的人员。

3 职业概况

3.1 职业等级

本职业共设三个等级,分别为初级(国家职业资格五级)、中级(国家职业资格四级)、高级(国家职业资格三级)。

3.2 职业环境条件

室内、外,常温。

3.3 职业能力特征

具有一定的学习、分析、推理、判断和计算能力,手指、手臂灵活,动作协调,反应敏捷。

3.4 基本文化程度

初中毕业。

3.5 培训要求

3.5.1 培训期限

全日制职业学校教育培训期限,根据其培养目标和教学计划确定。晋级培训期限:初级不少于360学时;中级不少于280学时;高级不少于200学时。

3.5.2 培训教师

培训初级的教师,应具有本职业高级职业资格证书或相关专业初级以上专业技术职务任职资格;培训中、高级的教师,应具有本职业高级职业资格证书3年以上或相关专业中级以上专业技术职务任职资格。

3.5.3 培训场地与设备

满足教学需要的标准教室和具备必要的实践设备、仪器仪表的实训场所。

3.6 鉴定要求

3.6.1 适用对象

从事或准备从事本职业的人员。

3.6.2 申报条件

3.6.2.1 初级(具备以下条件之一者)

——经本职业初级正规培训达规定标准学时数,并取得结业证书;

——在本职业连续见习工作2年以上。

3.6.2.2 中级(具备以下条件之一者)

——取得本职业初级职业资格证书后,连续从事本职业工作 1 年以上,经本职业中级正规培训达规定标准学时数,并取得结业证书;

——取得本职业初级职业资格证书后,连续从事本职业工作 3 年以上;

——连续从事本职业工作 4 年以上,经本职业中级正规培训达规定标准学时数,并取得结业证书;

——连续从事本职业工作 6 年以上;

——取得经劳动保障行政部门审核认定的、以中级技能为培养目标的中等以上职业学校相关专业毕业证书。

3.6.2.3 高级(具备以下条件之一者)

——取得本职业中级职业资格证书后,连续从事本职业工作 2 年以上,经本职业高级正规培训达规定培训学时数,并取得结业证书;

——取得本职业中级职业资格证书后,连续从事本职业工作 4 年以上;

——连续从事本职业工作 9 年以上,经本职业高级正规培训达规定标准学时数,并取得结业证书;

——取得劳动保障行政部门审核认定的、以高级技能为培养目标的高等职业学校相关专业毕业证书;

——取得本专业或相关专业大专以上毕业证书,经本职业高级正规培训达规定标准学时数,并取得结业证书;

——取得本专业或相关专业大专以上毕业证书后,连续从事本职业工作 2 年以上。

3.6.3 鉴定方式

分为理论知识考试和技能操作考核。理论知识考试采用闭卷笔试方式;技能操作考核采用现场实际操作或现场模拟方式。理论知识考试和技能操作考核均实行百分制,成绩皆达 60 分以上者为合格。

3.6.4 考评人员与考生配比

理论知识考试考评人员与考生配比为 1∶20,每个标准教室不少于 2 名考评人员;技能操作考核考评员与考生配比为 1∶5,且不少于 3 名考评员。

3.6.5 鉴定时间

理论知识考试时间不少于 120 min;技能操作考核时间依考核项目而定,但不应少于 90 min。

3.6.6 鉴定场所设备

理论知识考试在标准教室进行;技能操作考核在具备必要考核设备场所或模拟环境进行。

4 基本要求

4.1 职业道德

4.1.1 职业道德基本知识

4.1.2 职业守则

——遵章守法,安全生产;

——爱岗敬业,钻研技术;

——遵守规程,规范操作;

——诚实守信,优质服务。

4.2 基础知识

4.2.1 电工基础知识

——直流电、交流电与电磁;

——电路基本知识;

——供用电知识;

——常用低压电器的种类与功用；

——半导体二极管、晶体三极管和整流稳压电路；

——电工读图；

——常用电工材料；

——常用电工仪表、仪器的使用与测量。

4.2.2 农业机械电器设备基本知识

——农业机械的种类与用途；

——农业机械常用蓄电池、发电机、电动机的种类、组成与功用；

——农业机械的基本电气控制线路。

4.2.3 钳工与钎焊基础知识

——钳工（锯、锉、钻）操作；

——常用工具、量具的使用；

——钎焊。

4.2.4 安全文明生产与环境保护知识

——现场文明生产要求；

——安全操作及触电救护；

——环境保护知识。

4.2.5 相关法律、法规知识

——《中华人民共和国安全生产法》的相关知识；

——《中华人民共和国劳动法》的相关知识；

——《中华人民共和国合同法》的相关知识；

——《中华人民共和国农业机械化促进法》的相关知识；

——《农业机械产品修理、更换、退货责任规定》的相关知识；

——电力法规的相关知识。

5 工作要求

本标准对初级、中级、高级的技能要求依次递进，高级别涵盖低级别的要求。

5.1 初级

职业功能	工作内容	技能要求	相关知识
一、工作前准备	（一）劳动保护准备	1. 能准备个人劳动保护用品 2. 能采用安全措施保护自己，保证工作安全	1. 劳动保护知识 2. 安全用电知识
	（二）工量具、仪器仪表及材料选用	1. 能根据工作内容选用工具、量具 2. 能根据工作内容选用常用电工材料	1. 常用工具、量具的用途和使用、维护方法 2. 常用电工材料的种类、性能及用途
	（三）读图分析	1. 能识读拖拉机等农业机械照明、启动电路的简单电气系统原理图和接线图 2. 能识读农机生产车间照明线路、动力线路原理图、平面布置图 3. 能识读普通车床、立式钻床等设备的简单电气系统原理图和接线图	1. 电气识图基本知识 2. 动力、照明线路及接地系统知识 3. 简单电气控制原理图、接线图的识读方法

（续）

职业功能	工作内容	技能要求	相关知识
二、安装与调试	（一）配线与安装	1. 能根据用电设备的性质和容量,选择常用低压电器元件及导线规格型号 2. 能进行 19/0.82 以下多股铜导线的连接并恢复其绝缘	1. 常用低压电器的结构、原理 2. 常用导线的规格型号及选用 3. 电工操作技术与工艺知识
		能按图样要求进行拖拉机等农业机械照明电路、启动电路简单电气线路的配线和安装	拖拉机等农业机械简单电气线路的安装要点
		能按图样要求进行农机生产车间照明线路和动力线路明线、暗线的配线及安装	1. 室内低压配线知识 2. 照明及动力线路的安装知识
		能进行脱粒机、碾米机、水泵等配 7.5 kW 以下三相鼠笼异步电动机的配电板(盒)配线和电气安装	三相异步电动机磁极对数、选用及功率和转速匹配等知识
		能按图样要求进行普通车床、立式钻床等农机生产车间普通设备的简单主、控线路配电箱(板)配线和电气安装	农机生产车间普通设备配线、安装工艺知识
		能装接单相整流稳压电路等简单电子电路	简单电子电路基本原理及应用知识
	（二）检测与调试	1. 能检测、调试拖拉机等农业机械简单的照明、启动电路 2. 能检测、调试车用发电机、电启动机、调节器	1. 拖拉机等农业机械简单电气系统的调试方法和步骤 2. 车用发电机、电启动机、调节器原理与性能
		1. 能检测、调试开关、接触器、继电器等常用低压电器 2. 能检测、调试农机生产车间照明线路、动力线路及接地系统 3. 能检测、调试普通车床、立式钻床等农机生产车间普通设备简单电气系统 4. 能检测、调试单相整流稳压电路等简单电子电路	1. 常用低压电器的检测与调试知识 2. 照明线路、动力线路及接地系统的检测与调试知识 3. 农机生产车间普通设备简单电气系统的检测与调试知识 4. 简单电子电路的检测与调试知识
		能规范记录电气系统检测与调试中的电参数	检测与调试记录的基本知识
三、维护与修理	（一）设备维护	1. 能进行农业机械上蓄电池的维护保养 2. 能进行拖拉机等农业机械上发电机、电启动机、调节器的维护保养 3. 能进行农机生产车间照明线路、动力线路的维护 4. 能进行 7.5 kW 以下异步电动机的维护保养 5. 能进行普通车床、立式钻床等农机生产车间普通设备电气系统的维护	1. 蓄电池结构原理与维护保养知识 2. 车用发电机、电启动机、调节器的维护保养知识 3. 照明线路、动力线路的维护知识 4. 7.5 kW 以下异步电动机的维护保养知识 5. 农机生产车间普通设备电气系统使用、维护知识
	（二）故障诊断与排除	1. 能检查、排除拖拉机等农业机械的照明、启动电路的故障 2. 能检查、排除开关、接触器、继电器等常用低压电器的一般故障 3. 能检查、排除农机生产车间照明线路、动力线路及接地系统的电气故障 4. 能检查、排除脱粒机、碾米机等农副产品加工机组电气系统的故障 5. 能检查、排除普通车床、立式钻床等农机生产车间普通设备的简单电气故障	1. 常用农业机械简单电气故障的检查、排除方法 2. 常用低压电器的故障诊断与排除知识 3. 照明和动力线路及接地系统的电气故障诊断与排除知识 4. 农副产品加工机组和农机生产车间普通设备简单电气故障诊断与排除知识

（续）

职业功能	工作内容	技能要求	相关知识
三、维护与修理	（三）电器修理	1. 能修复开关、接触器、继电器等常用低压电器 2. 能进行 7.5 kW 以下电动机、拖拉机用发电机、电启动机等简单的换件修理	1. 钳工拆装知识 2. 低压电器修复工艺 3. 7.5 kW 以下电动机、车用发电机、电启动机拆装及换件修理知识

5.2 中级

职业功能	工作内容	技能要求	相关知识
一、工作前准备	（一）工量具、仪器仪表及材料选用	1. 能根据工作内容选用仪器仪表 2. 能检查维护常用电工仪器仪表 3. 能根据工作内容选用一般电工材料和辅助材料	1. 常用电工仪器仪表的用途和使用方法 2. 常用电工仪器仪表检查维护知识 3. 一般电工材料和辅助材料的性能与用途
	（二）读图分析	1. 能识读拖拉机、低速货车的整车电气控制原理图和接线图 2. 能识读卧式铣床、外圆磨床等农机生产车间普通设备的较复杂电气控制原理图	1. 整车电气控制原理图和接线图的读图方法 2. 农机生产车间设备较复杂电气控制原理图读图知识
二、安装与调试	（一）配线与安装	能按图样要求进行拖拉机、低速货车的整车电路配线和安装	整车电路电气配线及安装要点
		能按图样要求进行农机生产车间敷设架空线路或电缆线路的配线和安装	1. 架空线路知识 2. 电缆线路知识 3. 蹬杆作业知识
		1. 能进行三相异步电动机接线端子的首尾识别及 Y-△接线 2. 能进行农副产品加工机组配 55 kW 以下三相异步电动机的 Y-△降压等降压启动配电箱（盒）配线和电气安装	1. 三相异步电动机首尾识别及 Y-△接线知识 2. 三相异步电动机 Y-△降压等降压启动接线知识
		能按图样要求进行卧式铣床、外圆磨床等农机生产车间普通设备较复杂电气的主、控线路配电箱（板）配线与电气安装	农机生产车间设备较复杂电气线路的配线、安装工艺知识
		能按图样要求施焊印刷电路板相关元件	电器元件的焊接方法
	（二）检测与调试	能运用电器万能试验台进行电器检测	电器万能试验台的结构、原理与功用
		1. 能检测、调试拖拉机、低速货车全车电路 2. 能检测、调试分电器	1. 全车电路检测要求 2. 分电器结构、原理与性能
		1. 能检测卧式铣床、外圆磨床等农机生产车间普通设备的较复杂电气系统 2. 能进行常用农业机械及农机生产车间普通设备的通电测试工作 3. 能检测、评定修后电动机的技术状态	1. 较复杂电气系统检测方法 2. 设备正常运行基本规程 3. 电动机原理与性能

（续）

职业功能	工作内容	技能要求	相关知识
三、维护与修理	（一）故障诊断与排除	1. 能使用示波器、电桥、摇表等测量仪表 2. 能分析、排除拖拉机、低速货车等农业机械的电气故障 3. 能诊断、排除卧式铣床、外圆磨床等设备较复杂电气控制系统的故障 4. 能分析、检修、排除55 kW以下的交流异步电动机、60 kW以下的直流电动机及其他特种电机的故障 5. 能进行燃油发电机组电气设备的常规检测与调试 6. 能进行常用电焊机等电器设备故障的诊断与排除	1. 示波器、电桥、摇表等仪器仪表的使用方法及注意事项 2. 机械设备电气控制系统检修规程 3. 交、直流电动机及其他特种电机的构造、工作原理和使用与拆装方法 4. 燃油发电机组电气设备技术性能指标 5. 常用电焊机常见故障诊断、排除方法
	（二）电器修理	1. 能检修小型变压器 2. 能修复硅整流发电机、磁电机 3. 能修复晶体管控制电路	1. 小型变压器的结构、原理 2. 硅整流发电机、磁电机的结构、原理 3. 晶体管控制电路修复工艺
	（三）测绘	1. 能测绘拖拉机等农业机械的照明、启动电路图 2. 能测绘普通车床、立式钻床等设备的简单主、控制电路图	电路图测绘的基本方法

5.3 高级

职业功能	工作内容	技能要求	相关知识
一、工作前准备	（一）工量具、仪器仪表及材料选用	1. 能调节常用电工仪器仪表 2. 能校对常用电工仪器仪表	1. 常用电工仪器仪表结构、工作原理 2. 常用电工仪器仪表调节方法 3. 常用电工仪器仪表的校对知识
	（二）读图分析	1. 能识读联合收割机等农业机械整机的复杂电气系统原理图 2. 能识读经济型数控机床等设备的复杂电气系统原理图 3. 能识读中、高频电源等装置的电气控制原理图	1. 农业机械整车复杂电路图读图方法 2. 经济型数控机床系统电路组成、原理 3. 中、高频电源电路分析方法
二、安装与调试	（一）配线与安装	1. 能按图样要求进行联合收割机等农业机械复杂电气系统的配线与安装 2. 能进行农机生产车间电气控制柜的配线与安装 3. 能按图样要求进行经济型数控机床等设备复杂主、控电路的配线及安装 4. 能按图样要求进行中高频电源的配线与安装 5. 能进行可编程序控制器的安装、更换	1. 农业机械整机复杂电气控制线路的安装工艺 2. 电控柜配线、安装规范 3. 数控机床、中高频电源配线、安装要求 4. 可编程序控制器的安装知识和注意事项
	（二）检测与调试	1. 能检测、调试联合收割机等复杂农业机械整车电路 2. 能检测、调试经济型数控机床等设备复杂电气系统 3. 能检测、调试中高频电源 4. 能检测、调试晶闸管调速器和调功器电路	1. 联合收割机整车电路检测方法 2. 复杂电气系统检测、调试要求 3. 晶闸管变流技术基础

（续）

职业功能	工作内容	技能要求	相关知识
三、维护与修理	（一）故障诊断与排除	1. 能诊断、排除联合收割机等农业机械复杂电气系统的故障 2. 能诊断、排除经济型数控机床的电气故障 3. 能诊断中高频电源的技术状态 4. 能进行可编程序控制器的功能性检查 5. 能检测、更换常用传感器	1. 联合收割机电气系统故障诊断与排除方法 2. 农机生产车间设备复杂电气系统分析知识 3. 中高频电源技术性能指标 4. 可编程序控制器的种类、功用、特点、控制原理等基本知识 5. 常用传感器基本知识
	（二）电器修理	1. 能修复常用电动机的定子绕组 2. 能修复燃油发电机组的电气设备	1. 电动机定子绕组修复规范 2. 燃油发电机组电气设备的结构、工作原理
	（三）测绘	1. 能测绘拖拉机、低速货车整车电路图 2. 能测绘卧式铣床、外圆磨床等设备较复杂的电气控制原理图、接线图 3. 能编制测绘电路的电器元件明细表 4. 能测绘晶闸管单元电路等电子线路并绘出其工作原理图 5. 能测绘固定板、支架、轴、套、联轴器等机电装置的零件图	1. 较复杂电路测绘方法 2. 常用电子元器件的规格、参数标识 3. 常用单元电路知识 4. 电气制图、机械制图及公差配合知识 5. 金属材料基本知识
	（四）新技术应用	能应用可编程序控制器改造较简单的继电器控制系统	1. 数字电路基础知识 2. 计算机基本知识
	（五）工艺编制	1. 能编制农业机械电气修理工艺 2. 能编制农机生产车间设备电气维修工艺	电气设备修理工艺及其编制方法
四、管理与培训	（一）组织管理	1. 能组织电工进行维修生产 2. 能进行电气维修成本核算	1. 维修企业生产管理基本知识 2. 电气维修成本核算方法
	（二）培训与指导	1. 能培训本职业初级工 2. 能指导本职业初、中级工实际操作	1. 农机维修电工培训的基本方法 2. 电气设备安装、调试要求

6 比重表

6.1 理论知识

项目			初级，%	中级，%	高级，%
基本要求	职业道德		5	5	5
	基础知识		25	20	15
相关知识	工作前准备	劳动保护和安全文明生产	5	—	—
		工量具、仪器仪表及材料选用	12	10	8
		读图分析	8	10	10
	安装与调试	配线与安装	15	15	12
		检测与调试	10	15	15
	维护与修理	设备维护	5	—	—
		故障诊断与排除	10	15	15
		电器修理	5	6	5
		测绘	—	4	5
		新技术应用	—	—	3
		工艺编制	—	—	3
	管理与培训	组织管理	—	—	2
		培训与指导	—	—	2
合计			100	100	100

6.2 技能操作

项　目			初级,%	中级,%	高级,%
技能要求	工作前准备	劳动保护和安全文明生产	30	25	20
		工量具、仪器仪表及材料选用			
		读图分析			
	安装与调试	配线与安装	45	45	40
		检测与调试			
	维护与修理	设备维护	25	—	—
		故障诊断与排除		30	35
		电器修理			
		测绘	—	—	
		新技术应用	—	—	
		工艺编制	—	—	
	管理与培训	组织管理	—	—	5
		培训与指导	—	—	
合　计			100	100	100

ICS 03.100.30
B 62

中华人民共和国农业行业标准

NY/T 1911—2010

绿 化 工

2010-07-08 发布

2010-09-01 实施

中华人民共和国农业部 发布

前　言

本标准遵照 GB/T 1.1—2009 给出的规则起草。

本标准由农业部人事劳动司提出并归口。

本标准起草单位:农业部人力资源开发中心。

本标准主要起草人:李夺、何兵存、牛静、夏振平、李瑞昌。

绿 化 工

1 范围

本标准规定了绿化工职业的术语和定义、职业的基本要求、工作要求。

本标准适用于绿化工的职业技能鉴定。

2 术语和定义

下列术语和定义适用于本文件。

2.1

绿化工

从事园林植物(树木、草本花卉、草坪及地被植物等)的栽培、养护、施工和管理的人员。

3 职业概况

3.1 职业等级

本职业共设五个等级,分别为初级(国家职业资格五级)、中级(国家职业资格四级)、高级(国家职业资格三级)、技师(国家职业资格二级)、高级技师(国家职业资格一级)。

3.2 职业环境条件

室内、外,常温。

3.3 职业能力特征

具有一定的学习、计算、观察、分析和判断能力,身体健康,动作协调,能从事一般的园林绿化工作。

3.4 基本文化程度

初中毕业。

3.5 培训要求

3.5.1 培训期限

全日制职业学校教育,根据其培养目标和教学计划确定。晋级培训期限:初级不少于 80 标准学时;中级不少于 120 标准学时;高级不少于 160 标准学时;技师不少于 200 标准学时;高级技师不少于 240 标准学时。

3.5.2 培训教师

培训初级的教师应具有本职业高级及以上职业资格证书或相关专业中级及以上专业技术职称;培训中、高级的教师应具有本职业技师及以上职业资格证书或相关专业中级及以上专业技术职称;培训技师、高级技师的教师应具有本专业或相关专业高级技术职称。

3.5.3 培训场地及设备

理论培训需要标准的教室和相应的教学设备;实操培训需要提供能够完成各种实训的园林材料、机械、劳动工具和操作场地等条件。

3.6 鉴定要求

3.6.1 适用对象

从事或准备从事本职业的人员。

3.6.2 申报条件

3.6.2.1 初级(具备以下条件之一者)

——经本职业初级正规培训达规定标准学时数(不少于 80 学时),并取得结业证书;

——在本职业连续见习工作 2 年以上;

——在本职业工作 1 年以上。

3.6.2.2 中级(具备以下条件之一者)

——取得本职业初级职业资格证书后,连续从事本职业工作 2 年以上,经本职业中级正规培训达规定标准学时数(不少于 120 学时),并取得结业证书;

——取得本职业初级资格证书后,连续从事本职业工作 3 年以上;

——连续从事本职业工作 5 年以上;

——取得经劳动保障行政部门审核认定的、以中级技能为培养目标的中等以上(含中等)职业学校本职业(专业)毕业证书。

3.6.2.3 高级(具备以下条件之一者)

——取得本职业中级职业资格证书后,连续从事本职业工作 2 年以上,经本职业高级正规培训达规定标准学时数(不少于 160 学时),并取得结业证书;

——取得本职业中级职业资格证书后,连续从事本职业工作 3 年以上;

——取得高级技工学校或经劳动保障行政部门审核认定的、以高级技能为培养目标的高等职业学校本职业(专业)毕业证书;

——取得本职业中级职业资格证书的大专以上(含大专)本专业或相关专业毕业生,连续从事本职业工作 2 年以上。

3.6.2.4 技师(具备以下条件之一者)

——取得本职业高级职业资格证书后,连续从事本职业工作 3 年以上,经本职业技师正规培训达规定标准学时数(不少于 200 学时),并取得结业证书;

——取得本职业高级职业资格证书后,连续从事本职业工作 5 年以上;

——取得本职业高级职业资格证书后的高级技工学校本职业(专业)毕业生,连续从事本职业工作满 2 年;

——取得大学本科相关专业毕业证书,并连续从事本职业工作 3 年以上。

3.6.2.5 高级技师(具备以下条件之一者)

——取得本职业技师职业资格证书后,连续从事本职业工作 3 年以上,经本职业高级技师正规培训达规定标准学时数(不少于 240 学时),并取得结业证书;

——取得大学本科相关专业毕业证书,并连续从事本职业工作 5 年以上。

3.6.3 鉴定方式

分为理论知识考试和技能操作考核。理论知识考试采用闭卷笔试方式,技能操作考核采用现场实际操作方式。理论知识考试和技能操作考核均实行百分制,成绩皆达 60 分及以上者为合格。技师和高级技师还须进行综合评审。

3.6.4 考评人员与考生配比

理论知识考试考评人员与考生配比为 1∶20,每个标准教室不少于 2 人;技能操作考核考评员与考生配比为 1∶5,且不少于 3 名考评员,综合评审委员不少于 5 人。

3.6.5 鉴定时间

理论知识考试时间不少于 90 min;技能操作考核时间不少于 30 min,综合评审时间不少于 30 min。

3.6.6 鉴定场所和设备

理论知识考试在标准教室里进行,技能操作考核应设在具有考核所需要的各种园林材料、机械和劳动工具等的场所进行。

4 基本要求

4.1 职业道德

4.1.1 职业道德基本知识

4.1.2 职业守则

——遵纪守法,维护公德;

——文明施工,注重环保;

——规范操作,安全生产;

——爱岗敬业,团结协作。

4.2 基础知识

4.2.1 相关农艺知识

——植物与植物生理知识;

——土壤、基质、肥料知识;

——昆虫生态知识;

——植物生态知识;

——园林植物分类知识;

——气象学知识。

4.2.2 专业知识

——园林工程设计及施工图纸识别与绘制知识;

——园林建设工程施工组织与管理知识;

——园林工程施工材料与施工机械知识;

——园林植物种植工程施工知识;

——屋顶与地下设施覆土绿化施工知识;

——室内外垂直绿化知识;

——园林植物土、肥、水养护管理知识;

——园林植物整形修剪知识;

——园林植物病虫害防治知识;

——古树名木养护管理知识;

——园林植物育苗、培育及苗圃管理知识;

——园林机具操作与维修保养知识;

——园林绿化工程预决算知识。

4.2.3 安全知识

——园林绿化施工安全知识;

——大树移植及修剪安全知识;

——农药、肥料、化学药品的安全使用知识和保管知识;

——机械设备的安全使用知识;

——工伤急救知识。

4.2.4 相关法律、法规知识

——国务院《城市绿化条例》及本地区《城市绿化管理办法或条例》的相关知识;

——《中华人民共和国森林法》的相关知识;

——《中华人民共和国环境保护法》的相关知识;

——《中华人民共和国劳动法》的相关知识;

——《中华人民共和国植物新品种保护条例》的相关知识；

——《中华人民共和国合同法》的相关知识；

——《中华人民共和国招标投标法》的相关知识。

5 工作要求

本标准对初级、中级、高级、技师和高级技师的技能要求依次递进,高级别涵盖低级别的要求。

5.1 初级

职业功能	工作内容	技能要求	相关知识
一、绿化用地整理	(一)场地清理、平整	1. 能使用机械或人工清除场地内的各种岩石、建筑垃圾、污染物及木本草本等杂物 2. 能使用机械或人工拆除废旧的建筑物或地下构筑物 3. 能按照施工设计要求进行场地粗平整	1. 场地清理工程机械的安全使用知识 2. 建筑工程安全技术规范操作知识
	(二)土壤改良	1. 能按照施工要求将基肥均匀的施入土壤 2. 能按照施工要求将土壤质地改良剂均匀的施入土壤	1. 肥料的施用方法知识 2. 土壤结构质地知识
	(三)种植穴及种植槽挖掘	1. 能按照施工种植要求人工或使用挖坑机械挖掘花灌木种植穴 2. 能按照施工种植要求人工或使用开槽机械挖掘绿篱类植物种植槽	1. 种植穴挖掘原则要求 2. 灌木种植穴规格知识 3. 绿篱类种植槽规格知识 4. 开沟机械使用知识
二、园林植物移植与繁育	(一)苗木选择	1. 能识别本地区常见40种以上园林植物 2. 能根据设计要求进行选择符合规格、苗龄和标准的绿篱类植物	1. 园林植物生长季节识别知识 2. 绿篱类植物规格等方面知识
	(二)苗木挖掘	1. 能按规定规格对裸根苗木进行挖掘 2. 能对挖掘好的裸根苗木根系进行保护与处理	1. 裸根苗木挖掘知识 2. 根幅规格知识
	(三)苗木假植	1. 能按规定对裸根苗木进行假植 2. 能对裸根苗木进行假植后养护	1. 裸根苗木假植知识 2. 裸根苗木假植后养护知识
	(四)苗木种植	1. 能按施工要求对裸根苗木进行种植 2. 能按施工要求对绿篱类植物进行种植 3. 能按施工要求对草本花卉(花坛、花镜、花丛花群及花台花池等)和地被植物进行种植 4. 能对种植后的裸根、绿篱类苗木、草本花卉及地被植物进行养护管理	1. 裸根苗木种植要求、操作方法及注意事项 2. 苗木、草本花卉及地被植物种植后养护知识
	(五)苗木繁育	1. 能利用硬枝进行繁殖培育苗木 2. 能利用嫩枝扦插进行繁殖培育苗木 3. 能利用根插进行繁殖培育苗木	扦插繁殖相关知识
三、园林植物养护	(一)灌溉	1. 能识别缺水的园林植物 2. 能使用灌溉工具进行灌水作业	1. 园林植物灌水的知识 2. 灌溉工具的使用知识
	(二)排水	1. 能利用自然地形进行拦、阻、蓄、分、导的地面排水作业 2. 能维修和清理排水系统	1. 地面排水基本知识 2. 排水系统构成知识
	(三)施肥	1. 能识别常见肥料 2. 能使用施肥机具或人工进行施肥	1. 常见肥料的识别知识 2. 施肥机具的使用知识
	(四)中耕除草	1. 能使用除草剂和人工进行除杂作业 2. 能按中耕要求进行中耕作业	1. 常用除草剂及使用知识 2. 中耕知识

（续）

职业功能	工作内容	技能要求	相关知识
四、园林植物病害与虫害防治	（一）病害防治	1. 能识别园林植物病害的病状与病症 2. 能使用喷雾（粉）机具进行灭菌的喷洒作业	1. 园林植物病害的基础知识 2. 常用杀菌剂及使用知识 3. 杀菌机具的使用知识
	（二）虫害防治	1. 能识别园林植物上的食叶性害虫 2. 能使用喷雾（粉）机具进行杀虫的喷洒作业	1. 昆虫的生物与分类知识 2. 食叶害虫形态特征及生物学特性知识 3. 常用杀虫剂及使用知识 4. 杀虫机具的使用知识
五、园林植物整形修剪	（一）绿篱修剪	1. 能操作太平剪和绿篱修剪机械进行绿篱类植物的修剪作业 2. 能对自然式绿篱进行修剪作业 3. 能对整形式绿篱进行修剪作业	1. 绿篱修剪机的使用及安全知识 2. 绿篱类植物修剪知识
	（二）草本花卉修剪	1. 能对种植后的露地草本花卉进行整形作业 2. 能对种植后的露地草本花卉进行修剪作业	草本花卉整形修剪方法相关知识

5.2 中级

职业功能	工作内容	技能要求	相关知识
一、绿化用地整理	（一）场地清理、平整	1. 能进行利用人工或机械土方挖填方，并能进行土方夯实作业 2. 能按照施工要求进行施工场地细平整	土方夯实及夯实机械的相关知识
	（二）土壤改良	1. 能进行土壤消毒作业 2. 能检测土壤的酸碱性，并能按照要求进行改良土壤 3. 能对种植穴或槽进行换土作业	1. 土壤消毒剂种类及相关知识 2. 土壤酸碱度检测及改良基本知识 3. 客土栽培相关知识
	（三）种植穴挖掘	1. 能按照施工种植要求进行人工或机械挖掘乔木种植穴 2. 能按照施工种植要求进行挖掘竹类种植穴	1. 针叶和阔叶乔木种植穴规格知识 2. 竹类种植穴规格知识 3. 挖坑机械使用知识
二、园林植物移植与繁育	（一）苗木选择	1. 能识别本地区常见 60 种以上园林植物 2. 能根据设计要求进行选择符合规格、苗龄和标准的灌木、草本花卉及地被植物	1. 北方地区园林植物冬季识别知识 2. 园林植物规格要求的相关知识
	（二）苗木挖掘	1. 能进行带土球苗木挖掘前准备工作 2. 能按规定规格对胸径或地径 10 cm 以下带土球苗木进行挖掘作业	带土球苗木挖掘及土球规格知识
	（三）苗木包装运苗	1. 能利用草绳及蒲包对挖掘好的土球进行打包作业 2. 能对苗木进行装车、运输和卸车作业	1. 带土球苗木打包知识 2. 苗木运输及保护知识 3. 带土球苗木装卸吊装安全知识
	（四）苗木假植	1. 能对带土球苗木进行假植 2. 能对带土球苗木进行假植后的养护	1. 带土球苗木假植知识 2. 带土球苗木假植后养护知识

（续）

职业功能	工作内容	技能要求	相关知识
二、园林植物移植与繁育	（五）苗木处理	1. 能对种植前后的灌木进行修剪处理作业 2. 能对种植前后的灌木进行剪口及伤口处理	1. 灌木种植前后修剪要求及方法 2. 剪口及伤口防腐处理知识
	（六）苗木种植	1. 能对胸径或地径小于 10 cm 带土球苗木进行种植及种植后养护作业 2. 能对竹类植物进行种植及种植后养护作业 3. 能对藤蔓类植物进行种植及种植后养护作业	1. 胸径或地径小于 10 cm 带土球苗木种植、养护知识 2. 室内外垂直绿化施工相关知识 3. 竹类及藤蔓类植物种植、养护知识
	（七）苗木繁育	1. 能利用芽接方法进行繁殖培育苗木 2. 能利用枝接方法进行繁殖培育苗木	嫁接繁殖相关知识
三、园林植物养护	（一）灌溉	1. 能确定园林植物的灌水时间 2. 能按照灌溉方案，对园林植物的不同生长时期进行灌水作业	1. 园林植物灌水时间知识 2. 园林植物需水量知识
	（二）排水	1. 能按照排水系统设计方案要求砌筑附属构筑物和埋设排水管道 2. 能按照排水系统设计方案要求安装排水设施	1. 排水设施安装知识 2. 排水设施埋设知识
	（三）施肥	1. 能识别园林植物缺少大量元素的缺素症状 2. 能制定园林植物施肥方法	1. 园林植物营养元素及其作用相关知识 2. 植物营养诊断知识 3. 施肥方法知识
	（四）中耕除草	1. 能识别本地区常见的杂草并能确定除草的时间和方法 2. 能根据不同植物进行确定中耕的时间和深度	1. 杂草识别和防除知识 2. 中耕方法及相关知识
	（五）苗木防寒	1. 能按照防寒技术方案进行防寒材料的准备 2. 能按照防寒技术方案进行防寒作业	1. 防寒方法知识 2. 防寒材料知识
四、园林植物病害与虫害防治	（一）病害防治	1. 能识别园林植物叶部病害症状 2. 能根据病害防治方案计算杀菌剂使用量并能调配合理浓度	1. 叶部病害的症状识别知识 2. 杀菌剂用量表示方法及使用浓度换算知识 3. 杀菌剂稀释方法 4. 杀菌剂的配制及注意事项
	（二）虫害防治	1. 能识别园林植物上刺吸食性害虫 2. 能根据虫害防治方案计算杀虫剂使用量并能调配合理浓度	1. 刺吸食性害虫形态特征及生物学特性知识 2. 杀虫剂用量表示方法及使用浓度的换算知识 3. 杀虫剂的稀释方法 4. 杀虫剂的配制及注意事项
五、园林植物整形修剪	（一）灌木修剪	1. 能进行观叶灌木修剪作业 2. 能进行观枝灌木修剪作业 3. 能进行观果灌木修剪作业 4. 能进行观形灌木修剪作业	1. 修剪的基本方法知识 2. 灌木修剪相关知识 3. 修剪工具及使用注意事项知识
	（二）绿篱修剪	1. 能对绿篱进行更新修剪作业 2. 能进行绿篱修剪机的维修保养	1. 绿篱更新知识 2. 绿篱修剪机的维修保养知识

（续）

职业功能	工作内容	技能要求	相关知识
五、园林植物整形修剪	（三）藤蔓植物修剪	1. 能根据藤蔓类园林植物生长发育习性进行整形修剪作业 2. 能根据藤蔓类园林植物应用方式进行整形修剪作业	1. 藤蔓类园林植物生长发育习性知识 2. 藤蔓类园林植物应用方式

5.3 高级

职业功能	工作内容	技能要求	相关知识
一、绿化用地整理	（一）场地清理、平整	1. 能按照设计图纸的要求使用测量仪器进行测量施工场地 2. 能进行确定场地标高的定点放线作业	1. 测量仪器的使用知识 2. 桩木规格及标记方法知识 3. 标高知识
	（二）土壤改良	1. 能识别盐渍化土壤 2. 能按照施工要求进行改良盐渍化土壤	盐渍土壤基本知识
	（三）定点放线	1. 能根据种植设计图纸，按比例进行规则式种植定点放线 2. 能根据种植设计图纸，按比例进行弧线种植定点放线	1. 园林识图基本知识 2. 园林工程建设项目指标范围知识
二、园林植物移植与繁育	（一）苗木选择	1. 能识别本地区常见 80 种以上园林植物 2. 能根据设计要求进行选择符合规格、苗龄和标准的阔叶乔木、竹类、水生及藤蔓类植物	1. 园林植物分类知识 2. 阔叶乔木、竹类、水生及藤蔓类植物知识
	（二）苗木挖掘	1. 能确定胸径或地径大于 10 cm 以上的带土球苗木的土球规格 2. 能按规定规格对胸径或地径大于 10 cm 以上的带土球苗木进行挖掘	1. 带土球苗木挖掘方法 2. 土球规格及留底规格知识
	（三）苗木包装运苗	1. 能利用木箱打包法对挖掘好的大规格带土方苗木进行木箱打包 2. 能对木箱带土球苗木利用吊装机械进行装车和卸车	1. 大树木箱移植法知识 2. 大树吊装与卸车安全知识
	（四）苗木处理	1. 能对种植前后的乔木进行修剪处理作业 2. 能对种植前后的乔木进行剪口及伤口处理	1. 乔木种植前后修剪知识 2. 乔木种植前后剪口及伤口修剪知识
	（五）苗木种植	1. 能对胸径或地径 10 cm 以上的带土球苗木进行种植及种植后养护管理 2. 能对水生植物进行种植及种植后养护管理	1. 大规格带土球苗木种植知识 2. 水生植物种植及种植后养护知识
	（六）苗木繁育	1. 能利用播种方法进行繁殖培育苗木 2. 能利用压条方法进行繁殖培育苗木 3. 能利用分株（分根）方法进行繁殖培育苗木 4. 能进行容器栽培繁殖培育苗木	1. 苗木有性繁殖相关知识 2. 压条与分株（分根）无性繁殖相关知识 3. 容器栽培苗木知识
三、园林植物养护	（一）灌溉	1. 能识别灌溉设计图纸，并能安装灌溉设备 2. 能进行灌溉设施的调试，控制合理灌水量	1. 灌溉、喷灌设备的安装、调试和使用知识 2. 灌溉设施的控制方法

（续）

职业功能	工作内容	技能要求	相关知识
三、园林植物养护	（二）施肥	1. 能计算肥料的有效成分和用量的计算 2. 能确定园林植物施肥时间	1. 肥料理化性状知识 2. 肥料有效成分知识 3. 施肥量计算知识 4. 追肥相关知识
	（三）苗木防寒	1. 能对引进的新品种和新选育的苗木进行防寒作业 2. 能制定苗木防治自然灾害技术方案	园林植物自然灾害及防治知识
四、园林植物病害与虫害防治	（一）病害防治	1. 能识别园林植物枝干和根部病害症状 2. 能对园林植物常见病害进行防治	1. 枝干和根部病害症状识别知识 2. 病害防治技术知识
	（二）虫害防治	1. 能识别园林植物蛀食性和地下害虫 2. 能对地上和地下害虫进行防治	1. 蛀食性和地下害虫形态特征及生物学特性知识 2. 虫害防治技术
五、园林植物整形修剪	（一）乔木修剪	1. 能对行道树乔木进行整形修剪作业 2. 能对庭荫类乔木进行整形修剪作业 3. 能根据乔木类园林植物与市政、交通设施等规范间距进行修剪作业	1. 行道树修剪知识 2. 庭荫乔木修剪知识 3. 园林植物与市政、交通设施等规范间距相关知识 4. 油锯及高枝修剪机等整形修剪机械使用知识
	（二）灌木修剪	1. 能对早春开花类灌木进行修剪作业 2. 能对夏秋开花类灌木进行修剪作业	灌木生长特点及习性知识
	（三）绿篱修剪	1. 能根据绿篱的使用要求和生长状况制定修剪时期和频率 2. 能根据不同绿篱类植物和生长状况制定更新修剪时期和措施	1. 绿篱植物生长发育知识 2. 绿篱植物观赏特性知识
	（四）造型修剪	1. 能对园林植物进行几何形体式造型修剪作业 2. 能根据苗木的生长特性和环境进行造型修剪	造型修剪的意义、时期、方式、注意事项知识
六、屋顶与地下设施覆土绿化	（一）屋顶绿化	1. 能进行屋顶绿化施工材料准备 2. 能进行屋顶绿化种植基质回填和植物种植施工作业 3. 能对栽植的大型植物材料进行固定作业	1. 屋顶绿化识图基本知识 2. 屋顶绿化大型植物材料固定设施知识
	（二）地下设施覆土绿化	1. 能进行地下设施覆土绿化准备施工材料 2. 能进行地下设施覆土绿化种植土回填和植物种植施工作业	地下设施覆土绿化识图基本知识

5.4 技师

职业功能	工作内容	技能要求	相关知识
一、绿化用地整理	（一）场地造型	1. 能进行场地造型土方量的计算 2. 能进行土方艺术造型的施工作业 3. 能进行挖湖堆山造型施工作业	1. 土方量计算相关知识 2. 土方测量基本知识 3. 土方工程施工相关知识 4. 土方工程施工机械相关知识

（续）

职业功能	工作内容	技能要求	相关知识
一、绿化用地整理	（二）土壤改良	1. 能进行土壤质地和结构的测定 2. 能提取土壤土样,进行土壤酸碱度和盐渍化的测定	1. 土壤结构和肥力知识 2. 土壤取样和化验方法知识
	（三）定点放线	1. 能根据种植设计图纸,按比例进行自然式种植定点放线 2. 能根据设计图纸和种植规范,对场地和种植距离进行复测和验线作业	1. 定点放线法知识 2. 复杂地形的测量知识
二、园林植物移植与繁育	（一）苗木选择	1. 能识别 100 种以上园林植物 2. 能根据设计要求进行选择符合规格、苗龄和标准的针叶乔木和造型植物	1. 园林植物生态知识 2. 园林植物生长发育及规律知识
	（二）苗木种植	1. 能对木箱带土球苗木进行正常季节种植及种植后养护管理 2. 能对园林苗木进行反季节种植及种植后养护管理	1. 反季节种植知识 2. 大树及反季节种植后养护知识
三、园林植物养护	（一）灌溉	1. 能进行方形和狭长形规则式园林绿地喷灌系统给水管网布置设计 2. 能进行方形和狭长规则式园林绿地喷灌系统喷头布置设计	1. 绿化灌溉工程设计知识 2. 给水管网和喷头布置设计知识
	（二）施肥	1. 能进行土壤的理化性质测定 2. 能根据土壤的理化性质测定结果与园林植物需肥特性制定施肥方案 3. 能按照平衡施肥方案,对氮、磷、钾肥进行合理配比	1. 理化性质分析测定知识 2. 植物营养需求知识 3. 合理施肥的生理基础知识
	（三）古树名木养护	1. 能进行古树名木的复壮 2. 能进行古树名木的保护	古树名木的保护与管理相关知识
四、园林植物病害与虫害防治	（一）病害防治	1. 能进行园林植物病害调查取样 2. 能进行园林植物病害预测	1. 病害调查的相关知识 2. 病害预测知识
	（二）虫害防治	1. 能进行园林植物虫害调查 2. 能进行园林植物虫害预测	1. 虫害调查的相关知识 2. 虫害预测知识
五、园林植物整形修剪	（一）乔木修剪	1. 能根据乔木在园林绿化用途中制定修剪方案 2. 能根据乔木的生长特性和生长环境制定相应修剪方案	1. 乔木整形修剪相关知识 2. 整形修剪的作用、意义、时期、方式、注意事项的知识
	（二）灌木修剪	1. 能根据灌木在园林绿化用途中制定修剪方案 2. 能根据灌木的生长特性和生长环境制定相应修剪方案	灌木整形修剪的生物、生理知识
	（三）造型修剪	1. 能进行自然与人工混合式造型修剪作业 2. 能对园林植物进行垣壁式及雕塑式造型修剪作业	造型修剪方法知识
六、屋顶与地下设施覆土绿化	（一）屋顶绿化	1. 能根据设计图纸编制施工技术方案 2. 能进行屋顶防水层、阻根层、排水层和过滤层施工作业	1. 屋顶绿化识图相关知识 2. 屋顶防水施工知识 3. 屋顶绿化施工技术知识
	（二）地下设施覆土绿化	1. 能根据设计的植物进行确定覆土的厚度 2. 能进行地下设施上防水层、阻根层、排水层和过滤层施工作业	1. 适宜植物根系生长土壤厚度知识 2. 地下设施绿化识图知识 3. 地下设施覆土绿化施工技术知识

（续）

职业功能	工作内容	技能要求	相关知识
七、培训与管理	（一）技术培训	1. 能撰写技术工作总结 2. 能够制定低级别技术工培训计划并进行培训	技术培训相关知识
	（二）施工组织管理	1. 能编制园林绿化工程投标文件 2. 能编制园林绿化工程预算书 3. 能编制园林绿化工程人、机、材施工准备计划 4. 能编制园林绿化工程的施工方案和主要分项工程的施工方法	1. 招投标相关知识 2. 园林工程施工与管理知识 3. 园林工程预算知识

5.5 高级技师

职业功能	工作内容	技能要求	相关知识
一、绿化用地整理	（一）场地造型	1. 能进行园林地形平面布局设计 2. 能进行园林地形竖向设计	园林地形工程设计知识
	（二）土壤处理	1. 能根据土壤质地、酸碱度和盐渍化程度制定土壤改良方案 2. 能根据测定结果计算各种肥料、改良剂和消毒剂的使用量	肥料、改良剂和消毒剂的使用量相关知识
二、园林植物移植与繁育	（一）苗木选择	1. 能识别120种以上园林植物 2. 能根据当地气候和生态条件选择引进新品种植物	园林植物新品种选育知识
	（二）苗木种植	1. 能进行乔灌木的种植设计 2. 能进行水生植物的种植设计 3. 能进行藤蔓类植物的室内外垂直立体绿化种植设计 4. 能进行草本花卉（花坛、花镜、花丛花群及花台花池等）及地被植物的种植设计	1. 园林植物种植设计知识 2. 园林植物应用知识
三、园林植物养护	（一）灌溉	1. 能根据不同植物和生长环境等制定不同的灌水方式 2. 能根据园林植物需水量的测定制订合理的灌水方案	1. 灌水方式知识 2. 园林植物需水量测定知识
	（二）施肥	1. 能分析和评估土壤肥力状况 2. 能制订平衡施肥技术方案	1. 土壤肥力分析和评估知识 2. 土壤平衡施肥知识
四、园林植物病害与虫害防治	（一）病害防治	1. 能制定病害的综合防治技术方案 2. 能制定杀菌剂药害的预防与补救措施	1. 植物生态知识 2. 杀菌剂药害及预防知识
	（二）虫害防治	1. 能制定虫害的综合防治技术方案 2. 能制定杀虫剂药害的预防与补救措施	1. 昆虫生态知识 2. 杀虫剂药害及预防知识
五、园林植物整形修剪	（一）苗圃苗木修剪	1. 能制定乔木类圃苗整形修剪方案 2. 能制定灌木类圃苗整形修剪方案	苗圃苗木整形修剪知识
	（二）造型修剪	1. 能根据植物的生长特性编写苗木造型修剪技术方案 2. 能根据植物的生长环境编写苗木造型修剪技术方案	园林植物生长特性与生长环境知识

（续）

职业功能	工作内容	技能要求	相关知识
六、屋顶与地下设施覆土绿化	（一）屋顶绿化	1. 能根据屋顶的立地条件和当地气候条件进行植物配置设计,并能确定种植层基质厚度 2. 能根据屋顶的荷载计算土壤基质的用量,并能进行土壤基质的配比设计	1. 园林植物配置知识 2. 屋顶绿化土壤和基质知识 3. 屋顶荷载计算知识 4. 屋顶园林植物种植土厚度相关知识
	（二）地下设施覆土绿化	1. 能根据地下设施覆土绿化设计图纸编制施工技术方案 2. 能根据地下设施的荷载计算土方量,并能进行种植土壤的改良	地下设施荷载计算知识
七、培训与管理	（一）技术培训	1. 能进行园林植物新品种的选育技术培训 2. 能编写技术培训资料	1. 新品种选育知识 2. 技术培训资料编写知识
	（二）施工组织管理	1. 能编制施工进度计划 2. 能编制工程竣工材料 3. 能编制园林绿化工程竣工结算和决算 4. 能编制或填写园林绿化工程合同 5. 能对全部竣工后项目工期、质量和成本进行总结	1. 施工组织管理知识 2. 工程预决算知识 3. 合同法相关知识

6 比重表

6.1 理论知识

项 目		初级,%	中级,%	高级,%	技师,%	高级技师,%
基本要求	职业道德	5	5	5	5	5
	基础知识	30	25	20	10	5
技能要求	绿化用地整理	10	10	5	10	5
	园林植物移植与繁育	20	25	20	10	10
	园林植物养护	20	15	10	10	10
	园林植物病害与虫害防治	10	10	15	20	15
	园林植物整形修剪	5	10	15	10	10
	屋顶与地下设施覆土绿化	0	0	10	15	20
	培训与管理	0	0	0	10	20
合 计		100	100	100	100	100

6.2 技能操作

项 目		初级,%	中级,%	高级,%	技师,%	高级技师,%
技能要求	绿化用地整理	10	10	5	5	5
	园林植物移植与繁育	40	35	30	20	10
	园林植物养护	15	15	10	5	5
	园林植物病害与虫害防治	10	15	20	25	30
	园林植物整形修剪	25	25	20	15	10

（续）

	项 目	初级,%	中级,%	高级,%	技师,%	高级技师,%
技能要求	屋顶与地下设施覆土绿化	0	0	15	20	20
	培训与管理	0	0	0	10	20
	合 计	100	100	100	100	100

ICS 03.100.30
F 13

中华人民共和国农业行业标准

NY/T 1912—2010

沼 气 物 管 员

2010-07-08 发布   2010-09-01 实施

中华人民共和国农业部 发布

前　言

本标准遵照 GB/T 1.1—2009 给出的规则起草。

本标准由农业部人事劳动司提出并归口。

本标准起草单位:农业部农村能源行业职业技能鉴定指导站。

本标准主要起草人:邱凌、席新明、罗德明、王飞、王俊鹏、任昌山、刘立梅、罗涛、石勇、张铎。

沼 气 物 管 员

1 范围

本标准规定了沼气物管员职业的术语和定义、基本要求、工作要求。

本标准适用于沼气物管员的职业技能培训鉴定。

2 术语和定义

下列术语和定义适用于本文件。

2.1

沼气物管员

从事农村户用沼气池、小型沼气工程、生活污水净化沼气工程和大中型沼气工程的工程运行、工程管理、设备维护、技术指导及生产经营管理的人员。

3 职业概况

3.1 职业等级

本职业共设三个等级,分为高级(国家职业资格三级)、技师(国家职业资格二级)、高级技师(国家职业资格一级)。

3.2 职业环境条件

室内外,常温。

3.3 职业能力特征

具有一定的观察、判断、识图能力,四肢健全,手指、手臂灵活,动作协调。

3.4 基本文化程度

初中毕业。

3.5 培训要求

3.5.1 培训期限

根据全日制职业学校教育及其培养目标和教学计划确定晋级培训期限:高级不少于 150 标准学时,课堂教学和现场实习学时数比例为 1:1;技师及高级技师培训时间不少于 200 学时,课堂教学和实验现场实习时间学时数比例为 1:1。

3.5.2 培训教师

培训高级沼气物管员的教师应具有本职业技师以上职业资格证书或相关专业中级以上专业技术职务;培训技师、高级技师的教师应具有本职业高级技师职业资格证书或相关专业高级专业技术职务。

3.5.3 培训场地与设备

满足教学需要的标准教室,具有户用沼气池、小型沼气工程、生活污水净化沼气工程或大中型沼气工程的培训模型或施工现场,以及抽渣车、检测仪器、维修工具和必要的分析、化验、试验条件。

3.6 鉴定要求

3.6.1 适用对象

从事或准备从事本职业的人员。

3.6.2 申报条件

3.6.2.1 高级(具备以下条件之一者)

——取得沼气生产工初级职业资格证书后,连续从事本职业工作 5 年以上,经本职业高级培训达规定标准学时数,并取得毕(结)业证书;

——取得沼气生产工中级职业资格证书后,连续从事本职业工作 2 年以上,经本职业高级培训达规定标准学时数,并取得毕(结)业证书;

——从事沼气相关工作 6 年以上,经本职业高级培训达规定标准学时数,并取得毕(结)业证书;

——取得大学专科相关专业毕业证书,连续从事本职业工作 1 年以上。

3.6.2.2 技师(具备以下条件之一者)

——取得本职业高级职业资格证书后,连续从事本职业工作 2 年以上,经本职业技师正规培训达规定标准学时数,并取得毕(结)业证书;

——取得本职业高级资格证书后,连续从事本职业工作 5 年以上;

——取得大学本科相关专业毕业证书,并连续从事本职业工作 2 年以上。

3.6.2.3 高级技师(具备以下条件之一者)

——取得本职业技师职业资格证书后,连续从事本职业工作 2 年以上,经本职业高级技师正规培训达规定标准学时数,并取得毕(结)业证书;

——取得大学本科相关专业毕业证书,并连续从事本职业工作 5 年以上;

——取得硕士研究生相关专业毕业证书,并连续从事本职业工作 1 年以上。

3.6.3 鉴定方式

分为理论知识考试和技能操作考核。理论知识考试采用闭卷笔试方式,技能操作考核采用现场实际操作方式。理论知识考试和技能操作考核均实行百分制,成绩皆达 60 分及以上者为合格。理论知识考试合格者方可参加技能操作考核。技师和高级技师还需进行综合评审。

3.6.4 考评人员与考生配比

理论知识考试考评人员与考生配比为 1:30,每个标准教室不少于 2 人;技能操作考核考评员与考生配比为 1:10,且每次考评不少于 3 名考评员。

3.6.5 鉴定时间

理论知识考试为 90 min,技能操作考核不少于 60 min。

3.6.6 鉴定场所设备

理论知识考试在标准教室里进行,技能操作考核场所应具备户用沼气池、小型沼气工程、生活污水净化沼气工程或大中型沼气工程的模型或实物,并具有抽渣车、维修工具、检测仪器以及其他必要的考核鉴定条件。

4 基本要求

4.1 职业道德

4.1.1 职业道德基本知识

4.1.2 职业道德守则

——文明礼貌;

——爱岗敬业;

——诚实守信;

——团结互助;

——勤劳节俭;

——遵纪守法。

4.1.3 职业道德修养

4.2 基础知识

4.2.1 专业基础知识

——常用建筑材料知识；

——建筑施工工艺知识；

——沼气发酵基础知识；

——沼气常用设备知识；

——户用沼气原理、结构；

——沼气工程技术基础知识；

——物业管理基本知识；

——沼气生态农业常识。

4.2.2 安全知识

——防火、防爆知识；

——窒息及急救知识；

——施工安全知识；

——安全使用沼气知识；

——安全用电知识；

——设备安全运行知识；

——安全标示常识。

4.2.3 法律知识

——《合同法》相关常识；

——《消费者权利保护法》相关常识；

——《劳动法》相关常识；

——《节约源法》相关常识；

——《环境保护法》相关常识；

——《可再生能源法》相关常识。

5 工作要求

本职业对高级、技师、高级技师的技能要求依次递进,高级别涵盖低级别的内容。

5.1 高级

职业功能	工作内容	技能要求	相关知识
一、发酵装置运行维护	(一)户用沼气原料预处理	1. 能预处理户用沼气发酵原料 2. 能进行原料配比	1. 常见发酵原料种类及预处理知识 2. 原料与接种物配比知识
	(二)户用沼气日常运行	1. 能完成日常进、出料 2. 能完成料液搅拌 3. 能给沼气池保温	1. 沼气池日常管理知识 2. 沼气池保温知识
	(三)户用沼气故障诊治	1. 能诊断沼气池故障 2. 能排除沼气池故障 3. 能检修病态沼气池	1. 病态池的判断与排除知识 2. 发酵故障和排除知识 3. 病态沼气池检修知识
	(四)户用沼气安全生产	1. 会使用防爆灯 2. 会使用防护服 3. 能填埋损毁沼气池	1. 防爆灯使用知识 2. 防护服使用安全常识 3. 损毁沼气池产生原因

（续）

职业功能	工作内容	技能要求	相关知识
二、输配装备运行维护	（一）户用沼气工艺管道维护	1. 能维护户用沼气输气管路 2. 能处理户用沼气输气管路故障	1. 户用沼气管路构造知识 2. 户用沼气管路安装知识
	（二）户用沼气净化装置维护	1. 能维护户用沼气脱硫器 2. 能处理户用脱硫器故障 3. 能维护户用沼气脱水器 4. 能处理户用脱水器故障	1. 户用沼气脱硫器构造知识 2. 户用沼气脱硫器安装知识 3. 户用沼气脱水器构造知识 4. 户用沼气脱水器安装知识
	（三）户用沼气监控设备维护	1. 能维护户用沼气压力表 2. 能维护温度测定仪	1. 沼气压力表构造和原理 2. 温度测定仪构造和原理
三、使用装备运行维护	（一）沼气燃具维护	1. 能维护沼气灶 2. 能维护沼气饭煲 3. 能维护沼气热水器	1. 沼气灶构造和原理 2. 沼气饭煲构造和原理 3. 沼气热水器构造和原理
	（二）沼气灯维护	1. 能维护沼气灯 2. 能处理沼气灯故障	1. 沼气灯构造和原理 2. 沼气灯安装知识
四、配套装备运行维护	（一）检测设备维护	1. 会使用便携式沼气分析仪 2. 会使用便携式 pH 测定仪	1. 便携式沼气分析仪构造和原理 2. 便携式 pH 测定仪构造和原理
	（二）户用沼气搅拌装备维护	1. 能检修回流搅拌装置 2. 能维护回流搅拌装置	1. 搅拌活塞构造和原理 2. 回流搅拌装置构造和原理
	（三）户用沼气进出料装备维护	1. 能维护进料清杂格栅 2. 能维护进出料车 3. 能维护出料潜污泵	1. 进料清杂格栅构造 2. 沼肥抽运车构造和原理 3. 机动出料泵构造和原理
	（四）后处理装备维护	1. 能更换净化池软填料 2. 能更换净化池硬填料	1. 生活污水净化沼气工程原理 2. 软硬填料功能和原理
五、沼肥综合利用	（一）沼液综合利用	1. 能完成农作物沼液浸种 2. 能完成农作物沼液喷施	1. 沼液成分和作用 2. 农作物浸种知识
	（二）沼渣综合利用	1. 能完成沼渣农作物基施 2. 能完成沼渣农作物追施	1. 沼渣成分和作用 2. 作物营养相关知识
六、培训管理	（一）宣传培训	1. 能编制户用沼气培训墙报 2. 能编制用户沼气日常管理明白纸	1. 户用沼气日常管理常识 2. 户用沼气设备构造知识
	（二）经营管理	1. 能制定沼气村级服务网点管理制度 2. 能管理沼气村级服务网点	1. 沼气村级服务网点管理模式 2. 经营管理基础知识

5.2 技师

职业功能	工作内容	技能要求	相关知识
一、发酵装置运行维护	（一）中小型沼气工程原料预处理	1. 能预处理养殖粪污 2. 能预处理设施农业废料	1. 养殖粪污特性 2. 设施农业废料特性
	（二）中小型沼气工程日常运行	1. 能完成碳氮配比计算 2. 能完成浓度配料计算 3. 能调试发酵负荷	1. 碳氮配比相关知识 2. 浓度配料相关知识 3. 发酵负荷相关知识
	（三）中小型沼气工程故障诊治	1. 能诊治酸化故障 2. 能诊治碱化故障 3. 能诊治生活污水净化沼气工程故障	1. 酸化故障诊治知识 2. 碱化故障诊治知识 3. 生活污水净化沼气工程常见故障
	（四）中小型沼气工程安全生产	1. 能维护避雷装置 2. 能完成气柜沼气置换	1. 避雷装置相关知识 2. 储气柜工作原理 3. 沼气置换相关知识

（续）

职业功能	工作内容	技能要求	相关知识
二、输配装备运行维护	(一)中小型沼气工程工艺管道维护	1. 能维护沼气管路附件 2. 能处理管路附件故障	1. 沼气管路附件构造知识 2. 沼气管路附件安装知识
	(二)中小型沼气工程贮气装置维护	1. 能维护沼气贮气柜水封池 2. 能维护沼气贮气柜 3. 能维护导向机构	1. 沼气贮气装置构造知识 2. 沼气贮气装置安装知识
	(三)中小型沼气工程净化装置维护	1. 能维护干式脱硫装置 2. 能再生干式脱硫剂 3. 能维护湿式脱硫装置 4. 能处置湿式脱硫液	1. 干式脱硫装置相关知识 2. 干式脱硫剂再生知识 3. 湿式脱硫装置相关知识 4. 湿式脱硫液再生相关知识
	(四)中小型沼气工程监控设备维护	1. 能维护微电脑时控开关 2. 能维护沼气流量计	1. 微电脑时控开关原理 2. 沼气流量计构造和原理
三、使用装备运行维护	(一)沼气锅炉维护	1. 能维护沼气锅炉 2. 能处理沼气锅炉故障	1. 沼气锅炉构造和原理 2. 沼气锅炉安装知识
	(二)沼气采暖装备维护	1. 能维护沼气采暖装备 2. 能处理沼气采暖装备故障	1. 沼气采暖装备构造和原理 2. 沼气采暖装备安装知识
四、配套装备运行维护	(一)加热设备维护	1. 能维护太阳能加热装置 2. 能维护太阳能加热管网 3. 能维护太阳能加热系统	1. 太阳能加热系统相关知识 2. 加热设备安装技术要求
	(二)搅拌设备维护	1. 能维护潜水搅拌机 2. 能维护潜搅机导轨 3. 能安装潜搅机控制器	1. 潜水搅拌机构造知识 2. 潜搅机控制器相关知识
	(三)进出料装备维护	1. 能维护物料粉碎机 2. 能维护粪草分离机	1. 物料粉碎机相关知识 2. 粪草分离机相关知识
	(四)后处理装备维护	1. 能维护氧化塘 2. 能维护人工湿地	1. 氧化塘相关知识 2. 人工湿地相关知识
五、沼肥综合利用	(一)沼液综合利用	1. 能进行沼液无土栽培 2. 能利用沼液养鱼	1. 沼液无土栽培相关知识 2. 沼液养鱼相关知识
	(二)沼渣综合利用	1. 能利用沼渣栽培食用菌 2. 能利用沼渣配制营养土	1. 沼渣食用菌生产相关知识 2. 沼渣营养土生产相关知识
六、培训管理	(一)宣传培训	1. 能编写沼气培训教案 2. 能编写用户管理指南	1. 教案编写方法和技巧 2. 管理指南编写方法和技巧
	(二)经营管理	1. 能制定沼气集中供气站管理制度 2. 能管理沼气集中供气站	沼气集中供气相关知识

5.3 高级技师

职业功能	工作内容	技能要求	相关知识
一、发酵装置运行维护	(一)大型沼气工程原料处理	1. 能预处理秸秆原料 2. 能预处理生活有机垃圾 3. 能预处理沼气原料植物	1. 秸秆原料特性 2. 生活有机垃圾特性 3. 沼气原料植物特性
	(二)大型沼气工程日常运行	1. 能调控发酵料液酸碱度 2. 能调控原料营养平衡 3. 能调控沼气成分变化	1. 产酸与产甲烷平衡知识 2. 原料营养平衡相关知识 3. 沼气成分变化影响因素
	(三)大型沼气工程故障诊治	1. 能处理换料不产气故障 2. 能处理发酵中断故障 3. 能处理产气不正常故障	1. 换料不产气故障原因 2. 发酵中断故障原因 3. 产气不正常故障原因
	(四)大型沼气工程安全生产	1. 能维护消防设施 2. 能维护灭火器	1. 消防设施相关知识 2. 灭火器构造和原理
二、输配装备运行维护	(一)大型沼气工程工艺管道运行维护	1. 能维护进料布料系统 2. 能维护输气管网系统 3. 能维护排料出渣系统	1. 进料布料系统相关知识 2. 输气管网系统相关知识 3. 排料出渣系统相关知识
	(二)大型沼气工程贮气装置运行维护	1. 能维护柔性贮气设备 2. 能维护增压设备 3. 能维护高压贮气设备 4. 能维护减压调压设备	1. 柔性贮气设备相关知识 2. 增压设备相关知识 3. 高压贮气设备相关知识 4. 减压调压设备相关知识
	(三)大型沼气工程净化装置运行维护	1. 能维护生物脱硫装置 2. 能处理生物脱硫装置故障	1. 生物脱硫原理 2. 生物脱硫设备构造
	(四)大型沼气工程监控设备运行维护	1. 能维护自动控制设备 2. 能维护在线检测设备	1. 自动控制设备相关知识 2. 在线检测设备相关知识
三、使用装备运行维护	(一)沼气发电机组运行维护	1. 能维护沼气发电机组 2. 能处理沼气发电机组故障	沼气发电机组相关知识
	(二)大型沼气工程换热装备运行维护	1. 能维护沼气换热装备 2. 能处理沼气换热装备故障	沼气换热装备相关知识
四、配套装备运行维护	(一)大型沼气工程加热设备运行维护	1. 能维护沼气工程加热装置 2. 能维护沼气工程加热调控装置	1. 沼气工程加热系统知识 2. 沼气工程加热调控装置相关知识
	(二)大型沼气工程搅拌设备运行维护	1. 能维护机械搅拌装置 2. 能调试机械搅拌装置 3. 能维护机械搅拌调控装置	1. 机械搅拌装置构造知识 2. 机械搅拌调控装置相关知识
	(三)大型沼气工程进出料设备运行维护	1. 能维护进料清杂机 2. 能维护固液分离机 3. 能维护沼肥加工装备	1. 进料清杂机相关知识 2. 固液分离机相关知识 3. 沼肥加工装备相关知识
	(四)大型沼气工程后处理设备运行维护	1. 能维护爆气设备 2. 能维护化学处理设备	1. 爆气设备相关知识 2. 化学处理设备相关知识
五、沼肥综合利用	(一)沼液综合利用	1. 能利用沼液生产花卉 2. 能利用沼液生产液面肥	1. 花卉品种与栽培知识 2. 液面肥生产工艺知识
	(二)沼渣综合利用	1. 能利用沼渣生产商品肥 2. 能利用沼渣养殖鳝鱼等	1. 沼气发酵剩余物特性知识 2. 商品肥生产工艺知识
六、培训管理	(一)宣传培训	1. 能制作沼气培训课件 2. 能使用多媒体投影仪	1. 课件制作方法和技巧 2. 多媒体投影仪构造和原理
	(二)经营管理	1. 能制定沼气站管理制度 2. 能管理沼气站生产	管理学相关知识

6 比重表

6.1 理论知识

项　　目		高级 （%）	技师 （%）	高级技师 （%）
基本要求	职业道德	5	5	5
	基础知识	20	20	20
相关知识	一、发酵装置运行维护	27	27	27
	二、输配装备运行维护	10	16	16
	三、使用装备运行维护	8	6	6
	四、配套装备运行维护	12	12	12
	五、沼肥综合利用	10	7	7
	六、培训管理	8	7	7
合　　计		100	100	100

6.2 技能操作

项　　目		高级 （%）	技师 （%）	高级技师 （%）
相关知识	一、发酵装置运行维护	36	35	35
	二、输配装备运行维护	12	21	21
	三、使用装备运行维护	14	9	9
	四、配套装备运行维护	20	19	19
	五、沼肥综合利用	12	10	10
	六、培训管理	6	6	6
合　　计		100	100	100

其　他

ICS 65.040.30
B 91

中华人民共和国农业行业标准

NY/T 1936—2010

连栋温室采光性能测试方法

Test method for daylighting perfermance of gutter connected greenhouses

2010-09-21 发布

2010-12-01 实施

中华人民共和国农业部 发布

前　言

本标准遵照 GB/T 1.1—2009 给出的规则起草。

本标准由中华人民共和国农业部农业机械化管理司提出并归口。

本标准起草单位:农业部规划设计研究院、中国农业大学。

本标准主要起草人:程勤阳、曲梅、丁小明、陈端生、曹楠、马承伟、施正香。

连栋温室采光性能测试方法

1 范围

本标准规定了温室采光性能测试的性能参数、测量仪器、测试方法和测试报告。

本标准适用于连栋温室采光性能的测试；日光温室、单跨塑料大棚等其他园艺设施的采光性能测试可参照执行。

2 规范性引用文件

NYJ/T 06—2005 连栋温室建设标准

3 术语和定义

NYJ/T 06—2005 界定的以及下列术语和定义适用于本文件。

3.1

连栋温室 gutter connected greenhouse

两跨或两跨以上通过屋檐处天沟连接起来成为一个整体的温室。

3.2

太阳总辐射 E_g solar radiation

水平面上，天空 2π 立体角内所接收到的太阳直接辐射和散射辐射之和。

3.3

光合有效辐射 PAR, photosynthetically active radiation

太阳辐射中对植物光合作用有效的波长在 400 nm～700 nm 的光谱。

3.4

辐照度 E lrradiance

在单位时间投射到单位面积上的辐射能，即观测到的瞬时值。

3.5

光量子流密度 photon flux density

单位时间、单位面积上照射的光量子数。

3.6

太阳总辐射透过率 solar radiation transmission

温室内的平均太阳总辐射与温室外太阳总辐射的百分比。

3.7

光照分布均匀度 uniformity of illuminance

温室内光合有效辐射的均匀程度。

4 温室采光性能参数

温室采光性能用太阳总辐射透过率、光合有效辐射和光照分布均匀度等参数衡量。

4.1 太阳总辐射透过率

按式（1）计算太阳总辐射透过率：

$$\tau = \frac{\frac{1}{n_1}\sum_{i=1}^{n_1} E_{gi}}{E_{go}} \times 100 \quad\cdots\cdots\cdots\cdots\cdots\cdots\cdots\cdots\cdots\cdots\cdots\cdots\cdots \quad (1)$$

式中：

τ——太阳总辐射透过率，单位为百分率（%）；

n_1——温室内太阳总辐射测点数量；

E_{gi}——温室内第 i 测点太阳总辐射照度，单位为瓦每平方米（W/m²）；

E_{go}——温室外测点太阳总辐射照度，单位为瓦每平方米（W/m²）。

4.2 光合有效辐射

按式（2）计算光合有效辐射：

$$E_P = \frac{1}{n_2}\sum_{i=1}^{n_2} E_{Pi} \quad\cdots\cdots\cdots\cdots\cdots\cdots\cdots\cdots\cdots\cdots\cdots\cdots\cdots \quad (2)$$

式中：

E_P——温室内光合有效辐射光量子流密度平均值，单位为微摩每平方米秒[μmol/（m²·s）]；

n_2——温室内光合有效辐射测点数量；

E_{Pi}——温室内第 i 测点光合有效辐射光量子流密度，单位为微摩每平方米秒[μmol/（m²·s）]。

4.3 光照分布均匀度

按式（3）计算光照分布均匀度：

$$\lambda = 1 - \frac{s}{E_P} \times 100\% \quad\cdots\cdots\cdots\cdots\cdots\cdots\cdots\cdots\cdots\cdots\cdots\cdots\cdots \quad (3)$$

式中：

λ——温室内光照分布均匀度；

s——温室内光合有效辐射测量值标准差，单位为微摩每平方米秒[μmol/（m²·s）]，按式（4）计算：

$$s = \sqrt{\frac{\sum_{i=1}^{n_2}(E_{Pi} - E_P)^2}{n_2 - 1}} \quad\cdots\cdots\cdots\cdots\cdots\cdots\cdots\cdots\cdots\cdots\cdots \quad (4)$$

5 测量仪器

5.1 一般要求

5.1.1 测量仪器应经法定计量部门检定，且在检定有效期内。

5.2 总辐射计

5.2.1 总辐射计测量的太阳辐射波长范围为 300 nm～3 000 nm。

5.2.2 总辐射计主要技术性能应满足：

    a) 分辨率：±5 W/m²；

    b) 稳定性：±2%；

    c) 余弦响应：<±7%；

    d) 方向响应：<±5%；

    e) 温度响应：±2%；

    f) 非线性：±2%；

    g) 响应时间：<1 min。

5.3 光量子仪

5.3.1 测量的光谱范围为 400 nm～700 nm。

5.3.2 光量子仪主要技术性能应满足：

   a) 响应时间：1 s；

   b) 温度相关：最大 0.05%/℃；

   c) 余弦校正：上至 80°入射角。

6 测试方法

6.1 温室内测点布置

6.1.1 温室为两跨时，室内布置六个测点，每跨三个测点，分别位于各跨两端第二个开间和中间开间（偶数开间时为居中两个开间中的任一开间）的中央；温室为三跨及以上时，室内布置九个测点，分别位

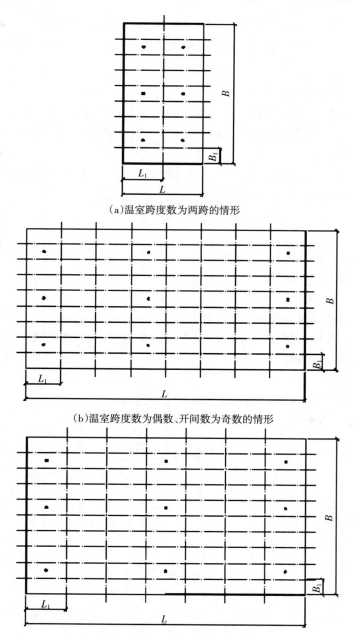

(a)温室跨度数为两跨的情形

(b)温室跨度数为偶数、开间数为奇数的情形

(c)温室跨度数为奇数、开间数为偶数的情形

注：L 为温室跨度方向的总长度，L_1 为跨度大小；B 为温室开间方向总长度，B_1 为开间大小。

图 1 温室内测点布置图

于两边跨和中间跨（偶数跨时为居中两跨中的任一跨），各跨三个测点，分布在各跨两端第二个开间和中间开间的中央（偶数开间时为居中两个开间中的任一开间）。如图1(a)、(b)、(c)所示。

6.1.2 温室内无作物时，测点高度在距地面 1.5 m 处；温室内有作物时，测点高度在作物最高冠层上方 200 mm～500 mm 处。

6.1.3 温室内测点布置应尽量避开温室构件、内外遮阳幕收拢后等所形成的明显阴影位置。

6.2 温室外测点布置

6.2.1 温室外测量点一个，应选择周围无遮挡的空地或建筑物的上方，传感器与周围建筑物或其他遮挡物的距离应大于遮挡物高度的 6 倍以上。

6.3 测试时间

6.3.1 测量应在天空云量为 0 级～2 级、云未遮挡太阳时的晴朗无云天进行。

6.3.2 测量宜选在温室竣工当年或冬至日前后，真太阳时 10：00～14：00，每间隔 1 h 测定一轮。

6.4 测试步骤及要求

6.4.1 校准调试仪器，达到测量标准。

6.4.2 先在温室外测点测量，再依次在温室内各个测点测量，然后再逆序完成温室内各测点的测量，最后返回到温室外测点测量。每个测点在一轮测量中测两次，取其平均值作为该测点的测量值。所有测点的测量应在 10 min 内完成。

6.4.3 测量时，传感器探头保持水平，测试者应站在测点的北侧，身着深色衣服。

6.4.4 对于有内、外遮阳的温室，测量时遮阳幕布应处于收拢状态。

7 测试报告

测试报告应至少包括下列信息：

a) 测试机构的名称和地址；

b) 委托机构的名称和地址（适用时）；

c) 测试依据、测试日期和进行测试的时间；

d) 温室的位置（所在地经纬度）、结构类型、覆盖材料类型、种植作物状态等的描述；

e) 测试用仪器设备的描述；

f) 测量位置点的描述；

g) 测试结果，室内外各点测量的结果以表格形式表达；

h) 测试人员签字或等效标识。

ICS 65.040.30
B 91

中华人民共和国农业行业标准

NY/T 1937—2010

温室湿帘—风机系统降温性能测试方法

Test method for fan-pad cooling system performance in greenhouse

2010-09-21 发布

2010-12-01 实施

中华人民共和国农业部 发布

前　言

本标准遵照 GB/T 1.1—2009 给出的规则起草。

本标准由中华人民共和国农业部农业机械化管理司提出并归口。

本标准起草单位:农业部规划设计研究院。

本标准主要起草人:王莉、周长吉、丁小明。

温室湿帘—风机系统降温性能测试方法

1 范围

本标准规定了温室湿帘—风机系统降温性能参数、测试的一般条件和测量工况选择、测试方法及记录内容。

本标准适用于温室所装备的负压通风的湿帘—风机系统降温性能的测定。

2 术语和定义

下列术语和定义适用于本文件。

2.1

湿帘—风机系统 fan-pad cooling system

由湿帘装置、通风机及整个温室空间所形成的室内外空气交换系统。

2.2

湿帘—风机系统换热效率 saturation efficiency of fan-pad cooling system

湿帘—风机系统在一定工况下运行时,湿帘各点换热效率的平均值称为该工况下的湿帘—风机系统换热效率。

2.3

湿帘—风机系统进风量 supply air rate of fan-pad cooling system

湿帘—风机系统在一定工况下运行时,单位时间内从湿帘进入的总空气量。

2.4

湿帘—风机系统排风量 exhaust air rate of fan-pad cooling system

湿帘—风机系统在一定工况下运行时,单位时间内从通风机口排出的总空气量。

2.5

湿帘—风机系统测试阻力 test resistance of fan-pad cooling system

湿帘—风机系统在一定工况下运行时,湿帘风口的气流入口侧与通风机风口的气流入口侧之间的静压差。

2.6

湿帘过流面积 wet pad area for ventilation

能够使得气流通过部分的湿帘面积。

3 性能参数

3.1 湿帘—风机系统换热效率

湿帘—风机系统换热效率按式(1)计算:

$$\eta = \frac{t_{out} - t_{in}}{t_{out} - t_{outw}} \times 100 \quad \cdots\cdots\cdots\cdots\cdots\cdots\cdots\cdots\cdots\cdots\cdots\cdots\cdots (1)$$

式中:

η——湿帘—风机系统换热效率,单位为百分率(%);

t_{out}——室外空气干球温度,单位为摄氏度(℃);

t_{outw}——室外空气湿球温度,单位为摄氏度(℃);

t_{in}——经湿帘进入室内空气干球温度,单位为摄氏度(℃)。

3.2 湿帘—风机系统通风量

3.2.1 湿帘—风机系统进风量

湿帘—风机系统进风量按式(2)计算:

$$Q_{uS} = 3\,600 \times A_w \times \bar{v}_w \quad\cdots\cdots\cdots\cdots\cdots\cdots\cdots\cdots (2)$$

式中:

Q_{uS}——湿帘—风机系统进风量,单位为立方米每小时(m³/h);

A_w——湿帘过流面积,单位为平方米(m²);

$\bar{v}_w$——湿帘进风口的平均过流风速,单位为米每秒(m/s)。

3.2.2 湿帘—风机系统排风量

湿帘—风机系统排风量按式(3)计算:

$$Q_{fS} = \sum_{i=1}^{n} Q_{fi} \quad\cdots\cdots\cdots\cdots\cdots\cdots\cdots\cdots\cdots (3)$$

式中:

Q_{fS}——湿帘—风机系统排风量,单位为立方米每小时(m³/h);

Q_{fi}——系统中第 i 台通风机流量,单位为立方米每小时(m³/h),$i=1\sim n$;

n——运行的通风机台数。

3.2.3 通风机流量

通风机流量按式(4)计算:

$$Q_f = 3\,600 \times A_f \times \bar{v}_f \quad\cdots\cdots\cdots\cdots\cdots\cdots\cdots\cdots (4)$$

式中:

Q_f——通风机的流量,单位为立方米每小时(m³/h);

A_f——通风机排风口面积,单位为平方米(m²);

$\bar{v}_f$——通风机排风口平均风速,单位为米每秒(m/s)。

3.3 湿帘—风机系统测试阻力

湿帘—风机系统测试阻力按式(5)计算:

$$p_{sf} = p_{ss} - p_{fs} \quad\cdots\cdots\cdots\cdots\cdots\cdots\cdots\cdots (5)$$

式中:

p_{sf}——湿帘—风机系统测试阻力,单位为帕(Pa);

p_{ss}——湿帘气流入口侧的静压,单位为帕(Pa);

p_{fs}——通风机气流入口侧的静压,单位为帕(Pa)。

3.4 湿帘—风机系统耗电量

湿帘—风机系统运行时总的耗电量按式(6)计算:

$$W_s = \sum_{i=1}^{n_1} W_{fi} + \sum_{j=1}^{n_2} W_{pj} \quad\cdots\cdots\cdots\cdots\cdots\cdots\cdots\cdots (6)$$

式中:

W_s——湿帘—风机系统耗电量,单位为千瓦时(kW·h);

W_{fi}——系统中第 i 台通风机耗电量,单位为千瓦时(kW·h),$i=1\sim n_1$;

W_{pj}——系统中第 j 台水泵耗电量,单位为千瓦时(kW·h),$j=1\sim n_2$;

n_1、n_2——分别为运行的通风机和水泵的台数。

4 测试的一般条件和测量工况选择

4.1 一般条件

4.1.1 测试前,应检查通风机处于正常运行状态。

4.1.2 检查温室的密封状况,温室围护结构应没有明显的漏气现象,除湿帘和通风机进出风口外的其他通风口应完全关闭。

4.1.3 通风机和湿帘之间不应存在其他动力引起的气流运动。

4.1.4 测试时室外风速不应大于 2 m/s。

4.1.5 测试时间应安排在 6 月至 9 月间的无降雨天进行,测量时间为真太阳时 12:00～16:00 之间。

4.1.6 测量时室外空气干球温度不宜小于 30℃,空气相对湿度不宜大于 70%。

4.1.7 进入测试区域内人员不宜超过 3 人。

4.2 测量工况

4.2.1 湿帘—风机系统的测量工况可为符合实际使用情况的任何工况。

4.2.2 对于不带调节装置的通风机,可通过改变系统中通风机开启数量改变工况;带调节装置的通风机,可通过通风机自身调节改变工况。

4.2.3 湿帘—风机系统的最大通风量工况点为系统中通风机全部开启、湿帘进风口的所有窗开启为最大时的工况点,带调节装置的通风机应调节到最大风量工况。

4.2.4 湿帘—风机系统的最小换热效率工况点为最大通风量工况点对应的运行工况。

4.2.5 若测试时有作物存在,应对作物的高度、密度等进行测定、记录和描述。

5 测试方法

5.1 换热效率

5.1.1 室内、外空气干球温度测量参照附录 A 进行,玻璃液体温度表法为仲裁法。

5.1.2 室外空气湿球温度测量参照附录 B 进行,通风干湿表法为仲裁法。

5.1.3 室外空气干、湿球温度测量点应为两个测点以上,应选择在测量温室附近、离开地面和建筑物 1.5 m 处、空气流通良好并且无太阳直接照射的地方。

5.1.4 从湿帘进入室内的空气干球温度测量面应选择离开湿帘表面 30 mm～80 mm 距离,并与湿帘表面平行的平面。

5.1.5 从湿帘进入室内的空气干球温度测量在测量平面的布点如图 1,采用等面积分割法。分割时要求 $L/N_1 \leqslant 3\ 000$ mm,$H/N_2 \leqslant 800$ mm。

5.1.6 经湿帘进入室内空气干球温度取各测点测量值的算术平均值。

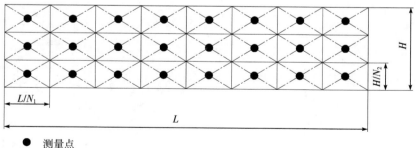

● 测量点

L——湿帘长度;	N_1——湿帘长度方向测点数;
H——湿帘高度;	N_2——湿帘高度方向测点数。

图 1 湿帘进风口测量布点

5.1.7 对于连续宽度超过 30 m 的湿帘,当运行的通风机分布均匀时,可选择湿帘左中右部有代表性的 10 m 或一跨以上宽度的三个区域湿帘平面测量进入室内的空气干球温度,以三个区域测量值的算术平均值作为整个湿帘的进入室内空气干球温度。

5.1.8 对于湿帘不连续的温室，可按照连续段进行分区，每一分区内的测量可按5.1.5～5.1.7进行。

5.1.9 应选择有代表性的工况进行测量，每种工况应测三次，每次测试的时间应限定在1 h之内完成。

5.2 湿帘—风机系统进风量

5.2.1 湿帘—风机系统进风量测量采用速度场法，叶轮式风速计法为仲裁法。

5.2.2 湿帘进风口的平均过流风速取湿帘进风口各测点测量风速的算术平均值。

5.2.3 湿帘过帘风速测量平面应位于湿帘的室内侧、离开湿帘表面30 mm～80 mm的平面。

5.2.4 湿帘过帘风速测点在测量平面的布点如图1，采用等面积分割法，分割时要求$L/N_1 \leqslant 800$ mm，$H/N_2 \leqslant 500$ mm。

5.2.5 对于连续宽度超过30 m的湿帘，当运行的通风机分布均匀时，可选择湿帘左中右部有代表性的10 m或一跨以上宽度的三个区域湿帘平面测量过帘风速，以三个区域测量值的算术平均值作为整个湿帘的平均过帘风速。

5.2.6 气流速度测量参照附录C进行。

5.3 通风机流量

5.3.1 通风机流量测量采用速度场法或差压法。速度场法的气流速度测量参照附录C进行，差压法测量参照附录D进行。叶轮风速计法为仲裁法。

5.3.2 风速测量截面可选择在通风机进风口侧或出风口侧、能够正确放置风速传感器（或压力测头）并且离开通风机护网距离最近的与通风机周圈风筒端面平行的平面。当通风机进风口侧护网离开通风机叶片周圈风筒端面的距离超过30 mm时，风速测量截面不宜选择在进风口侧。

5.3.3 测量截面大小为通风机叶片周圈风筒内径所包围的圆面积。测量截面上测点的位置按等截面分环法确定。中心点为必测点，测环数至少2个，每测环上至少等角度分布4个测点。测量截面内的测点数量最少为9点。9测点布置见图2，13测点布置见图3。α、β和γ视通风机机架确定，各测点应避开阻挡气流的杆件等位置。通风机直径≥1 300 mm时，应采用13点法。

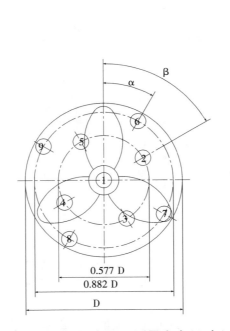

图2　风机进、出风口测量布点（9点）

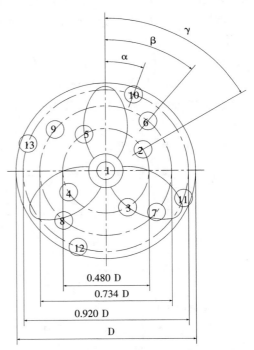

图3　风机进、出风口测量布点（13点）

5.3.4 温室中使用多台通风机时,通风机为同型号、同生产商制造、同批次生产并且在温室中均匀分布时,可通过测量不少于三台通风机的风量来确定总风量。

5.3.5 通风机排风口面积通过测量通风机叶片周圈风筒的过流面积得到,风筒的平均直径 D 应等于测量截面上至少三条直径(其夹角大致相等)测量值的算术平均值。如果相邻的两个直径的差大于1%,测量直径的数目应加倍。

5.4 湿帘—风机系统测试阻力

5.4.1 湿帘气流入口侧静压的测点应选择在室外空气静止处。室外有一定微风时,宜选择在垂直于气流流速的位置。

5.4.2 通风机气流入口侧静压的测点位置宜选择在温室通风机气流入口处,距离通风机端面 100 mm 以内的位置。通风机气流入口侧静压的测点应采用皮托管配合测量,取其静压孔静压,测量时皮托管头部管段轴线方向与气流方向偏差不应大于3°。

5.4.3 差压法测量参照附录 D 进行。

5.5 湿帘—风机系统耗电量

5.5.1 耗电量测量参照附录 E 进行。

5.5.2 湿帘—风机系统耗电量应通过分别测量水泵耗电量和通风机耗电量来确定。如果水泵和通风机负载归结为一个总电源,同时又不存在其他用电负载时,可在总电源端测量总耗电量。

5.5.3 温室中使用多台通风机,这些通风机为同型号、同生产商制造、同批次并且在温室中均匀分布时,可通过测量不少于三台通风机的耗电量来确定通风机总耗电量。

5.5.4 水泵耗电量测量应逐台进行或者在总电源处进行。

5.5.5 所有测量应重复进行三次,每次测量时间 10 min,测量间隔不少于 5 min,三次测量的算术平均值作为测试结果。

6 记录内容

按本标准测量,除 3.1～3.4 涉及的性能参数测量数据外,6.1～6.4 所列的内容应当记录。

6.1 被测温室

被测温室的表述,至少包括但不限于以下内容:
——温室类型(如连栋温室(拱形、文洛型)、日光温室等);
——技术特征(如围护结构材料、透光覆盖材料、温室尺寸、通风窗(门)的形式与布局等);
——建设竣工日期。

6.2 湿帘—风机系统

湿帘—风机系统的表述,至少包括但不限于以下内容:
——湿帘材料生产企业;
——湿帘材料安装(或更换)时间;
——湿帘装置的数量、规格;
——湿帘装置安装位置;
——通风机型号、规格及生产厂家;
——通风机技术参数;
——通风机安装位置;
——通风机数量;
——湿帘—风机布局平面图;
——湿帘—风机之间的距离。

6.3 被测温室使用环境

被测温室使用环境的表述,至少包括但不限于以下内容:

——被测温室坐落区域位置(如北京市顺义区或经纬度坐标);

——被测温室周边距离 10 m 范围内建筑物分布情况;

——被测温室中作物种植情况;

——被测温室室内外遮阳网规格、型号与安装方式等。

6.4 测试环境背景条件

测试环境背景条件,至少包括但不限于以下内容:

——测试时间(年、月、日、时);

——气象条件(大气压、风速);

——太阳辐射照度。

附　录　A

（资料性附录）

空气温度测定方法

A.1　玻璃液体温度表法

A.1.1　原理

玻璃液体温度表由密闭的玻璃温包和细管组成。温包内盛有液体,细管空间内充有足够气压的干燥惰性气体。利用玻璃温包中液体随温度变化引起体积膨胀,从细管内液柱位置的变化来测定温度。

A.1.2　仪器

A.1.2.1　玻璃液体温度表:测量范围应满足 0℃～50℃温度区间的测量。温度计的刻度最小分度值应不大于 0.2℃,最大允许误差不超过±0.3℃。

A.1.2.2　悬挂温度表支架。

A.1.3　测量要求

A.1.3.1　温度表使用前应进行校准,校准方法按照 A.3 进行。

A.1.3.2　温包应有热遮蔽,并应保证通风良好。

A.1.3.3　温度表在空气中放置 10 min 后方可读取数据。

A.1.3.4　读数时,首先精确读取最小分度值,再读取整数值。

A.1.3.5　读数时,视线应与温度表标尺垂直。水银温度表按凸出弯月面的最高点读数,酒精温度表按凹月面的最低点读数。

A.1.3.6　读数应快速准确,避免人的呼气和人体热辐射影响读数的准确性。

A.2　数显式温度计法

A.2.1　原理

数显式温度测量仪由传感器和显示仪表组成。温度传感器一般由 PN 结热敏电阻、热电偶、铂电阻等作感温元件。感温元件利用器件自身温度敏感特性随温度变化而相应量化的原理,感温信号经调解电路送仪表显示。

A.2.2　仪器

A.2.2.1　数显式温度测量仪:测量范围应满足 0℃～50℃温度区间,温度计的刻度最小分度值应不大于 0.1℃,最大允许误差不超过±0.5℃,时间常数应小于 15 s。

A.2.2.2　悬挂传感器支架。

A.2.3　测量要求

A.2.3.1　数显式温度测量仪使用前应进行校准,校准方法按照 A.3 进行。

A.2.3.2　温度传感器应有热遮蔽,并应保证通风良好。

A.3　温度计校准

A.3.1　校准用仪器

A.3.1.1　二等标准水银温度计。

A.3.1.2 冰点槽。

A.3.1.3 恒温水浴装置。

A.3.1.4 读数望远镜或放大镜。

A.3.2 0℃点示值校准

A.3.2.1 0℃点示值校准可以在冰点槽中进行,也可以在恒温水浴装置中进行。

A.3.2.2 用冰点槽进行校准时,所用的冰应为蒸馏水制成的冰,并应刨成冰花,用接近0℃的蒸馏水浸润,使冰点槽具备液固两相平衡的条件。以冰点槽中冰水混合液的温度作0℃标准。将玻璃液体温度计的感温包或数显式温度测量仪的感温元件垂直插入冰点槽中,感温端距离冰点槽底部、器壁不得少于20 mm,稳定时间应不少于15 min。数值稳定后进行读数,读数不得少于2次。

A.3.2.3 用恒温水浴装置进行校准时,需控制好装置内水的温度,温度稳定在0.00℃～+0.10℃的范围内。温度以标准温度计测量值。其他操作按非0℃点示值校准方法中A.3.3.2进行。

A.3.3 非0℃点示值校准

A.3.3.1 非0℃点示值校准取20℃和40℃两点进行,校准顺序从低温度点到高温度点进行。

A.3.3.2 将玻璃液体温度计或数显式温度测量仪的感温元件放入恒温水浴装置中,稳定时间从全部放入后算起不少于10 min。

A.3.3.3 恒温水浴装置的水温偏离校准点不得超过±0.2℃(以标准温度计为准)。校准过程中,水温变化不得超过0.10℃(使用自动控温恒温槽时,控温波动度不得超过±0.05℃/10 min)。

A.3.4 数据读取

A.3.4.1 标准温度计和玻璃液体温度计的数据读取用读数望远镜或放大镜进行。用放大镜读数时,视线应通过放大镜中央与液柱的最高点(对水银温度计)或最低点(对有机液体温度计)相切。用读数望远镜时,应先调整好水平。读数至少应估读到最小分度值的1/10。

A.3.4.2 数据读取按偏差读数记录,即读取值与校准示值的差。

A.3.5 温度计示值修正值的计算

温度计示值修正值的计算按式(A.1)进行。

$$\Delta = l_b + \Delta_b - l_j \quad\quad\quad (A.1)$$

式中:

Δ——温度计的示值修正值,单位为摄氏度(℃);

l_b——标准温度计的偏差读数平均值,单位为摄氏度(℃);

Δ_b——标准温度计的示值修正值,单位为摄氏度(℃);

l_j——温度计的偏差读数平均值,单位为摄氏度(℃)。

附　录　B
（资料性附录）
通风干湿表法

B.1　原理

两支型式和尺寸完全相同的温度计,一支作为干球温度计,另一支的温包部位缠上洁净纱布,并用蒸馏水保持湿润,作为湿球温度计。两支温度计装入带有双重防辐射的金属套管中,套管顶部装有发条驱动或电驱动的风扇,启动后抽吸空气均匀地通过套管,使温包处于≥2.5 m/s 的气流中。在通风条件下,干球温度计示出的温度为空气干球温度;湿球温度计则由于温包部位纱布的水分蒸发吸收热量使温包的温度下降,温度计示出的温度称为空气湿球温度。

B.2　仪器

B.2.1　机械通风干湿表:温度计的刻度最小分度值应不大于 0.2℃,干、湿球温度最大允许误差不超过 ±0.3℃。

B.2.2　电动通风干湿表:温度计的刻度最小分度值应不大于 0.2℃,干、湿球温度最大允许误差不超过 ±0.3℃。

B.2.3　通风干湿表悬挂支架。

B.2.4　秒表。

B.3　测定步骤

B.3.1　仪器校正

机械通风干湿表使用前需进行校正。校正方法如下:
——通风器作用时间的校正:用纸条止动风扇,上满发条,抽出纸条,风扇转动,启动秒表,待风扇停
　　止转动后,按下秒表,其通风器的作用时间不应少于 6 min。
——通风器发条盒转动的校正:挂好仪器,上发条使之转动。当通风器玻璃孔中条盒上的标线与孔
　　上红线重合时用纸条止动风扇。上满发条,抽掉纸条,待条盒转过一周,标线与玻璃孔上红线
　　重合时,启动秒表,当标线与红线再次重合时,按下秒表。其时间即为发条盒第二周转动时间。
　　这一时间不应超过检定证上所列时间 6 s。

B.3.2　湿球包扎

湿球温包必须用专用纱布(或棉纱布套管)包扎,只包一层纱布,重叠部分不应大于球部周长的 1/3,用纱布上的棉纱在纱布首尾两处打结。包扎后的纱布必须紧贴球部,不能褶皱。

B.3.3　安装

B.3.3.1　通风干湿表应垂直悬挂在支架上。

B.3.3.2　通风干湿表所处区域应避免太阳辐射或其他辐射源的影响。

B.3.4　润湿湿球纱布

用吸管吸取蒸馏水送入湿球温度计套管内,充分湿润湿球纱布。

B.3.5　开动通风器

机械通风干湿表上满发条,电动通风干湿表则应接通电源,使风扇转动。

B.3.6 读数

在通风器开动 2 min 后读数，先读湿球温度，后读干球温度，同时记录大气压。如果要进行多次读数，对于电动通风干湿表，从第 3 min 开始读数，每隔 1 min 读数一次，到第 6 min 后就必须重新润湿纱布（在润湿纱布时，应暂停通风器）；对于机械通风干湿表，每次上满发条后只能进行两次读数（即第 3 min 和第 4 min 的读数），然后重新上满发条和润湿纱布，再按规定的操作程序读数。

附　录　C
（资料性附录）
气流速度测定方法

C.1　叶轮式风速计法

C.1.1　原理

C.1.1.1　叶轮式风速计是一组三叶或四叶螺旋桨绕水平轴旋转的风速计。螺旋桨装在一个风标的前部,使其旋转平面始终正对风的来向,它的转速正比于风速。

C.1.2　仪器

C.1.2.1　测量范围应满足 0 m/s～45 m/s 区间的测量。最大允许误差不超过±0.3%量程。分辨率不大于 0.1 m/s。

C.1.3　测定要求

C.1.3.1　仪器应经过有资质的检定部门检定,并在检定有效期限内使用。

C.1.3.2　仪器操作程序按仪器使用说明书进行。

C.2　热球式风速计法

C.2.1　原理

C.2.1.1　传感器的头部有一微小的玻璃球,球内烧有加热玻璃的镍铬丝线圈和两个串连的热电偶。热电偶的冷端连接在磷铜质的支柱上,直接暴露在气流中,当一定大小的电流通过加热线圈后,玻璃球被加热到一定温度。此温度和气流的速度有关,流速小时温度较高,反之温度较低。此温度通过热电偶产生电势在电表上指示出来。因此,在校准后,即可用电表读数,表示气流的速度。

C.2.2　仪器

C.2.2.1　室内测量用热球式风速计的测量范围应满足 0 m/s～5 m/s 区间的测量。最大允许误差不超过±5%读数值。分辨率不大于 0.1 m/s。

C.2.2.2　室外测量用热球式风速计的测量范围应满足 0 m/s～20 m/s 区间的测量。最大允许误差不超过±5%读数值。分辨率不大于 0.1 m/s。

C.2.3　测定要求

C.2.3.1　仪器应经过有资质的检定部门检定,并在检定有效期限内使用。

C.2.3.2　仪器操作程序按仪器使用说明书进行。

C.2.3.3　读数应在短时间内读取 10 个数值取算术平均值。

C.3　热线式风速计法

C.3.1　原理

C.3.1.1　将一根细金属丝(称为"热线")放在流体中,通电流加热金属丝,使其温度高于流体的温度。当流体垂直方向流过金属丝时,带走金属丝的一部分热量,使其温度下降。金属丝散失热量与流体速度之间存在一定的关系,而特殊材料制成的金属丝存在一定的电阻温度特性。因此,可通过测量金属丝两端的电压来确定空气流速。

C.3.2 仪器

C.3.2.1 室内测量用热线式风速计的测量范围应满足 0 m/s～5 m/s 区间。最大允许误差不超过 ±5%读数值。分辨率不大于 0.01 m/s。

C.3.2.2 室外测量用热线式风速计的测量范围应满足 0 m/s～20 m/s 区间。最大允许误差不超过 ±5%读数值。分辨率不大于 0.1 m/s。

C.3.3 测定要求

C.3.3.1 仪器应经过有资质的检定部门检定,并在检定有效期限内使用。

C.3.3.2 仪器操作程序按仪器使用说明书进行。

C.3.3.3 读数应在短时间内读取 10 个数值取算术平均值。

附 录 D

（资料性附录）
差压测定方法和动压法测定风速

D.1 差压测定方法

D.1.1 微差压计法

D.1.1.1 原理

微差压计是立式的或倾斜的液柱式压力计。液柱式压力计是利用液柱高度产生的压力和被测压力相平衡的原理制成的测压仪表。在工业生产和实验室中广泛用来测量较小的压力、负压力和压差。液柱式压力计的结构形式有 U 形管压力计、单管压力计（又称杯形压力计）、斜管压力计和补偿式差压计。

D.1.1.2 仪器

测量范围应满足 0 Pa～200 Pa 区间的测量。最大允许误差不超过±1.0 Pa。分辨率不大于 0.01 mm。

D.1.1.3 测定要求

仪器应经过有资质的检定部门检定,并在检定有效期限内使用。仪器操作程序按仪器使用说明书进行。

D.1.2 数字式微压计法

D.1.2.1 原理

采用转换器把压力传感器敏感元件的响应转换为与压力相应的数字信号后显示数字输出。

D.1.2.2 仪器

测量范围应满足 0 Pa～200 Pa 区间的测量。最大允许误差不超过±1.0％量程。分辨率不大于1 Pa。

D.1.2.3 测定要求

仪器应经过有资质的检定部门检定,并在检定有效期限内使用。仪器操作程序按仪器使用说明书进行。

D.2 动压法测定空气流速

D.2.1 测试原理

D.2.1.1 借助毕托管与测压计配合,通过测量测点处的全压与静压之差（即动压）而计算得出空气流速。

D.2.1.2 空气流速由式(D.1)计算:

$$v = \left[\frac{2\Delta p}{\rho_a}\right]^{\frac{1}{2}} \quad\cdots\cdots\cdots\cdots\cdots\cdots\cdots\cdots\cdots\cdots\cdots\cdots\cdots\cdots \text{(D.1)}$$

式中:

v——空气流速,单位为米每秒(m/s);

Δp——全压与静压之差（即动压）,单位为帕(Pa);

ρ_a——空气密度,单位为千克每立方米(kg/m³)。

D.2.2 测试方法

D.2.2.1 毕托管的全压测管口与测压计的压力高端接口用柔性导压管连接,毕托管的静压测管口与测压计的压力低端接口用柔性导压管连接,测压计的压差读数即为动压测量值。

D.2.2.2 应保证所有柔性导压管管子和接头无堵塞和泄露。

D.2.2.3 柔性导压管长度不宜超过 30 m。

D.2.2.4 毕托管的全压测管口应正对气流的来流方向。

D.2.3 空气密度确定

D.2.3.1 试验环境中的空气密度由式(D.2)确定:

$$\rho_a = \frac{3.484 \times (p_a - 0.378 p_v)}{1\,000 \times (273.15 + t_a)} \quad\cdots\cdots\cdots\cdots\cdots\cdots (D.2)$$

式中:

p_a——大气压力(绝对),单位为帕(Pa);

p_v——水蒸气分压力,单位为帕(Pa);

t_a——空气干球温度,单位为摄氏度(℃)。

D.2.3.2 水蒸气分压力由式(D.3)确定:

$$p_v = p_{sat} - 6.66 \times 10^{-4} p_a (t_a - t_w) \quad\cdots\cdots\cdots\cdots\cdots\cdots (D.3)$$

式中:

p_{sat}——在湿球温度 t_w 下的饱和蒸汽压,单位为帕(Pa),其值从表 D.1 中查取(表 D.1 列出了不同温度的水与空气接触时,以 0.1℃ 为增量的饱和水蒸气压力值 p_{sat});

t_w——空气湿球温度,单位为摄氏度(℃)。

表 D.1 不同空气湿球温度 t_w 下的饱和蒸汽压 p_{sat}

湿球温度,℃	饱和蒸汽压 p_{sat},hPa									
	0.0	0.1	0.2	0.3	0.4	0.5	0.6	0.7	0.8	0.9
10	12.27	12.36	12.44	12.52	12.61	12.69	12.77	12.87	12.95	13.04
11	13.12	13.21	13.29	13.39	13.47	13.56	13.65	13.75	13.84	13.93
12	14.01	14.11	14.20	14.29	14.39	14.48	14.59	14.68	14.77	14.87
13	14.97	15.07	15.17	15.27	15.36	15.47	15.57	15.67	15.77	15.88
14	15.97	16.08	16.19	16.29	16.40	16.51	16.61	16.72	16.83	16.93
15	17.04	17.16	17.27	17.37	17.49	17.60	17.72	17.83	17.96	18.05
16	18.17	18.29	18.41	18.52	18.64	18.76	18.88	19.00	19.12	19.25
17	19.37	19.49	19.61	19.73	19.87	19.99	20.12	20.24	20.37	20.51
18	20.63	20.76	20.89	21.03	21.16	21.29	21.43	21.56	21.69	21.83
19	21.96	22.11	22.24	22.39	22.52	22.67	22.80	22.95	23.09	23.23
20	23.37	23.52	23.67	23.81	23.96	24.11	24.25	24.41	24.56	24.71
21	24.87	25.01	25.17	25.32	25.48	25.64	25.80	29.95	26.11	26.27
22	26.43	26.60	26.76	26.92	27.08	27.25	27.41	27.59	27.75	27.92
23	28.09	28.25	28.43	28.60	28.77	28.95	28.12	29.31	29.48	29.65
24	29.84	30.01	30.19	30.37	30.66	30.75	30.92	31.11	31.29	31.48
25	31.68	31.87	32.05	32.24	32.44	32.63	32.83	33.01	33.21	33.41
26	33.61	33.81	34.01	34.21	34.41	34.61	34.83	35.03	35.24	35.44

表 D.1（续）

| 湿球温度，℃ | 饱和蒸汽压 p_{sat}，hPa | | | | | | | | | |
	0.0	0.1	0.2	0.3	0.4	0.5	0.6	0.7	0.8	0.9
27	35.65	35.87	36.08	36.28	36.49	36.71	36.93	37.15	37.36	37.57
28	37.80	38.03	38.24	38.47	38.69	38.92	39.15	39.37	39.60	39.83
29	40.05	40.29	40.52	40.76	41.00	41.23	41.47	41.71	41.95	42.19
30	42.43	42.68	42.92	43.17	43.41	43.67	43.92	44.17	44.43	44.68
31	44.93	45.19	45.44	45.71	45.96	46.23	46.49	46.75	47.01	47.28
32	47.56	47.83	48.09	48.37	48.64	48.92	49.19	49.47	49.75	50.03
33	50.31	50.60	50.88	51.16	51.45	51.73	52.03	52.32	52.61	52.91
34	53.20	53.51	53.80	54.11	54.40	54.71	55.01	55.32	55.63	55.93
35	56.24	56.55	56.87	57.17	57.49	57.81	58.13	58.45	58.77	59.11
36	59.43	59.76	60.08	60.41	60.75	61.08	61.41	61.75	62.08	62.43
37	62.77	63.11	63.45	63.80	64.15	64.49	64.85	65.20	65.56	65.91
38	66.27	66.63	66.99	67.35	67.72	68.08	68.45	68.83	69.19	69.56
39	69.95	70.32	70.69	71.07	71.45	71.84	72.23	72.61	73.00	73.39

附　录　E

（资料性附录）

耗电量测定方法

E.1　耗电量计算公式

E.1.1　耗电量

耗电量按式（E.1）计算：

$$W = \frac{1}{1\ 000} \sum P \times T \quad \cdots\cdots\cdots\cdots\cdots\cdots\cdots\cdots\cdots\cdots\cdots\cdots\cdots\cdots \text{（E.1）}$$

式中：

W——负载的耗电量，即有功电能量，单位为千瓦时（kW·h）；

P——有功功率，单位为瓦（W）；

T——计量的时间，单位为小时（h）。

E.1.2　有功功率

单相交流电路的有功功率按式（E.2）计算：

$$P = UI\cos\varphi \quad \cdots\cdots\cdots\cdots\cdots\cdots\cdots\cdots\cdots\cdots\cdots\cdots\cdots \text{（E.2）}$$

式中：

U——电压，单位为伏特（V）；

I——电流，单位为安培（A）；

φ——电压与电流之间的相位差，单位为度（°）。

三相交流电路的有功功率按式（E.3）计算：

$$P = U_a I_a \cos\varphi_a + U_b I_b \cos\varphi_b + U_c I_c \cos\varphi_c \quad \cdots\cdots\cdots\cdots \text{（E.3）}$$

式中：

U_a、U_b、U_c——各相电压，单位为伏特（V）；

I_a、I_b、I_c——各相电流，单位为安培（A）；

φ_a、φ_b、φ_c——各相电压与电流之间的相位差，单位为度（°）。

对称负载三相交流电路的有功功率按式（E.4）计算：

$$P = \sqrt{3} U_l I_l \cos\varphi \quad \cdots\cdots\cdots\cdots\cdots\cdots\cdots\cdots\cdots\cdots\cdots \text{（E.4）}$$

式中：

U_l——线电压，单位为伏特（V）；

I_l——线电流，单位为安培（A）；

φ——相电压与相电流之间的相位差，单位为度（°）。

E.2　测试仪器

E.2.1　应采用符合 E.2.2 要求的钳式电力计等电能计量仪器进行测量。

E.2.2　互感接入式仪器的量程应在待测负载的 2 倍以上，直接接入式仪器的量程应在待测负载的 10 倍以上，仪器测量精度应满足有效功率最大允许误差不超过±2％的范围。

E.3　测试要求

E.3.1　仪器应经过有资质的检定部门检定，并在检定有效期限内使用。

E.3.2 仪器操作程序按仪器使用说明书进行。

E.3.3 计量时间应≥30 min。

ICS 65.060.01
B 90

中华人民共和国农业行业标准

NY/T 1959—2010

农业科学仪器设备分类与代码

Classification and codes for instruments and equipments in agricultural sciences

2010-12-23 发布   2011-02-01 实施

中华人民共和国农业部 发布

目　　次

前　　言

本标准按照 GB/T 1.1—2009 和 GB/T 20001.3—2001 给出的规则起草。

本标准由中华人民共和国农业部科技教育司提出并归口。

本标准起草单位：中国农业科学院、北京农业信息技术研究中心、中国农业科学院油料作物研究所、科学技术部、中国农业科学院作物科学研究所、中国农业科学院哈尔滨兽医研究所、中国热带农业科学院、中国水产科学研究院、中国农业大学。

本标准主要起草人：刘瀛弢、赵春江、石明桢、姜俊、孙绪华、潘立刚、杨信廷、周国民、王岳、王成。

农业科学仪器设备分类与代码

1 范围

本标准规定了农业科学仪器设备的术语和定义、分类与编码原则、分类方法、编码方法、分类与代码。

本标准适用于农业行业的科研、教学、质检、管理、评估评价等领域。

2 规范性引用文件

下列文件对于本文件的应用是必不可少的。凡是注日期的引用文件,仅注日期的版本适用于本文件。凡是不注日期的引用文件,其最新版本(包括所有的修改单)适用于本文件。

GB/T 10113—2003 分类与编码通用术语

3 术语和定义

GB/T 10113—2003界定的以及下列术语和定义适用于本文件。为了便于使用,以下重复列出了GB/T 10113—2003中的某些术语和定义。

3.1

农业科学仪器设备 instruments and equipments in agricultural sciences

指用于农业科研、教学、质检中的农业通用分析仪器设备、农牧渔业特色仪器设备、电子测量仪器设备、农业机械、计算机及外围设备、文化办公设备等的总称。

3.2

分类 classification

按照选定的属性(或特征)区分分类对象,将具有某种共同属性(或特征)的分类对象集合在一起的过程。

3.3

分类对象 objects of classification

被分类的事物或概念。

3.4

线分类法 method of linear classification

将分类对象按选定的若干属性(或特征),逐次地分为若干层级,每个层级又分为若干类目,同一分支的同层类目之间构成并列关系,不同层级类目之间构成隶属关系。

3.5

代码 code

表示特定事物或概念的一个或一组字符,字符可以为阿拉伯数字、拉丁字母或便于人和机器识别与处理的其他符号。

4 分类与编码原则

4.1 实用性原则

以满足农业科研、教学、质检、管理、评估评价等应用需求为目标,对农业科学仪器设备进行分类和编码,列入到分类体系内的仪器设备覆盖农、牧、渔等领域科研、教学、质检所涉及的仪器设备。代码尽可能反映农业科学仪器设备的特点,适用于不同的相关应用领域,支持系统集成。

4.2 科学性原则

按仪器设备在农业科学的应用领域,结合仪器原理进行分类和编码,划分不同的从属关系和排列次序,组成一个有序的仪器设备分类体系。标准中采用统一的代码类型、代码结构以及代码编写格式。

4.3 兼容性原则

与现行有效的其他相关标准相衔接。

4.4 扩延性原则

根据现代农业科学仪器设备体系具有高度动态性的特征,代码留有适当的后备容量,以适应不断出现的新型农业科学仪器设备扩充的需要。

4.5 简明性原则

对仪器设备层次的划分和组合,力求简单明了。代码尽量简单,长度尽量短,以便节省存储空间和减少代码的差错率。

4.6 唯一性原则

在仪器设备分类体系中,一种仪器只能用一个名称、对应一个代码,仅在一个类别中出现,该仪器设备淘汰后,将从原有的类别中删除。

5 分类方法

5.1 采用线分类法对农业科学仪器设备进行分类,分为类别、亚类别、组别和型别四个层级。

5.2 第一层级用第一、第二位数字码表示仪器设备类别,第二层级用第三、第四位数字码表示仪器设备的亚类别,第三层级用第五、第六位数字表示仪器设备的组别,第四层级用第七、第八位数字表示仪器设备的型别。

5.3 在各层级中,被划分的类目为上位类,划分出的类目为下位类,由一个类目直接划分出来的下一级各类目,称为同位类;下位类和上位类类目之间存在隶属关系;同位类划分基准相同,且同位类之间为并列关系,彼此之间的关系不交叉、不重复,且只对应一个上位类;分类依次进行,不设有空层或加层。

6 编码方法

6.1 采用等长8位数字层次代码结构,共分四层,每层以两位阿拉伯数字表示。其编码结构见图1。

6.2 位于较高层级上的每一个类(组)都包含并且只能包含它下面较低层级全部的类(组型)。以每个层级上编码对象特性之间的差异为编码基础,每个层级上特性互不相容。

6.3 细分至较低层级的层次码为较高层级代码段和较低层级代码段的复合代码。

6.4 第二、第三、第四层的分类不再细分时,在其代码后补"0",直至第八位。

6.5 各层分类中均设有收容项,用于该项尚未列出的农业科学仪器设备,以代码99表示。

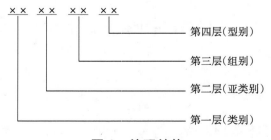

图 1 编码结构

7 分类与代码表

农业科学仪器设备共分为农业通用分析仪器设备、农牧渔业特色仪器设备、电子测量仪器设备、农业机械、计算机及外围设备、文化办公设备 6 个类别。农业科学仪器设备分类与代码见表1。

表 1 农业科学仪器设备分类与代码表

代　码	名　　　称	说　明
10000000	农业通用分析仪器设备	
10010000	电子光学仪器	
10010100	透射电镜	
10010200	扫描电镜	
10010300	电子探针	
10010400	电子能谱仪	
10019900	其他电子光学仪	
10020000	质谱仪器	
10020100	四级杆质谱仪	
10020200	离子阱质谱仪	
10020300	飞行时间质谱仪	
10020400	傅立叶变换质谱仪	
10020500	等离子体质谱仪	
10020600	二次离子质谱仪	
10020700	同位素质谱仪	
10029900	其他质谱仪	
10030000	能谱与射线分析仪	
10030100	X射线衍射仪	
10030200	X射线荧光光谱仪	
10030300	X射线能谱仪	
10030400	紫外光电子能谱仪	
10039900	其他能谱与射线分析仪	
10040000	光谱仪	
10040100	紫外可见分光光度计	
10040200	荧光光谱仪	
10040300	原子吸收分光光度计	
10040400	原子荧光分光光度计	
10040500	光电直读光谱仪	
10040600	电感耦合等离子发射光谱仪	
10040700	光谱成像仪	
10040800	光栅摄谱仪	
10040900	红外光谱仪	
10040901	傅立叶变换红外光谱仪	
10040902	傅立叶变换近红外光谱仪	
10040903	色散型红外光谱仪	
10040904	色散型近红外光谱仪	
10040999	其他红外光谱仪	
10041000	拉曼光谱仪	
10041001	近红外傅立叶拉曼光谱仪	

表1（续）

代　码	名　称	说　明
10041002	色散型拉曼光谱仪	
10041099	其他拉曼光谱仪	
10041100	圆二色光谱仪	
10041101	磁圆二色光谱仪	
10041199	其他磁圆二色光谱仪	
10041200	激光光谱仪	
10041300	光声光谱仪	
10041400	表面等离子共振仪	
10041500	药物溶出度测定仪	
10041600	流动注射分析仪	
10041700	火焰光度计	
10049900	其他光谱仪	
10050000	色谱仪	
10050100	气相色谱仪	
10050200	液相色谱仪	
10050300	离子色谱仪	
10050400	薄层扫描色谱仪	
10050500	凝胶色谱仪	
10050600	超临界色谱仪	
10050700	毛细管电泳仪	
10050800	层析仪	
10050900	逆流色谱仪	
10051000	制备色谱仪	
10051100	电色谱仪	
10051200	氨基酸分析仪	
10051300	色谱仪器配件	
10059900	其他色谱仪	
10060000	波谱仪	
10060100	核磁共振波谱仪	
10060200	顺磁共振波谱仪	
10060300	波谱仪器配件	
10069900	其他波谱仪	
10070000	电化学分析仪	
10070100	库仑分析仪	
10070200	极谱仪	
10070300	电位滴定仪	
10070400	离子浓度计	
10070500	酸度计	
10070600	电导率仪	
10070700	电解分析仪	
10070800	自动滴定仪	

表 1（续）

代 码	名 称	说 明
10079900	其他电化学分析仪	
10080000	物性分析仪	
10080100	熔点仪	
10080200	导热率测定仪	
10080300	热膨胀系数测定仪	
10080400	水分测定仪	
10080500	果实硬度计	
10080600	激光颗粒分布测量仪	
10080700	离心沉降式粒度分布仪	
10080800	密度计	
10080900	渗透压计	
10081000	硬度计	
10081100	黏度计	
10081200	旋光分析仪	
10081300	折射仪	
10081400	分子量测定仪	
10081500	元素分析仪	
10081600	接触角测定仪	
10089900	其他物性分析仪	
10090000	热学分析仪	
10090100	量热差热分析仪	
10090200	示差扫描量热计	
10090300	热天平	
10090400	热成像仪	
10090500	氧弹量热仪	
10099900	其他热学式分析仪	
10100000	显微镜及图像分析仪	
10100100	光学显微镜	
10100101	倒置显微镜	
10100102	金相显微镜	
10100103	偏光显微镜	
10100104	生物显微镜	
10100105	视频显微镜	
10100106	体视显微镜	
10100107	相衬显微镜	
10100108	荧光倒置显微镜	
10100109	荧光显微镜	
10100199	其他光学显微镜	
10100200	激光共焦显微镜	
10100300	近场显微镜	
10100400	原子力显微镜	

表 1（续）

代码	名　　称	说　明
10100500	显微操作系统	
10100600	图像分析仪	
10100700	纺锤体成像仪	
10100800	凝胶图像分析系统	
10100900	磷屏成像分析仪	
10101000	分子成像系统	
10101100	粒子数字图像测速系统	
10109900	其他显微镜与图像分析仪	
10110000	颜色测量仪	
10110100	白度计	
10110200	比较测色仪	
10110300	测色色差计	
10110400	分光测色仪	
10110500	红度计	
10119900	其他颜色测量仪	
10120000	综合分析系统	
10120100	气相色谱—红外光谱联用仪	
10120200	气相色谱—微波电感耦合等离子体联用仪	
10120300	气相色谱—质谱联用仪	
10120301	气相色谱—飞行时间质谱联用仪	
10120302	气相色谱—四级杆质谱联用仪	
10120400	气相色谱—质谱—红外光谱联用仪	
10120500	液相色谱—红外光谱联用仪	
10120600	液相色谱—质谱联用仪	
10120601	液相色谱—双重四级杆质谱联用仪	
10120700	超临界色谱—红外光谱联用仪	
10120800	超临界色谱—质谱联用仪	
10120900	气相色谱—原子吸收光谱联用仪	
10121000	液相色谱电感耦合等离子体质谱联用	
10121100	原子荧光光谱—液相色谱联用仪	
10121200	多维色谱仪	
10121300	串联质谱仪	
10129900	其他综合分析系统	
10130000	生命科学仪器	
10130100	核酸合成仪	
10130200	核酸测序仪	
10130300	菌落计数器	
10130400	自动细菌鉴定仪	
10130500	核酸差异显示系统	
10130600	定量基因扩增仪	
10130700	基因扩增仪	

表 1（续）

代 码	名 称	说 明
10130800	核酸电泳仪	
10130900	脉冲电泳仪	
10131000	多功能多克隆系统	
10131100	多功能分子检测仪	
10131200	多重基因表达遗传分析系统	
10131300	高通量基因分析仪	
10131400	高通量 SNP 分型分析	
10131500	基因芯片制备仪	
10131600	基因芯片系统	
10131700	基因芯片扫描仪	
10131800	基因差异显示系统	
10131900	全自动 DNA/RNA 分析系统	
10132000	全自动核酸提取仪	
10132100	电融合仪	
10132200	基因枪	
10132300	基因组测序仪	
10132400	氨基酸及多肽分析仪	
10132500	多肽合成仪	
10132600	蛋白纯化系统	
10132700	蛋白测序仪	
10132800	多参数免疫分析仪	
10132900	蛋白凝胶系统	
10133000	SNP 遗传多态性分析仪	
10133100	ATP 测定仪	
10133200	蛋白合成仪	
10133300	核酸潜水电泳	
10133400	蛋白核酸印迹仪	
10133500	电泳图象分析系统	
10133600	电泳仪电源	
10133700	电泳槽	
10133800	多用电泳仪	
10133900	分析型蛋白电泳仪	
10134000	流体电泳仪	
10134100	全自动快速水平电泳仪	
10134200	蛋白质双向电泳系统	
10134300	蛋白转移槽	
10134400	全自动蛋白质测定仪	
10134500	自动斑点酶解系统	
10134600	生物分子互作系统	
10134700	流式细胞仪	
10134800	细胞分析仪	

表 1（续）

代 码	名 称	说 明
10134801	全自动动物血液细胞分析仪	
10134802	高内涵细胞分析仪	
10134900	细胞融合仪	
10135000	核酸倍体分析仪	
10135100	多功能细胞分析系统	
10135200	体细胞仪	
10135300	流式细胞显微成像仪	
10135400	全自动荧光显微细胞测定系统	
10135500	乳成分体细胞快速分析仪	
10135600	显微切割系统	
10135700	凝胶扫描仪	
10135800	生物化学发光仪	
10135900	生化分析仪	
10136000	酶标仪	
10136100	生物大分子分析系统	
10136200	生物芯片系统	
10136300	高通量药物筛选仪	
10136400	生物反应器	
10136500	凝胶干燥仪	
10136600	制备电泳仪	
10136700	紫外交联仪	
10136800	紫外透射仪	
10136900	PCR 洁净工作台	
10137000	TGGE 温度梯度电泳系统	
10137100	单通道标记线注射器	
10137200	多标记检测仪	
10137300	多功能液相芯片系统	
10137400	分子杂交炉	
10137500	培养基自动分装系统	
10137600	全自动菌落计数仪	
10137700	全自动盖片机	
10137800	全自动清洗机	
10137900	全自动染色机	
10138000	全自动脱水机	
10138100	数字化 X 线生物样本成像系统	
10138200	数字式液体稀释仪	
10138300	自动微生物鉴定仪	
10139900	其他生命科学仪器	
10140000	环境分析仪器	
10140100	大气污染监测仪器	
10140200	烟尘浓度计	

表 1（续）

代　码	名　称	说　明
10140300	油污染测量仪	
10140400	浊度计	
10140500	环境噪声测量仪	
10140600	总需氧量 TOD 测定仪	
10140700	碳氧化物分析仪	
10140701	二氧化碳分析仪	
10140702	一氧化碳分析仪	
10140800	硫化氢分析器	
10140900	二氧化硫分析器	
10141000	臭氧分析器	
10141100	化学需氧量测定仪	
10141200	生物需氧量测定仪	
10141300	溶解氧测定仪	
10141400	水质监测仪	
10141500	碳氢化合物分析器	
10141600	多通道土壤碳通量自动测量系统	
10141700	总有机碳分析仪	
10141800	氢分析仪	
10141900	便携式河流底质识别分类系统	
10142000	参量阵浅地层剖面仪	
10142100	臭氧在线/便携检测仪	
10142200	痕量重金属分析仪	
10142300	水质毒性检测仪	
10142400	二氧化碳记录仪	
10142500	废气在线监测系统	
10142600	烟气连续在线监测分析系统	
10142700	甲醛分析仪	
10142800	挥发性有机物检测仪	
10142900	垃圾处理气体检测仪	
10143000	恶臭污染物排放探测仪	
10143100	城市环境气体分析系统	
10143200	室内空气质量监测仪	
10143300	磷化氢检测仪	
10143400	氯气检测仪	
10143500	环氧乙烷检测仪	
10143600	便携式机动车尾气监测仪	
10143700	空气质量指数分析仪	
10143800	粉尘检测仪	
10143900	风向风速仪	
10144000	风量仪	
10144100	光照度测定仪	

表1（续）

代　码	名　　称	说　明
10144200	测氡仪	
10144300	阳光能见度仪	
10144400	核效应分析仪	
10144500	小气候监测记录仪	
10144600	环境振动分析仪	
10144700	热环境分析仪	
10144800	热解析仪	
10144900	辐射热计	
10145000	等比例水质采样器	
10145100	总氯分析仪	
10145200	氰化物测定仪	
10145300	总硬度计	
10145400	环境记录仪	
10145500	污水在线监测系统	
10145600	雨量探测器	
10145700	超声波管道流量在线测量仪	
10145800	便携式土壤环境分析仪	
10145900	氨氮及硝酸盐氮测量仪	
10146000	土壤酸度计	
10146100	矿石分析仪	
10146200	碳硫分析仪	
10146300	碳硅分析仪	
10146400	便携式 X 荧光分析仪	
10146500	蓝绿藻在线监测仪	
10146600	大肠杆菌测定仪	
10146700	红外测油仪	
10146800	微波等离子体光谱仪	
10146900	电解水分测定仪	
10147000	固体测汞仪	
10147100	液体测汞仪	
10147200	闪点测定仪	
10147300	土壤盐分测定仪	
10147400	土壤紧实度仪	
10147500	土壤张力计	
10147600	负离子浓度仪	
10147700	电场磁场强度计	
10147800	氯化物测定仪	
10147900	液体颗粒测定仪	
10148000	UV 在线测分析仪器	
10148100	便携式分光光度计	
10148200	电磁辐射和放射性监测仪器	

表 1 （续）

代　码	名　　称	说　明
10148300	VOC 检测仪	
10148400	皂膜流量计	
10148500	采样器	
10148501	土壤采样器	
10148502	PM10 采样器	
10148503	空气中颗粒物采样器	
10148504	大气采样仪	
10148505	酸雨自动采样器	
10148599	其他采样器	
10148600	加热消解器	
10149900	其他环境分析仪器	
10150000	样品前处理及实验室常规设备	
10150100	天平	
10150101	单盘天平	
10150102	双盘天平	
10150103	电子天平(1/十万)	
10150104	电子天平(1/万)	
10150105	电子天平(1/千)	
10150106	电子天平(1/百)	
10150107	扭力天平	
10150108	工业用电子天平	
10150109	液体比重天平	
10150199	其他天平	
10150200	离心机	
10150201	连续流离心机	
10150202	落地式低速冷冻离心机	
10150203	落地式高速冷冻离心机	
10150204	落地式制备超速离心机	
10150205	落地式分析超速离心机	
10150206	台式超速冷冻离心机	
10150207	台式高速冷冻离心机	
10150208	台式低速冷冻离心机	
10150209	台式低速离心机	
10150210	台式高速离心机	
10150211	台式大容量冷冻离心机	
10150299	其他离心机	
10150300	培养、试验箱(室)	
10150301	二氧化碳培养箱	
10150302	O_2、N_2培养箱	
10150303	低温培养箱	
10150304	电热培养箱	

表 1（续）

代　码	名　　称	说　明
10150305	调温调湿箱	
10150306	光照培养箱	
10150307	恒温恒湿培养箱	
10150308	恒温培养箱	
10150309	生化培养箱	
10150310	细菌培养箱	
10150311	厌氧培养箱	
10150312	震荡培养箱	
10150313	转瓶培养器	
10150314	多目的培养器	
10150315	高低温试验箱	
10150316	恒温槽	
10150317	人工气候室	
10150318	人工气候箱	
10150319	厌氧培养工作站	
10150320	种子发芽箱	
10150321	动物人工气候室	
10150322	隔水式培养箱	
10150323	种子老化试验箱	
10150399	其他培养、试验箱（室）	
10150400	干燥设备	
10150401	电热恒温干燥箱	
10150402	鼓风干燥箱	
10150403	喷雾干燥器	
10150404	离心喷雾干燥机	
10150405	临界点干燥器	
10150406	落地式冷冻干燥机	
10150407	落地式离心冷冻干燥机	
10150408	台式冷冻干燥机	
10150409	台式离心冷冻干燥机	
10150410	微波干燥箱（机）（含隧道式）	
10150411	远红外干燥箱	
10150412	真空干燥箱	
10150413	冷冻干燥机	
10150414	真空冷冻干燥系统	
10150499	其他干燥设备	
10150500	制冷、空调设备	
10150501	冰柜	
10150502	层析柜	
10150503	超低温冰箱	
10150504	除湿机	

表 1（续）

代　码	名　　称	说　明
10150505	恒温恒湿机组	
10150506	加湿机	
10150507	空调机组	
10150508	冷藏罐	
10150509	冷却水循环装置	
10150510	普通冰箱	
10150511	人工霜箱	
10150512	送风弥雾器	
10150513	小型干冰机	
10150514	液氮机	
10150515	液氮冷藏柜	
10150516	制冰机	
10150517	制冷机组	
10150518	组装式冷库	
10150599	其他制冷、空调设备	
10150600	泵系列	
10150601	齿轮泵	
10150602	活塞泵	
10150603	计量泵	
10150604	空压机	
10150605	蠕动泵	
10150606	手动泵	
10150607	真空泵	
10150608	自动注射泵	
10150699	其他泵系列	
10150700	粉碎、研磨设备	
10150701	布拉本德磨	
10150702	剪切式粉碎机	
10150703	胶体磨	
10150704	玛瑙磨	
10150705	旋风式粉碎机	
10150706	超声粉碎机	
10150707	冷冻研磨机	
10150799	其他粉碎、研磨设备	
10150800	萃取、浓缩仪	
10150801	超临界萃取仪	
10150803	旋转蒸发仪	
10150804	真空离心浓缩仪	
10150805	微波萃取装置	
10150806	快速溶液萃取装置	
10150807	固相萃取装置	

表1（续）

代　码	名　称	说　明
10150808	顶空与吹扫捕集装置	
10150899	其他萃取、浓缩仪	
10150900	灭菌装置	
10150901	电热灭菌锅	
10150902	高压蒸汽灭菌器	
10150903	双扉灭菌柜	
10150904	真空熏蒸机	
10150905	紫外灭菌锅	
10150906	干燥灭菌箱	
10150907	蒸汽高压灭菌锅	
10150999	其他灭菌装置	
10151000	切片机	
10151001	轮转式切片机	
10151002	机械式切片机	
10151003	电动式切片机	
10151004	全自动式切片机	
10151005	冰冻切片机	
10151006	平推式切片机	
10151007	滑动切片机	
10151008	震动式切片机	
10151009	超薄切片机	
10151010	半薄切片机	
10151099	其他切片机	
10151100	气体发生器	
10151101	氢气发生器	
10151102	氮气发生器	
10151103	气体过滤器	
10151199	其他气体发生器	
10151200	水解、消解装置	
10151201	蛋白水解装置	
10151202	电热消煮炉	
10151203	红外消煮炉	
10151204	马弗炉	
10151205	湿式消化系统	
10151206	微波炉	
10151207	微波消解器	
10151208	微波消解装置	
10151299	其他水解、消解装置	
10151300	水浴装置	
10151301	超低温水浴	
10151302	电热恒温水浴	

表 1（续）

代　码	名　称	说　明
10151303	普通恒温水浴	
10151304	循环恒温水浴	
10151399	其他水浴	
10151400	其他综合仪器	
10151401	超纯水器	
10151402	超净工作台	
10151403	超滤器	
10151404	超声波裂解器	
10151405	超声波破碎机	
10151406	超声波清洗器	
10151407	超声波匀浆器	
10151408	包埋机	
10151409	薄膜蒸发器	
10151410	称量演算仪	
10151411	纯水装置	
10151412	低温操作箱	
10151413	电超滤仪	
10151414	高速组织破碎器	
10151415	高压反应釜	
10151416	加样分配器	
10151417	搅拌器	
10151418	净化室	
10151419	冷冻蚀刻仪	
10151420	离子溅射器	
10151421	密度梯度分馏仪	
10151422	洗脱液滤清系统	
10151423	真空镀膜机	
10151424	真空喷涂仪	
10151425	自动涂布器	
10151426	匀浆机	
10151427	组织匀浆器	
10151428	自动脱水机	
10151429	旋转薄膜蒸发仪	
10151430	组织包埋机	
10151431	振荡器	
10151432	热解析装置	
10151433	热裂解装置	
10151434	采样装置	
10151435	智能连续化多功能超声波提取机组	
10151436	多功能全自动样品制备站	
10151437	恒温摇床	

表 1（续）

代　码	名　称	说　明
10151438	混合型球磨仪	
10151439	均质器	
10151440	控温摇床	
10151441	控温水处理系统	
10151442	库尔特颗粒计数及粒质分析仪	
10151443	微波灰化/磺化系统	
10151444	微取样装置	
10151445	微滤机	
10151446	真空转印系统	
10151447	真空镶嵌机	
10151448	紫外线清毒机	
10151449	PCT压力循环技术样品制备系统	
10151450	玻璃器皿清洗机	
10151451	整体无菌室	
10159900	其他样品前处理及实验室常规设备	
10990000	其他农业通用分析仪器设备	
20000000	农牧渔业特色仪器设备	
20010000	农业专用品质分析仪	
20010100	淀粉黏滞力测定器	
20010200	定氮仪	
20010300	粮油品质多参数速测仪	
20010400	支、直链淀粉测定仪	
20010500	赖氨酸测定仪	
20010600	纤维素测定仪	
20010700	脂肪测定仪	
20010800	核磁共振含油量测定仪	
20010900	便携式电子鼻系统	
20011000	面筋测定仪	
20011100	沉淀值仪	
20011200	粉质仪	
20011300	拉伸仪	
20011400	吹泡仪	
20011500	揉混仪	
20011600	烘焙仪	
20011700	降落数值仪	
20019900	其他农业专用品质分析仪	
20020000	其他品质和安全分析仪	
20020100	糖分测定仪	
20020200	烟焦油测定仪	
20020300	自动烟度仪	
20020400	黄曲霉毒素速测仪	

表 1（续）

代　码	名　　称	说　明
20020500	农药残留速测仪	
20020600	兽药残留速测仪	
20020700	抗生素残留速测仪	
20029900	其他	
20030000	植物生理生态测试仪	
20030100	多谱辐射仪	
20030200	根系观测系统	
20030300	光合有效辐射仪	
20030400	光合作用测定仪	
20030500	积光度	
20030600	积温仪	
20030700	茎流仪	
20030800	农用红外枪	
20030900	气孔计	
20031000	千粒重测定仪	
20031100	时域反射仪	
20031200	数粒仪	
20031300	水势仪	
20031400	叶绿素测定仪	
20031500	叶绿素荧光计	
20031600	叶面积测定仪	
20031700	照度计	
20031800	土壤水分测量仪	
20031900	土壤养分测试仪	
20032000	根系分析仪	
20032100	稻田甲烷检测系统	
20032200	根系扫描仪	
20032300	蒸腾作用测定仪	
20032400	植物冠层分析仪	
20039900	其他植物生理生态测试仪	
20040000	畜牧兽医专用仪器	
20040100	超声波妊娠监测仪	
20040200	活体采卵仪	
20040300	经络声发射测定仪	
20040400	精子活力检查仪	
20040500	冷冻精液温度记录仪	
20040600	免疫化学分析仪	
20040700	牧草生长仪	
20040800	内窥镜	
20040900	嫩度计	
20041000	牛活体测膘仪	

表1（续）

代　码	名　　　称	说　明
20041100	牛胃金属异物探测仪	
20041200	胚胎冷冻仪	
20041300	乳质测定仪	
20041400	生理记录仪	
20041500	兽用B超仪	
20041600	细管精液冷冻仪	
20041700	血流变测试仪	
20041800	血清滤器	
20041900	血液分析仪	
20042000	烟雾污斑反射仪	
20042100	鱼、肉鲜度仪	
20042200	猪活体测膘仪	
20042300	受精卵/胚胎超微呼吸系统	
20049900	其他畜牧兽医专用仪器	
20050000	农业气象专用仪器	
20050100	测风仪	
20050200	辐射及日照测量仪	
20050300	降水及蒸发测量仪	
20050400	露点测定仪	
20050500	能见度测量仪	
20050600	气象数据采集系统	
20050700	气压测量仪	
20050800	湿度测量仪	
20050900	太阳监测记录仪	
20051000	温度测量仪	
20051100	云高测量仪	
20051200	自动控温仪	
20051300	自动气象站	
20059900	其他农业气象仪器	
20060000	土壤灌溉专用仪器	
20060100	R-R电阻网络模拟机	
20060200	低吸力压力薄膜仪	
20060300	地下管线探测仪	
20060400	高吸力压力薄膜仪	
20060500	喷灌测试系统	
20060600	喷射测量系统	
20060700	水田静载式承压仪	
20060800	土壤非饱和测定系统	
20060900	土壤坚实度仪	
20061000	土壤盐份计	
20061100	泄漏测量系统	

表1（续）

代　码	名　　称	说　明
20061200	自记张力计	
20069900	其他土壤灌溉专用仪器	
20070000	植保专用仪器	
20070100	昆虫行为检测系统	
20070200	土壤覆膜熏蒸机	
20070300	氧化燃烧炉	
20070400	植物叶片压汁机	
20070500	EAG昆虫触角电位测量系统	
20070600	动物行为记录系统	
20079900	其他植保专用仪器	
20080000	渔业专用仪器	
20080100	鱼类行为分析系统	
20080200	鱼类线码标签标记系统	
20080300	鱼类卫星信标追踪系统	
20080400	鱼类耳石研磨系统	
20080500	鱼类耳石微结构分析系统	
20080600	鱼类耳石切割系统	
20080700	鱼类超声波追踪定位系统	
20080800	鱼类标记装置	
20080900	鱼类生态GIS地理信息系统	
20081000	鱼类呼吸测量仪	
20081100	浮游生物采样泵	
20081200	海洋水下起伏式拖体	
20081300	鱼体监测器B	
20081400	渔业资源与生态环境GIS地理信息系统	
20081500	渔用快艇	
20081600	鱼类资源回声探测仪	
20081700	鱼类硬骨切磨系统	
20081800	远洋围网起网多滚筒起网实验设备	
20081900	远洋金枪鱼延绳钓捕实验设备	
20082000	藻类毒性荧光仪	
20082100	藻类细胞整体分析系统	
20082200	藻类野外现场分析仪	
20082300	模型水池网位测试系统	
20082400	内陆水域渔业资源科考船	
20082500	封闭循环水产养殖系统	
20082600	水生生物学教学实验平台	
20082700	水生动物呼吸测量系统	
20082800	循环水养殖系统	
20082900	小型气垫船	
20083000	野外水上观测艇	

表1（续）

代　码	名　称	说　明
20083100	中型科考调查船	
20083200	智能人工气候藻类培养室	
20089900	其他渔业专用仪器	
20090000	纤维专用仪器	
20990000	其他农牧渔业特色仪器设备	
30000000	电子测量仪器设备	
30010000	电子信号发生器	
30010100	超低频信号发生器	
30010200	低频信号发生器	
30010300	高频信号发生器	
30010400	微波信号发生器	
30010500	频率合成信号发生器	
30010600	通用脉冲信号发生器	
30010700	函数信号发生器	
30010800	噪声信号发生器	
30019900	其他电子信号发生器	
30020000	数字、模拟仪表及功率计	
30020100	数字仪表及装置	
30020101	直流数字电压表	
30020102	交流数字电压表	
30020103	交直流数字电压表	
30020104	数字万用表	
30020105	数字频率计	
30020199	其他数字仪表及装置	
30020200	模拟式电压表	
30020201	脉冲电压表	
30020202	超高频电压表	
30020299	其他模拟式电压表	
30020300	功率计	
30029900	其他数字、模拟仪表及功率计	
30030000	元件器件参数测量仪	
30030100	电阻器、电容器参数测量仪	
30030200	半导体器件参数测量仪	
30030201	半导体综合参数测量仪	
30030299	其他半导体器件参数测量仪	
30030300	集成电路参数测量仪	
30030301	模拟电路参数测量仪	
30030399	其他集成电路参数测量仪	
30030400	其他电子器件参数测量仪	
30030401	电真空器件参数测量仪	
30030499	其他	

表 1（续）

代 码	名 称	说 明
30039900	其他元件器件参数测量仪	
30040000	时间频率和网络测量仪器	
30040100	时间及频率测量仪	
30040101	通用频率计数器	
30040199	其他时间及频率测量仪	
30040200	网络特性测量仪	
30049900	其他时间频率和网络测量仪器	
30050000	衰减器滤波器和放大器	
30050100	衰减及滤波器	
30050101	衰减测量装置	
30050199	其他衰减及滤波器	
30050200	放大器	
30050201	直流放大器	
30050202	交流放大器	
30059900	其他衰减器滤波器和放大器	
30060000	场强干扰、波形参数测量及示波器	
30060100	场强干扰测量仪器及测量接收机	
30060101	场强计	
30060199	其他场强干扰测量仪器及测量接收机	
30060200	波形参数测量仪器	
30060201	失真度测量仪	
30060202	调制度测量仪	
30060203	波形分析仪	
30060299	其他波形参数测量仪器	
30060300	电子示波器	
30060301	通用示波器	
30060302	取样示波器	
30060303	存储示波器	
30060304	记忆示波器	
30060305	高灵敏示波器	
30060306	慢扫描示波器	
30060307	长余辉示波器	
30060399	其他电子示波器	
30069900	其他场强干扰、波形参数测量及示波器	
30990000	其他电子测量仪器设备	
40000000	农业机械	
40010000	耕整地机械	
40010100	耕地机械	
40010101	锋式犁	
40010102	翻转犁	
40010103	圆盘犁	

表1（续）

代　码	名　　称	说　明
40010104	栅条犁	
40010105	旋耕机	
40010106	耕整机(水田、旱田)	
40010107	微耕机	
40010108	田园管理机	
40010109	开沟机(器)	
40010110	浅松机	
40010111	深松船	
40010112	浅耕深松机	
40010113	机滚船	
40010114	机耕船	
40010199	其他耕地机械	
40010200	整地机械	
40010201	钉齿耙	
40010202	弹齿耙	
40010203	圆盘耙	
40010204	滚子耙	
40010205	驱动耙	
40010206	起垄机	
40010207	镇压器	
40010208	合墒器	
40010209	灭茬机	
40010299	其他整地机械	
40019900	其他耕整地机械	
40020000	种植施肥机械	
40020100	播种机械	
40020101	条播机	
40020102	穴播机	
40020103	异型种子播种机	
40020104	小粒种子播种机	
40020105	根茎类种子播种机	
40020106	水稻(水、旱)直播机	
40020107	撒播机	
40020108	免耕播种机	
40020199	其他播种机械	
40020200	育苗机械设备	
40020201	秧盘播种成套设备(含床土处理)	
40020202	秧田播种机	
40020203	种子处理设备(浮选、催芽、脱芒等)	
40020204	营养钵压制机	
40020205	起苗机	

表1（续）

代　码	名　　称	说　明
40020299	其他育苗机械设备	
40020300	栽植机械	
40020301	蔬菜移栽机	
40020302	油菜栽植机	
40020303	水稻插秧机	
40020304	水稻抛秧机	
40020305	水稻摆秧机	
40020306	甘蔗种植机	
40020307	草皮栽补机	
40020308	树木移栽机	
40020399	其他栽植机械	
40020400	施肥机械	
40020401	施肥机	
40020402	撒肥机	
40020403	追肥机	
40020404	中耕追肥机	
40020499	其他施肥机械	
40020500	地膜机械	
40020501	地膜覆盖机	
40020502	残膜回收机	
40020599	其他地膜机械	
40029900	其他种植施肥机械	
40030000	田间管理机械	
40030100	中耕机械	
40030101	中耕机	
40030102	培土机	
40030103	除草机	
40030104	埋藤机	
40030199	其他中耕机械	
40030200	植保机械	
40030201	手动喷雾器	
40030202	电动喷雾器	
40030203	机动喷雾喷粉机	
40030204	动力喷雾机	
40030205	喷杆式喷雾机	
40030206	风送式喷雾机	
40030207	烟雾机	
40030208	杀虫灯	
40030299	其他植保机械	
40030300	修剪机械	
40030301	嫁接设备	

表1（续）

代　码	名　称	说　明
40030302	茶树修剪机	
40030303	果树修剪机	
40030304	草坪修剪机	
40030305	割灌机	
40030399	其他修剪机械	
40039900	其他田间管理机械	
40040000	收获机械	
40040100	谷物收获机械	
40040101	自走轮式谷物联合收割机	
40040102	自走履带式谷物联合收割机	
40040103	背负式谷物联合收割机	
40040104	牵引式谷物联合收割机	
40040105	半喂入联合收割机	
40040106	梳穗联合收割机	
40040107	大豆收获专用割台	
40040108	割晒机	
40040109	割捆机	
40040199	其他谷物收获机械	
40040200	玉米收获机械	
40040201	背负式玉米收获机	
40040202	自走式玉米收获机	
40040203	自走式玉米联合收获	
40040204	穗茎兼收玉米收获机	
40040299	其他玉米收获机械	
40040300	棉麻作物收获机械	
40040301	棉花收获机	
40040302	麻类作物收获机	
40040399	其他棉麻作物收获机械	
40040400	果实收获机械	
40040401	葡萄收获机	
40040402	果实捡拾机	
40040403	草莓收获机	
40040499	其他果实收获机械	
40040500	蔬菜收获机械	
40040501	豆类蔬菜收获机	
40040502	叶类蔬菜收获机	
40040503	果类蔬菜收获机	
40040599	其他蔬菜收获机械	
40040600	花卉(茶叶)采收机械	
40040601	花卉采收机	
40040602	啤酒花收获机	

表 1（续）

代 码	名 称	说 明
40040603	采茶机	
40040699	其他花卉(茶叶)采收机械	
40040700	籽粒作物收获机械	
40040701	油菜籽收获机	
40040702	葵花籽收获机	
40040703	草籽收获机	
40040704	花生收获机	
40040799	其他籽粒作物收获机械	
40040800	根茎作物收获机械	
40040801	薯类收获机	
40040802	大蒜收获机	
40040803	甜菜收获机	
40040804	药材挖掘机	
40040805	甘蔗收获机	
40040806	甘蔗割铺机	
40040807	甘蔗剥叶机	
40040899	其他根茎作物收获机械	
40040900	饲料作物收获机械	
40040901	青饲料收获机	
40040902	牧草收获机	
40040903	割草机	
40040904	翻晒机	
40040905	搂草机	
40040906	捡拾压捆机	
40040907	压捆机	
40040999	其他饲料作物收获机械	
40049900	其他收获机械	
40050000	收获后处理机械	
40050100	脱粒机械	
40050101	稻麦脱粒机	
40050102	玉米脱粒机	
40050103	脱扬机	
40050199	其他脱粒机械	
40050200	清选机械	
40050201	粮食清选机	
40050202	种子清选机	
40050203	甜菜清理机	
40050204	籽棉清理机	
40050205	扬场机	
40050299	其他清选机械	
40050300	剥壳(去皮)机械	

表 1（续）

代　码	名　　称	说　明
40050301	玉米剥皮机	
40050302	花生脱壳机	
40050303	棉籽剥壳机	
40050304	干坚果脱壳机	
40050305	青豆脱壳机	
40050306	大蒜去皮机	
40050399	其他剥壳(去皮)机械	
40050400	干燥机械	
40050401	粮食烘干机	
40050402	种子烘干机	
40050403	籽棉烘干机	
40050404	果蔬烘干机	
40050405	药材烘干机	
40050406	油菜籽烘干机	
40050407	热风炉	
40050499	其他干燥机械	
40050500	种子加工机械	
40050501	脱芒(绒)机	
40050502	种子分级机	
40050503	种子包衣机	
40050504	种子加工机组	
40050505	种子丸粒化处理机	
40050506	棉籽脱绒成套设备	
40050599	其他种子加工机械	
40050600	仓储机械	
40050601	金属筒仓	
40050602	输粮机	
40050603	简易保鲜储藏设备	
40050699	其他仓储机械	
40059900	其他收获后处理机械	
40060000	农产品初加工机械	
40060100	碾米机械	
40060101	碾米机	
40060102	砻谷机	
40060103	谷糙分离机	
40060104	组合米机	
40060105	碾米加工成套设备	
40060199	其他碾米机械	
40060200	磨粉(浆)机械	
40060201	打麦机	
40060202	洗麦机	

表1（续）

代　码	名　　称	说　明
40060203	磨粉机	
40060204	面粉加工成套设备	
40060205	淀粉加工成套设备	
40060206	磨浆机	
40060207	粉条（丝）加工机	
40060299	其他磨粉（浆）机械	
40060300	榨油机械	
40060301	螺旋榨油机	
40060302	液压榨油机	
40060303	毛油精炼成套设备	
40060304	滤油机	
40060399	其他榨油机械	
40060400	棉花加工机械	
40060401	轧花机	
40060402	皮棉清理机	
40060403	剥绒机	
40060404	棉花打包机	
40060499	其他棉花加工机械	
40060500	果蔬加工机械	
40060501	水果分级机	
40060502	水果打蜡机	
40060503	切片切丝机	
40060504	榨汁机	
40060505	蔬菜清洗机	
40060506	薯类分级机	
40060507	蔬菜分级机	
40060599	其他果蔬加工机械	
40060600	茶叶加工机械	
40060601	茶叶杀青机	
40060602	茶叶揉捻机	
40060603	茶叶炒（烘）干机	
40060604	茶叶筛选机	
40060699	其他茶叶加工机械	
40069900	其他农产品初加工机械	
40070000	农用搬运机械	
40070100	运输机械	
40070101	农用挂车	
40070102	手扶拖拉机变型运输机	
40070103	农业运输车辆	
40070104	挂桨机	
40070199	其他运输机械	

表1（续）

代 码	名 称	说 明
40070200	装卸机械	
40070201	码垛机	
40070202	农用吊车	
40070203	农用叉车	
40070204	农用装载机	
40070299	其他装卸机械	
40070300	农用航空器	
40070301	农用固定翼飞机	
40070302	农用旋翼飞机	
40070399	其他农用航空器	
40079900	其他农用搬运机械	
40080000	排灌机械	
40080100	水泵	
40080101	离心泵	
40080102	潜水泵	
40080103	微型泵	
40080104	泥浆泵	
40080105	污水泵	
40080199	其他水泵	
40080200	喷灌机械设备	
40080201	喷灌机	
40080202	微灌设备（微喷、滴灌、渗灌）	
40080203	水井钻机	
40080299	其他喷灌机械设备	
40089900	其他排灌机械	
40090000	畜牧机械	
40090100	饲料（草）加工机械设备	
40090101	青贮切碎机	
40090102	铡草机	
40090103	揉丝机	
40090104	压块机	
40090105	饲料粉碎机	
40090106	饲料混合机	
40090107	饲料破碎机	
40090108	饲料分级筛	
40090109	饲料打浆机	
40090110	颗粒饲料压制机	
40090111	饲料搅拌机	
40090112	饲料加工成套设备	
40090113	饲料膨化机	
40090199	其他饲料（草）加工机械设备	

表1（续）

代　码	名　　称	说　明
40090200	畜牧饲养机械	
40090201	孵化机	
40090202	育雏保温伞	
40090203	螺旋喂料机	
40090204	送料机	
40090205	饮水器	
40090206	清粪机（车）	
40090207	鸡笼鸡架	
40090208	消毒机	
40090209	药浴机	
40090210	网围栏	
40090299	其他畜牧饲养机械	
40090300	畜产品采集加工机械设备	
40090301	挤奶机	
40090302	剪羊毛机	
40090303	牛奶分离机	
40090304	储奶罐	
40090305	家禽脱羽设备	
40090306	家禽浸烫设备	
40090307	生猪浸烫设备	
40090308	生猪刮毛设备	
40090309	屠宰加工成套设备	
40090399	其他畜产品采集加工机械设备	
40099900	其他畜牧机械	
40100000	动力机械	
40100100	拖拉机	
40100101	轮式拖拉机	
40100102	手扶拖拉机	
40100103	履带式拖拉机	
40100104	半履带式拖拉机	
40100199	其他拖拉机	
40100200	内燃机	
40100201	柴油机	
40100202	汽油机	
40100299	其他内燃机	
40100300	燃油发电机组	
40100301	汽油发电机组	
40100302	柴油发电机组	
40100399	其他燃油发电机组	
40109900	其他动力机械	
40110000	农村可再生能源利用设备	

表1（续）

代　码	名　　　称	说　明
40110100	风力设备	
40110101	风力发电机	
40110102	风力提水机	
40110199	其他风力设备	
40110200	水力设备	
40110201	微水电设备	
40110202	水力提灌机	
40110299	其他水力设备	
40110300	太阳能设备	
40110301	太阳能集热器	
40110302	太阳灶	
40110399	其他太阳能设备	
40110400	生物质能设备	
40110401	沼气发生设备	
40110402	沼气灶	
40110403	秸秆气化设备	
40110404	秸秆燃料致密成型设备(含压块、压棒、压粒等设备)	
40110499	其他生物质能设备	
40119900	其他农村可再生能源利用设备	
40120000	农田基本建设机械	
40120100	挖掘机械	
40120101	挖掘机	
40120102	开沟机	
40120103	挖坑机	
40120104	推土机	
40120199	其他挖掘机械	
40120200	平地机械	
40120201	平地机	
40120202	铲运机	
40120299	其他平地机械	
40120300	清淤机械	
40120301	挖泥船	
40120302	清淤机	
40120399	其他清淤机械	
40129900	其他农田基本建设机械	
40130000	设施农业设备	
40130100	日光温室设施设备	
40130101	日光温室结构	
40130102	卷帘机	
40130103	保温被	
40130104	加温炉	

表 1（续）

代　码	名　　称	说　明
40130199	其他日光温室设施设备	
40130200	塑料大棚设施设备	
40130201	大棚结构	
40130202	手动卷膜器	
40130299	其他塑料大棚设施设备	
40130300	连栋温室设施设备	
40130301	连栋温室结构	
40130302	开窗机	
40130303	拉幕机	
40130304	排风机	
40130305	温帘	
40130306	苗床	
40130307	二氧化碳发生器	
40130308	加温系统	
40130309	无土栽培系统	
40130310	灌溉首部	
40130399	其他连栋温室设施设备	
40139900	其他设施农业设备	
40140000	热带作物机械	
40140100	天然橡胶生产机械	
40140101	天然橡胶初加工机械	
40140102	胶园机械	
40140199	其他天然橡胶生产机械	
40140200	剑麻生产机械	
40140201	剑麻加工机械	
40140202	剑麻田间作业机械	
40140299	其他剑麻生产机械	
40140300	木薯生产机械	
40140301	木薯加工机械	
40140302	木薯田间作业机械	
40140399	其他木薯生产机械	
40140400	甘蔗生产机械	
40140401	甘蔗叶粉碎还田机	
40140402	甘蔗滴灌管铺放机	
40140403	甘蔗中耕机	
40140404	甘蔗施肥机	
40140405	甘蔗喷雾机	
40140406	甘蔗撒石灰机	
40140407	甘蔗收获机	
40140408	甘蔗剥叶机	
40140409	甘蔗装载提升机	

表 1（续）

代 码	名 称	说 明
40140410	甘蔗田间自卸拖车	
40140411	甘蔗叶打捆机	
40140499	其他甘蔗生产机械	
40140500	咖啡生产机械	
40140501	咖啡脱皮机	
40140502	咖啡脱胶清洗机	
40140503	咖啡取样机	
40140599	其他咖啡生产机械	
40140600	椰子生产机械	
40140601	椰肉刨丝机	
40140602	椰肉榨奶机	
40140699	其他椰子生产机械	
40140700	胡椒生产机械	
40140701	胡椒脱粒去皮机	
40140702	胡椒洗涤机	
40140703	胡椒分级机	
40140799	其他胡椒生产机械	
40140800	荔枝生产机械	
40140801	荔枝清洗机	
40140802	荔枝分级机	
40140803	荔枝脱壳去核机	
40140804	荔枝打浆机	
40140805	荔枝干燥机	
40140899	其他荔枝生产机械	
40140900	龙眼生产机械	
40140901	龙眼清洗机	
40140902	龙眼分级机	
40140903	龙眼脱壳去核机	
40140904	龙眼打浆机	
40140905	龙眼干燥机	
40140999	其他龙眼生产机械	
40141000	西番莲生产机械	
40141001	西番莲破果机	
40141002	西番莲果汁分离机	
40141003	西番莲榨汁机	
40141099	其他西番莲生产机械	
40141100	菠萝生产机械	
40141101	菠萝叶加工机械	
40141102	菠萝叶田间作业机械	
40141199	其他菠萝生产机械	
40141200	香蕉生产机械	

表 1（续）

代码	名称	说明
40141201	香蕉茎秆加工机械	
40141202	香蕉田间作业机械	
40141299	其他香蕉生产机械	
40150000	渔业机械	
40150100	水产养殖机械	
40150101	增氧机	
40150102	投饵机	
40150103	网箱养殖设备	
40150104	水体净化处理设备	
40150105	深水网箱	
40150106	潜水曝气机	
40150107	喷浆机	
40150108	水族箱	
40150109	水下清淤机	
40150110	泥浆泵	
40150111	水力挖塘机	
40150112	活鱼运输装置	
40150113	拦鱼设备	
40150114	植物过滤器	
40150115	池底清扫机	
40150116	藻类养殖机械	
40150117	养殖水体紫外线杀菌消毒装置	
40150118	渔业水质净化用臭氧装置	
40150119	苗种孵化设备	
40150120	渔用水质分析仪	
40150121	鱼苗鱼种记数器	
40150199	其他水产养殖机械	
40150200	水产捕捞仪器设备	
40150201	吸鱼泵	
40150202	理网机	
40150203	渔轮绞纲机	
40150204	分离式绞纲机	
40150205	流刺网起网机	
40150206	拖网卷网机	
40150207	充气球式起网机	
40150208	延绳钓起钓机	
40150209	鱿鱼钓起钓机	
40150210	延绳笼起绳机	
40150211	钓线输送机	
40150212	投钓机	
40150213	滩涂采捕机	

表 1（续）

代　码	名　　称	说　明
40150214	池塘起鱼机	
40150215	冰下捕鱼机械	
40150216	垂直回声探鱼仪	
40150217	渔用声纳	
40150218	探渔仪换能器	
40150219	海况仪	
40150220	潮流计	
40150221	网上探测仪	
40150222	无线电浮标	
40150223	渔船雷达	
40150224	渔用全球卫星导航仪 GPS	
40150225	渔用差分 GPS 导航仪	
40150226	综合渔航仪	
40150227	渔船用单边带通信机	
40150228	渔用无线电话机	
40150229	渔船天线转换开关	
40150230	渔业电子海图	
40150231	渔船用生活污水处理装置	
40150232	渔船用油污水分离装置	
40150233	渔船用救生衣	
40150234	渔船用救生筏	
40150299	其他水产捕捞仪器设备	
40150300	水产品加工设备	
40150301	鱼肝油胶丸机	
40150302	鱼油分离机	
40150303	洗鱼机	
40150304	去鳞机	
40150305	去头、去内脏机	
40150306	鱼肉采取机	
40150307	鱼肉精滤机	
40150308	擂溃机	
40150309	鱼糜成型机	
40150310	烤鱼片机	
40150311	鱼片辗松机	
40150312	鱿鱼加工机械	
40150313	虾米脱壳机械	
40150314	贝类加工机械	
40150315	鱼粉蒸干机	
40150316	海带切丝机	
40150317	紫菜切碎机	
40150318	紫菜成型机	

表 1（续）

代　码	名　　称	说　明
40150319	鱼糜喷淋筛	
40150320	理鱼用带式输送机	
40150321	漂洗槽	
40150322	鱼浆泵	
40150323	杀菌锅	
40150324	鱼糜搅拌漂洗机	
40150325	渔用饲料微粉碎机	
40150326	鱼子酱灌装系统	
40150399	其他水产品加工设备	
40150400	渔网编制设备	
40150401	织网机	
40150402	绞捻编网机	
40150403	网片拉伸机	
40150404	挤压网机	
40150405	网片定型机	
40150499	其他渔网编制设备	
40160000	其他机械	
40160100	废弃物处理设备	
40160101	固液分离机	
40160102	废弃物料烘干机	
40160103	有机废弃物好氧发酵翻堆机	
40160104	有机废弃物干式厌氧发酵装置	
40160199	其他废弃物处理设备	
40160200	包装机械	
40160201	计量包装机	
40160202	灌装机	
40160299	其他包装机械	
40160300	牵引机械	
40160301	卷扬机	
40160302	绞盘	
40160399	其他牵引机械	
40990000	其他农业机械	
50000000	计算机及外围设备	
50010000	计算机	
50010100	数字电子计算机	
50010101	小型计算机	
50010102	微型计算机	
50010103	笔记本计算机	
50010104	手持计算机	
50010105	服务器	
50010199	其他数字电子计算机	

表1（续）

代　码	名　　称	说　明
50010200	工业控制计算机	
50019900	其他计算机	
50020000	计算机外存储器	
50020100	磁盘机	
50020200	磁带机	
50029900	其他计算机外存储器	
50030000	计算机显示终端设备	
50030100	字符图形显示器	
50030200	汉字显示终端	
50039900	其他计算机显示终端设备	
50040000	计算机输入输出设备	
50040100	打印设备	
50040101	行式打印设备	
50040102	针式打印设备	
50040103	激光式打印机	
50040104	喷墨式打印机	
50040105	热敏式打印机	
50040199	其他打印设备	
50040200	绘图设备	
50040201	平板式绘图仪	
50040202	滚筒式绘图仪	
50040299	其他绘图设备	
50040300	输出设备	
50040301	胶片输出仪	
50040399	其他输出设备	
50040400	输入设备	
50040401	黑白扫描仪	
50040402	彩色扫描仪	
50040403	数字照相输入设备	
50040499	其他输入设备	
50040500	计算机配套设备	
50040501	刻盘机	
50040599	其他计算机配套设备	
50040600	多功能激光扫描成像仪	
50059900	其他计算机输入输出设备	
50050000	计算机软件	
50050100	系统软件	
50050200	应用软件	
50050300	管理软件	
50050400	测试软件	
50059900	其他计算机软件	

表1（续）

代　码	名　　称	说　明
50060000	电源设备	
50060100	UPS 不间断电源	
50060200	抗干扰稳压电源	
50069900	其他电源设备	
50070000	通信设备	
50070100	移动通信(网)设备	
50070101	无线寻呼机	
50070102	无线电话机	
50070103	无线对讲机	
50070199	其他移动通信(网)设备	
50070200	卫星通信设备	
50070201	地面站天线设备	
50070202	上行线通信设备	
50070203	下行线通信设备	
50070204	卫星电视转播设备	
50070205	气象卫星地面发布站设备	
50070206	气象卫星地面接受站设备	
50070207	气象卫星地面数据收集站设备	
50070299	其他卫星通信设备	
50070300	光通信设备	
50070400	电话交换设备	
50070401	程控式电子交换机	
50070499	其他电话交换设备	
50070500	传真通信设备	
50070501	文件传真机	
50070599	其他传真通信设备	
50079900	其他通信设备	
50080000	广播电视设备	
50080100	录放设备	
50080101	单声道录音机	
50080102	双声道录音机	
50080103	录音快速复制机	
50080199	其他录放设备	
50080200	调音台	
50080300	声处理设备	
50080301	声音处理系统设备	
50080302	多路降噪系统设备	
50080303	延时器	
50080304	混响器	
50080305	效果合成器	
50080306	录音快速复制机	

表 1（续）

代　码	名　　称	说　明
50080307	语音录音调音台	
50080399	其他声处理设备	
50080400	电视录制及电视播出中心设备	
50080500	录像机	
50080600	录像编辑设备	
50080601	自动编辑机	
50080602	时基校正器	
50080603	特技机	
50080604	字幕机	
50080699	其他录像编辑设备	
50080700	摄像机和信号源设备	
50080701	广播级摄像机	
50080702	准广播级摄像机	
50080703	业务摄像机	
50080799	其他摄像机和信号源设备	
50080800	视频信息处理设备	
50080900	电视信号同步设备	
50081000	电视机	
50081001	黑白电视机	
50081002	彩色电视机	
50081099	其他电视机	
50081100	投影电视机	
50081101	彩色投影电视	
50081199	其他投影电视机	
50081200	普及型录像机	
50081300	摄录一体机	
50081400	监视器	
50081401	彩色监视器	
50081402	黑白监视器	
50081499	其他监视器	
50081500	电视唱盘	
50081501	放像机	
50081502	激光视盘机	
50081599	其他电视唱盘	
50081600	录放音机	
50081601	开盘式录像机	
50081699	其他录放音机	
50081700	音响电视组合机	
50081701	收录视组合机	
50081799	其他音响电视组合机	
50089900	其他广播电视设备	

表 1（续）

代　码	名　　称	说　明
50990000	其他计算机及外围设备	
60000000	文化办公设备	
60010000	照相机设备	
60010100	照相机	
60010101	普通照相机	
60010102	专用照相机	
60010103	照相座机	
60010104	镜头	
60010199	其他照相机	
60010200	冲印设备	
60010201	黑白扩印机	
60010202	黑白放大机	
60010203	彩色扩印机	
60010204	彩色胶片冲洗机	
60010205	彩色相纸冲洗机	
60010299	其他冲印设备	
60019900	其他照相机设备	
60020000	复印设备	
60020100	静电复印机	
60020200	数字式复印机	
60020300	重氮复印机	
60020400	喷墨复印机	
60020500	彩色复印机	
60020600	手持式复印机	
60029900	其他复印设备	
60030000	缩微设备	
60030100	缩微摄影机	
60030200	缩微冲洗机	
60030300	缩微拷贝机	
60030400	缩微阅读器	
60030500	阅读/放大复印机	
60030600	缩微品检索设备	
60039900	其他缩微设备	
60040000	电影设备	
60040100	电影摄影设备	
60040200	电影录音设备	
60040300	电影洗印设备	
60030301	印片机	
60030302	洗片机	
60030399	其他电影洗印设备	
60040400	电影剪辑设备	

表 1（续）

代　码	名　　称	说　明
60040500	电影放映设备	
60040501	放映机	
60040502	银幕	
60040599	其他电影放映设备	
60040600	新形式电影	
60049900	其他电影设备	
60050000	教学设备	
60050100	教学投影器	
60050101	投影器	
60050102	实物投影仪	
60050199	其他教学投影器	
60050200	幻灯机	
60050201	自动幻灯机	
60050299	其他幻灯机	
60050300	其他设备	
60050301	语言训练设备	
60059900	其他教学设备	
60060000	其他办公事务处理设备	
60060100	文件打印设备	
60060101	电子打字机	
60060102	文字信息处理机	
60060199	其他文件打印设备	
60060200	文件分发设备	
60060201	自动印鉴机	
60060202	自动碎纸机	
60060299	其他文件分发设备	
60060300	金融机具	
60060301	收款机	
60060399	其他金融机具	
60060400	证件制作系统	
60060500	时间管理系统	
60060501	考勤机	
60060599	其他时间管理系统	
60060600	条形码自动识别系统	
60060700	同声传译会议系统	
60990000	其他文化办公设备	

ICS 65.040.30
B 91

中华人民共和国农业行业标准

NY/T 1966—2010

温室覆盖材料安装与验收规范
塑料薄膜

Code for acceptance of constructional quality of greenhouse glazing—
Plastic film

2010-12-23 发布

2011-02-01 实施

中华人民共和国农业部 发布

前　言

本标准依据 GB/T 1.1—2009 给出的规则起草。
本标准由农业部农业机械化管理司提出并归口。
本标准起草单位:农业部规划设计研究院。
本标准主要起草人:周长吉、张秋生、蔡峰、丁小明、齐飞。

温室覆盖材料安装与验收规范 塑料薄膜

1 范围

本标准规定了温室塑料薄膜安装前的准备、安装技术要求、验收程序与方法以及工程质量验收应提交的技术文件。

本标准适用于以塑料薄膜作为覆盖材料,以卡槽—卡簧和卡槽—压条方式固定薄膜的新建和改扩建温室。日光温室和塑料棚的塑料薄膜安装和更换可参照执行。

2 规范性引用文件

下列文件对于本文件的应用是必不可少的。凡是注日期的引用文件,仅注日期的版本适用于本文件。凡是不注日期的引用文件,其最新版本(包括所有的修改单)适用于本文件。

GB/T 23393—2009 温室园艺工程术语

NY/T 1420 温室工程质量验收通则

3 术语和定义

GB/T 23393—2009 界定的以及下列术语和定义适用于本文件。为了便于使用,以下重复列出了 GB/T 23393—2009 中的某些术语和定义。

3.1

塑料棚 plastic tunnel

以竹、木、钢材等材料作骨架(一般为拱形),以塑料薄膜为透光覆盖材料,内部无环境调控设备的单跨结构设施。

[GB/T 23393—2009,定义 3.4]

3.2

温室 greenhouse

采用透光覆盖材料作为全部或部分围护结构,具有一定环境调控设备,用于抵御不良气候条件,保证作物能正常生长发育的设施。

[GB/T 23393—2009,定义 3.8]

3.3

日光温室 solar greenhouse

由保温蓄热墙体、北向保温屋面(后屋面)和南向采光屋面(前屋面)构成,且可充分利用太阳能,夜间用保温材料对采光屋面外覆盖保温,可以进行作物越冬生产的单屋面温室。

[GB/T 23393—2009,定义 3.10]

3.4

卡槽 film fixing groove,channel

安装在温室骨架或墙体上,用于固定塑料薄膜的槽形型材。型材可以是钢、铝合金或塑料材料。

3.5

卡簧 spring wire

安装在卡槽内,用于固定塑料薄膜的波形弹性构件。

3.6

3.7

压条　channel cover

安装在卡槽压条座内,用于固定塑料薄膜的条形金属或塑料型材。

3.7

压条座　base of channel cover

安装在卡槽内,用于保护塑料薄膜、固定压条的条形金属或塑料型材。

3.8

压膜线　film fixing wire

安装在塑料薄膜外侧,用于压紧和辅助固定塑料薄膜的圆丝或扁带。

4　安装前的准备

4.1　塑料薄膜安装应在温室主体结构分项工程安装验收合格后进行。

4.2　塑料薄膜、卡槽、卡簧、压条、压膜线等产品的质量应符合设计要求,必要时可由专业检验机构进行取样检查,不符合设计要求的产品不得进入安装现场。

4.3　清除塑料薄膜接触面构件上的毛刺,保证接触面光滑、防腐层完整。

4.4　塑料薄膜按照设计要求的尺寸裁剪或焊合后,缠卷到表面无毛刺的钢管、木棒或纸管上,按不同规格分类包装并放置。缠卷塑料薄膜的钢管、木棒或纸管两端应至少各长出塑料薄膜 20 cm;薄膜焊缝应平整、连续;塑料薄膜放置处应清扫干净,防止划伤。

4.5　塑料薄膜应存放在遮阳、干燥处,不得日晒雨淋,存放地严禁烟火,存放期应不超过 6 个月。如在冬季安装塑料薄膜,宜在室温下放置 2 d～3 d 后进行。

5　安装技术要求

5.1　卡槽安装

5.1.1　沿构件长度方向布置的卡槽,一般应置于其固定构件(天沟除外)宽度的中部,除圆管等特殊情况外,卡槽边沿不宜超出其固定构件的边沿。

5.1.2　卡槽对接缝隙不应大于 2 mm,对抗风要求较高的温室宜采用缩口卡槽或卡槽连接片连接。

5.1.3　卡槽端部 2 cm 之内至少有 1 个固定点,中部每 100 cm 至少有 1 个固定点,固定点应均匀布置,并保证卡槽和骨架(构件)牢固连接。

5.1.4　在壁厚小于 2 mm 圆管上安装卡槽时,应用专用连接卡具固定,不应将卡槽直接用铆钉、自攻自钻螺钉或螺栓固定在圆管上。

5.1.5　卡槽现场截断时,应避免倾斜切口,垂直切口的垂直度偏差不宜大于 1 mm,且切口应打磨光滑。

5.1.6　一条卡膜线上卡槽须按设计连续安装,不得断续安装。

5.1.7　交叉处卡槽不应斜口对接或搭接;不得在卡槽侧壁上开槽;对接处应保持表面齐平。

5.1.8　卡槽安装应牢固、平整,不得有明显的扭曲等变形或松动。

5.1.9　设计有卡槽密封要求时,卡槽下的密封垫条应饱满、连续,卡槽与构件的固定点宜适当加密。

5.1.10　设计卡槽同时作为纵向系杆使用时,必须保证卡槽每个接头的可靠连接和卡槽与主体结构构件的牢固固定。

5.2　卡簧安装

5.2.1　卡簧两端的包塑应完整,不得将端头露尖的卡簧安装在温室上。

5.2.2　不得将一根完整的卡簧截成若干段连续使用。

5.2.3　卡簧须完全镶嵌在卡槽内,并与卡槽紧密配合。

5.2.4　卡簧连接处应至少保证两个波形段的搭接长度,且搭接段波向要相反。

5.2.5 卡簧不得在卡槽连接处中断。

5.2.6 采用双层卡簧固膜时,两层卡簧须按不同波向交叉安装,且两层卡簧不可在同一位置搭接。

5.3 压条(压条座)安装

5.3.1 安装压条(压条座)宜用专用工具。

5.3.2 压条(压条座)须完全镶嵌在卡槽内,并保持紧密配合。

5.3.3 压条(压条座)安装过程中不得损坏塑料薄膜。

5.3.4 压条(压条座)对接接缝不应大于 2 mm。

5.3.5 一条完整安装段的两端,压条(压条座)与卡槽应齐平。

5.3.6 现场切断压条(压条座)时,应保证切口平直,并剔除毛刺。

5.3.7 压条(压条座)不应在卡槽对接处对接。

5.3.8 对压条有自攻自钻螺钉、螺栓等固定要求时,按设计要求固定。

5.4 单层塑料薄膜安装

5.4.1 塑料薄膜安装应在卡槽安装验收合格并剔除卡槽表面毛刺、清除卡槽内杂质和污物后进行。

5.4.2 不得将破损或有表面污垢的塑料薄膜安装到温室上。

5.4.3 塑料薄膜安装宜选择无风、无雨和光照不很强烈的天气条件下进行,气温过高或过低时不宜作业。

5.4.4 塑料薄膜安装现场配置消防设施,严禁烟火,并设负责消防工作的安全负责人。

5.4.5 塑料薄膜安装顺序应为先侧墙(山墙),后屋面;对于墙体或屋面分段覆盖塑料薄膜时,应先下部后上部。对有卷膜开窗的墙面或屋面,安装次序应为先固定部位,后活动部位。

5.4.6 每个安装单元可以分为若干安装工段,一次完成,但不宜分为若干时段,分期安装。

5.4.7 安装过程中应有专门的支架支撑,不得将塑料薄膜在水泥地面、土地面等粗糙不平的平面上拖拽。

5.4.8 安装过程中不得在已经安装的塑料薄膜上放置工具或其他物品,不得在塑料薄膜上行走。

5.4.9 安装时应注意塑料薄膜的正反面,不得装反。

5.4.10 塑料薄膜固定边须完全安装在卡槽内,并使边沿超出卡槽 2 cm 以上,且裁剪整齐。

5.4.11 相邻两个平面内的两张塑料薄膜,用两组卡槽分别固定时,边沿连接处至少应有一张膜的边沿压入另一张膜的卡槽内;用一条卡槽两层卡簧分别固定时,应分层固定塑料薄膜,并使两层卡簧的波向相反。压膜的次序以保证顺畅排水为原则。

5.4.12 塑料薄膜安装后应保持张紧平整,不得出现明显的皱褶。

5.4.13 若由于施工不当造成薄膜孔洞或裂口时,裂口长度不得超过 5 cm 或孔洞面积不得大于 1 cm²,且在每 300 m² 表面内不得多于 1 处,并要用薄膜专用粘补胶带双面对接修补好,不得有漏水现象存在,否则应更换薄膜。

5.4.14 对扒缝通风的温室,扒缝处塑料薄膜应搭接,搭接尺寸以 20 cm～30 cm 为宜,且按排水方向将水流上游的薄膜安装在水流下游薄膜的外侧。

5.4.15 卷膜轴上安装的塑料薄膜,至少要在卷膜轴上缠绕两圈。卡具应按设计要求牢固固定塑料薄膜,不得将损坏或失效的卡具安装在卷膜轴上。

5.4.16 塑料薄膜全部安装完毕后,温室应留出足够的通风口,避免室内出现高温。

5.5 压膜线安装

5.5.1 固定膜上的压膜线应平行布置在支撑塑料薄膜的相邻两平行构件的中部;活动膜上的压膜线可采用与卷膜轴垂直或交叉方式布置。

5.5.2 在一条压膜线的两个固定端之间不应出现搭接接头。

5.5.3 压膜线的两个固定端应固定牢固,并留出 50 mm 以上的余量。

5.5.4 固定膜上的压膜线应压紧塑料薄膜;活动膜上的压膜线应保持一定的松紧度;一根压膜线同时固定活动膜和固定膜时,可分别固定或统一固定,但必须保证固定膜段压膜线压紧,活动膜上压膜线有一定的松紧度。

5.5.5 扁平压膜线应平整紧压在塑料薄膜上,不得出现扭扭现象。

5.6 双层充气膜安装与调试

5.6.1 双层充气膜安装

5.6.1.1 双层充气膜的安装应遵守 5.4.1～5.4.13,以及 5.4.15 的要求。

5.6.1.2 双层充气膜须用专用卡槽和卡具固定,如用卡簧固定,须用双层卡簧,且满足 5.2 的要求。

5.6.1.3 内层膜应绷紧,外层膜应松弛。充气后两层膜之间的最大距离为 50 cm。

5.6.2 充气风机及连接管安装

5.6.2.1 充气风机应牢固固定在温室内生产人员不易碰到的位置。

5.6.2.2 充气风机的供电电源须符合电气相关的规定和要求。

5.6.2.3 充气风机与塑料薄膜之间的连接管路应保证密封。

5.6.2.4 充气风机送气到塑料薄膜层间时,宜在送气口配套导流板。

5.6.2.5 充气风机的进风口宜安装在室外,并配套防雨罩。

5.6.3 系统调试

5.6.3.1 充气风机系统调试应在供电电路及控制系统调试完毕,确保安全的条件下进行。

5.6.3.2 塑料薄膜层间气压比大气压高(400±100) Pa,最大不宜超过 600 Pa。

5.6.3.3 充气风机开启 10 min 内应使双层充气膜达到充气压力。

5.6.3.4 充气风机关闭 30 min 后,双层充气膜内压力不应低于 300 Pa。

5.6.3.5 双层充气膜内的压力宜用量程在 1 kPa 的 U 形管微压计测量。

6 验收程序与方法

6.1 验收程序

6.1.1 塑料薄膜分项安装工程验收应符合 NY/T 1420 的要求。

6.1.2 塑料薄膜分项安装工程中卡槽的安装质量应按隐蔽工程的要求,在塑料薄膜安装之前先期验收,合格后再进行整体分项工程的安装与验收。

6.2 抽样方法与验收规则

6.2.1 抽样方法

6.2.1.1 卡槽、卡簧、压条(压条座)安装质量验收按照所有面上(屋面、墙面)卡槽直线段数总和为样本取样;塑料薄膜安装质量验收以所有面上完整的塑料薄膜总幅数为样本取样;压膜线安装质量验收以所有面上连续的压膜线条数总和为样本取样;充气风机安装质量验收以充气风机总数为样本取样。

注1:卡槽直线段包括水平和竖直直线段,一个圆弧段按一条直线段计算。

注2:连栋温室的屋面数按照完整弧面的数量计。

6.2.1.2 温室塑料薄膜安装质量验收采用随机抽样的方法,各种设备和材料的抽样数量如表 1～表 5。

6.2.2 验收规则

6.2.2.1 卡槽、卡簧、压条、压膜线以及塑料薄膜的安装质量按照表 1～表 5 所列检验项目逐条抽样检验,满足对应条款允许不合格数要求,检验项目验收合格;否则,对不合格检验项目加倍抽样,按照相应条款要求进行检验,如满足要求,改正检验处不合格项目后,该检验项目验收合格,如仍不能满足要求,则判定该检验项目验收不合格。

6.2.2.2 充气风机按照5.6.3的要求逐台进行检验,达不到正常工作的必须更换,否则,分项工程验收不合格。

6.2.2.3 所有检验项目验收合格,分项工程验收合格;对不合格检验项目,要求安装企业返工,并进行自检后重新提交验收。2次返工后,凡有允许不合格数为0的检验项目再次检验不合格,则分项工程验收不合格;其他检验项目再次检验不合格,由建设单位会同设计单位和安装企业协商解决。

7 工程质量验收应提交的技术文件

7.1 塑料薄膜、卡槽、卡簧、压条、充气风机等材料和设备的产品说明书(包括主要技术性能指标等)、执行标准、产品合格证及质量保证书等。

7.2 卡槽安装质量验收报告。

7.3 塑料薄膜分项安装工程自检报告。

7.4 塑料薄膜分项安装工程验收申请报告。

7.5 塑料薄膜分项安装工程日常维护、保养手册。

7.6 塑料薄膜分项安装工程验收后应提出分项工程验收报告。

表1 卡槽安装质量检验项目与验收规则

检验项目	抽样基数	抽样数	检验方法	允许不合格数	对应条款	备注
居中度	屋面和墙面上所有符合条件的卡槽直线段数总和	20%,最少5条	目测	2根/条	5.1.1	特殊设计除外
对接缝隙	所有屋面和墙面上卡槽直线段数总和	20%,最少5条	卡尺测量	5处/条	5.1.2	
固定点位置与间距		20%,最少5条	目测、钢尺测量	2处/条	5.1.3	
在薄壁圆管上的连接	屋面和墙面上所有符合条件的卡槽直线段数总和	20%,最少5条	目测	0处	5.1.4	
垂直切口的垂直度	所有屋面和墙面上卡槽直线段数总和	20%,最少5条	目测、钢尺测量	2处/条	5.1.5	1条直线段上截断卡槽数少于2根时,免检
安装的连续性		10%,最少5条		0处	5.1.6	
交叉点处的连接	所有面上十字、丁字、拐弯连接点总和	20%,最少5处	目测	0处	5.1.7	
安装的平整度和牢固性	所有屋面和墙面上卡槽直线段数总和	20%,最少5条	目测、手工测量	0处	5.1.8 5.1.10	
安装的密封性	屋面和墙面上所有密封要求的卡槽直线段数总和	20%,最少2条	目测	2处/条	5.1.9	

表 2　卡簧安装质量检验项目与验收规则

检验项目	抽样基数	抽样数	检验方法	允许不合格数	对应条款	备注
端头保护	所有面上的卡槽直线段数（包括水平和竖直直线段）总和	20%,最少5条	目测	0处	5.2.1	
截断使用		20%,最少5条	目测	0处	5.2.2	
与卡槽配合		20%,最少5条	目测	0处	5.2.3,5.2.5	
卡簧连接		20%,最少5条	目测	5处/条	5.2.4	
双层卡簧波向	所有面上安装双层卡簧的卡槽直线段数总和	20%,最少5条	目测	5处/条	5.2.6	
双层卡簧搭接		20%,最少5条	目测	0处	5.2.6	

表 3　压条(压条座)检验项目与验收规则

检验项目	抽样基数	抽样数	检验方法	允许不合格数	对应条款	备注
与卡槽配合	所有面上安装压条(压条座)的卡槽直线段数总和	20%,最少5条	目测	0处	5.3.2	
对塑料薄膜的损伤		20%,最少5条	目测	0处	5.3.3	
对接接缝		20%,最少5条	钢尺测量	5处/条	5.3.4	
端头与卡槽齐平度		20%,最少5条	目测	1处/条	5.3.5	
对接位置		20%,最少5条	目测	0处	5.3.7	

表 4　单层塑料薄膜安装质量检验项目与验收规则

检验项目	抽样基数	抽样数	检验方法	允许不合格数	对应条款	备注
正反面	所有面上完整的塑料薄膜总幅数	20%,最少5幅	目测	0处	5.4.9	
边沿固定		20%,最少5幅	目测、钢尺测量	0处	5.4.10	
相邻两个平面上的边沿搭接	所有棱脊上固定薄膜的总幅数	20%,最少5幅	目测	1幅/棱	5.4.11	
薄膜平整度	所有面上完整的塑料薄膜总幅数	20%,最少5幅	目测	1幅/面	5.4.12	
薄膜裂口或孔洞		全部	目测、钢尺测量	0处	5.4.13	
扒缝口处塑料薄膜搭接	所有扒缝口数	全部	目测、钢尺测量	1幅/口	5.4.14	
与卷膜轴的固定	所有卷膜轴处	20%,最少2根卷膜轴	目测	0处	5.4.15	

表 5　压膜线安装质量检验项目与验收规则

检验项目	抽样基数	抽样数	检验方法	允许不合格数	对应条款	备注
安装位置	所有面上平行布置压膜线条数总和	20%,最少10条	目测、钢尺测量	1条/10条	5.5.1	
中间接头	所有面上连续的压膜线条数总和	20%,最少10条	目测	0条	5.5.2	
端部固定		20%,最少10条	目测、钢尺测量	1条/10条	5.5.3	
松紧度		20%,最少10条	目测、手工测量	1条/10条	5.5.4	
平整度		20%,最少10条	目测	1条/10条	5.5.5	

ICS 65.040.30
B 91

中华人民共和国农业行业标准

NY/T 1967—2010

纸质湿帘性能测试方法

Test method for properties of wet pad made of paper

2010-12-23 发布

2011-02-01 实施

中华人民共和国农业部 发布

前　言

本标准遵照 GB/T 1.1—2009 给出的规则起草。

本标准由农业部农业机械化管理司提出并归口。

本标准起草单位:农业部规划设计研究院、江阴市顺成空气处理设备有限公司。

本标准主要起草人:王莉、张耀顺、周长吉、丁小明、张月红、吴政文。

纸质湿帘性能测试方法

1 范围

本标准规定了纸质湿帘的性能参数及其测试方法。

本标准适用于纸质湿帘的性能测试。

2 规范性引用文件

下列文件对于本文件的应用是必不可少的。凡是注日期的引用文件,仅注日期的版本适用于本文件。凡是不注日期的引用文件,其最新版本(包括所有的修改单)适用于本文件。

GB/T 16491 电子式万能试验机

GB/T 23393—2009 设施园艺工程术语

QX/T 84—2007 气象低速风洞性能测试规范

3 术语和定义

下列术语和定义适用于本文件。

3.1

湿帘 wet pad;cooling pad

由良好吸水和耐水性材料制成,允许气流和水流交叉通过,用于蒸发降温的成型材料。

[GB/T 23393—2009,定义8.1]

3.2

纸质湿帘 wet pad made of paper

由多片波纹纸交错叠放粘合制成的湿帘(以下简称湿帘)。

3.3

自然干燥状态 natural dried condition

湿帘在空气温度 20℃~35℃、相对湿度 80% 以下放置 6 h 后的状态。

3.4

试验干燥状态 test dried condition

湿帘在标准试验环境条件温度(23±2)℃、相对湿度(50±5)% 下放置 24 h 后的状态。

3.5

自然淋湿状态 spraying wet condition

在湿帘顶部均匀施水,依靠重力自然下流,使湿帘完全浸湿的状态。

3.6

饱和浸湿状态 saturation wet condition

湿帘完全浸泡在水中 4 h,取出沥水到无滴水的状态。

3.7

强化浸湿状态 boiled wet condition

湿帘在沸水中煮 2 h,取出沥水到无滴水的状态。

3.8

波纹高度 flute height

湿帘单片波纹纸的波峰与波谷外表面之间的垂直距离。

3.9

波纹角　flute angle

湿帘处于工作位置时,波纹纸的波棱方向相对于水平面的夹角。

3.10

吸水率　water absorptivity

湿帘在饱和浸湿状态下的质量相对于在试验干燥状态下质量的变化率。

3.11

宽度(高度、厚度)湿涨率　elongation in wet along width(height or depth)

湿帘在饱和浸湿状态下的宽度(高度、厚度)相对于试验干燥状态下宽度(高度、厚度)的变化率。

3.12

抗压强度　compressive strength

湿帘在高度方向承受压力时的屈服应力。

3.13

剥离强度　peel strength

湿帘波纹纸之间各胶粘点分离所需要载荷的平均值。

3.14

过帘风速　velocity across pad

通过湿帘的气流速度,通常用离开湿帘规定距离测得的气流速度表示。

[GB/T 23393—2009,定义8.4]

3.15

湿帘换热效率　wet pad saturation efficiency

在一定过帘风速下,空气通过湿帘前后干球温度的差值与空气通过湿帘前干球温度与湿球温度的差值的比值。

[GB/T 23393—2009,定义8.5]

3.16

湿帘通风阻力　wet pad resistance to air flow

在一定过帘风速下,湿帘进风侧与出风侧空气的静压差。

3.17

流速均匀性　uniformity of velocity

风洞试验段内同一横截面上气流速度分布的均匀程度,用该截面上各点气流速度的相对标准偏差表示。

[QX/T 84—2007,定义2.3]

3.18

流速稳定性　stability of velocity

风洞试验段内气流速度随时间脉动的程度,用规定时间间隔内气流速度相对于气流平均速度变化量的最大值与平均速度之比表示。

[QX/T 84—2007,定义2.4]

4　性能参数计算

4.1　性能参数一览表

纸质湿帘的性能参数见表1。

表1　纸质湿帘的性能参数

性　能	参数名称	参数符号	单　位
结构特性	宽度	W	mm
	高度	H	mm
	厚度	D	mm
	波纹高度	h_f	mm
	波纹角	α、β	(°)
吸水特性	吸水率	C	%
	宽度湿涨率	λ_W	%
	高度湿涨率	λ_H	%
	厚度湿涨率	λ_D	%
力学特性	干态抗压强度	σ_{yd}	N/mm²
	湿态抗压强度	σ_{yw}	N/mm²
	干态剥离强度	f_{Td}	N/胶粘点
	湿态剥离强度	f_{Tw}	N/胶粘点
	强化湿态剥离强度	f_{Td}	N/胶粘点
热工及风阻特性	换热效率	η	%
	通风阻力	Δp	Pa

4.2　结构特性

4.2.1　外形尺寸

湿帘外形尺寸用湿帘工作位置时的宽度 W、高度 H 和厚度 D 表示。宽度指与气流通过方向垂直的水平方向的尺寸;高度指与气流通过方向垂直的竖直方向的尺寸;厚度指气流通过方向的尺寸。见图1。

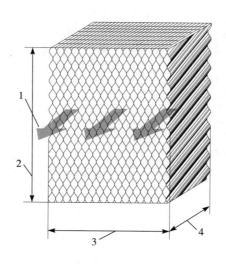

1——气流通过方向;　　　　　　　　　　　　　　　　　　　　　　　　　3——宽度;
2——高度;　　　　　　　　　　　　　　　　　　　　　　　　　　　　　4——厚度。

图1　湿帘外形尺寸

4.2.2　波纹高度

波纹高度按式(1)计算:

$$h_f = \frac{W_s}{N_s} \quad\cdots\cdots\cdots\cdots\cdots\cdots\cdots\cdots\cdots\cdots\cdots\cdots\cdots\cdots\cdots\cdots \text{(1)}$$

式中:

h_f——波纹高度,单位为毫米(mm);

W_s——试样宽度,单位为毫米(mm);

N_s——试样波纹纸层数。

4.2.3 波纹角

波纹角按式(2)和式(3)计算,见图2:

$$\alpha = \arctan\frac{H_{d\alpha}}{D_s} \quad\cdots\cdots\cdots\cdots\cdots\cdots\cdots\cdots\cdots\cdots\cdots\cdots\cdots\cdots\cdots\cdots\cdots (2)$$

$$\beta = \arctan\frac{H_{d\beta}}{D_s} \quad\cdots\cdots\cdots\cdots\cdots\cdots\cdots\cdots\cdots\cdots\cdots\cdots\cdots\cdots\cdots\cdots\cdots (3)$$

式中:

α、β——波纹角,单位为度(°);

$H_{d\alpha}$、$H_{d\beta}$——单条波纹棱线在两端面的高度差,单位为毫米(mm);

D_s——试样厚度,单位为毫米(mm)。

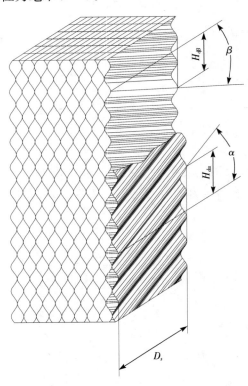

图2 湿帘波纹角

4.3 吸水特性

4.3.1 吸水率

湿帘吸水率按式(4)计算:

$$c = \frac{m_w - m_d}{m_d} \times 100 \quad\cdots\cdots\cdots\cdots\cdots\cdots\cdots\cdots\cdots\cdots\cdots\cdots\cdots\cdots\cdots (4)$$

式中:

c——吸水率,单位为百分率(%);

m_w——饱和浸湿状态下湿帘的质量,单位为克(g);

m_d——试验干燥状态下湿帘的质量,单位为克(g)。

4.3.2 湿涨率

4.3.2.1 湿帘宽度湿涨率按式(5)计算:

$$\lambda_W = \frac{W_w - W_d}{W_d} \times 100 \quad\cdots\cdots\cdots\cdots\cdots\cdots\cdots\cdots\cdots\cdots\cdots\cdots\cdots (5)$$

式中：

λ_W——湿帘宽度湿涨率，单位为百分率（%）；

W_w——饱和浸湿状态下湿帘的宽度，单位为毫米（mm）；

W_d——试验干燥状态下湿帘的宽度，单位为毫米（mm）。

4.3.2.2 湿帘高度湿涨率按式（6）计算：

$$\lambda_H = \frac{H_w - H_d}{H_d} \times 100 \quad\cdots\cdots\cdots\cdots\cdots\cdots\cdots\cdots\cdots\cdots\cdots\cdots\cdots\cdots\cdots\cdots\cdots\cdots \text{（6）}$$

式中：

λ_H——湿帘高度湿涨率，单位为百分率（%）；

H_w——饱和浸湿状态下湿帘的高度，单位为毫米（mm）；

H_d——试验干燥状态下湿帘的高度，单位为毫米（mm）。

4.3.2.3 湿帘厚度湿涨率按式（7）计算：

$$\lambda_D = \frac{D_w - D_d}{D_d} \times 100 \quad\cdots\cdots\cdots\cdots\cdots\cdots\cdots\cdots\cdots\cdots\cdots\cdots\cdots\cdots\cdots\cdots\cdots \text{（7）}$$

式中：

λ_D——湿帘厚度湿涨率，单位为百分比（%）；

D_w——饱和浸湿状态下湿帘的厚度，单位为毫米（mm）；

D_d——试验干燥状态下湿帘的厚度，单位为毫米（mm）。

4.4 力学特性

4.4.1 抗压强度

4.4.1.1 抗压强度以湿帘高度方向受压时，随位移量增加而出现的第一个应力高峰值表示，如图 3 中所示的 F_y 对应的应力。

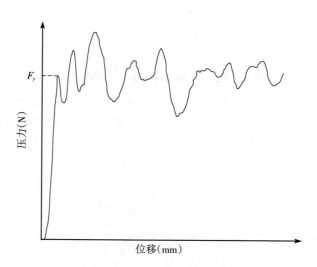

图 3 压力试验时压力与位移的关系

4.4.1.2 抗压强度按式（8）计算：

$$\sigma_y = \frac{F_y}{W_s \times D_s} \quad\cdots\cdots\cdots\cdots\cdots\cdots\cdots\cdots\cdots\cdots\cdots\cdots\cdots\cdots\cdots\cdots\cdots\cdots \text{（8）}$$

式中：

σ_y——抗压强度，单位为牛每平方毫米（N/mm²）；

F_y——试样受压时，随位移量增加而出现的第一个压力高峰值，单位为牛（N）；

W_s——试样宽度，单位为毫米（mm）；

D_s——试样厚度,单位为毫米(mm)。

4.4.1.3 抗压强度分为干态抗压强度 σ_{yd} 和湿态抗压强度 σ_{yw}。干态抗压强度指试样在试验干燥状态下测量的抗压强度,湿态抗压强度指试样在饱和浸湿状态下测量的抗压强度。

4.4.2 剥离强度

4.4.2.1 剥离强度以夹紧试样相邻两层波纹纸端部沿垂直于胶粘点波纹棱线方向施加拉力,随位移量增加剥离每排胶粘点时出现的最大拉力的和与试样总胶粘点数的比值,见图4。

4.4.2.2 剥离强度按式(9)计算:

$$f_T = \frac{F_{T1} + F_{T2} + F_{T3} + \cdots + F_{TN}}{N_T} \quad\cdots\cdots\cdots\cdots\cdots\cdots\cdots\cdots\cdots\cdots\cdots\cdots\cdots\cdots \quad (9)$$

式中:

f_T——剥离强度,单位为牛每胶粘点(N/胶粘点);

F_{T1}、$F_{T2}\cdots F_{TN}$——第1排至第 N 排的剥离力,单位为牛(N);

N_T——试样的总胶粘点数。

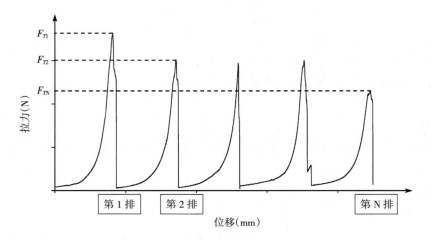

图4 剥离试验时拉力与位移的关系

4.4.2.3 剥离强度分为干态剥离强度 f_{Td}、湿态剥离强度 f_{Tw} 和强化湿态剥离强度 f_{Tb}。干态剥离强度指试样在试验干燥状态下测量的剥离强度;湿态剥离强度指试样在饱和浸湿状态下测量的剥离强度;强化湿态剥离强度指试样在强化浸湿状态下测量的剥离强度。

4.5 热工及风阻特性

4.5.1 热工及风阻特性的描述

热工特性用换热效率—过帘风速特性曲线描述,风阻特性用通风阻力—过帘风速特性曲线描述。

4.5.2 过帘风速

4.5.2.1 过帘风速以湿帘下游平均气流速度计量。

4.5.2.2 过帘风速按式(10)计算:

$$v = v_0 \times \frac{A_o}{A_{pd}} \quad\cdots\cdots\cdots\cdots\cdots\cdots\cdots\cdots\cdots\cdots\cdots\cdots\cdots\cdots \quad (10)$$

式中:

v——过帘风速,单位为米每秒(m/s);

v_0——测量截面平均风速,单位为米每秒(m/s);

A_o——气流速度测量截面的面积,单位为平方米(m^2);

A_{pd}——被测湿帘的过流面积,单位为平方米(m^2)。

4.5.3 湿帘换热效率

湿帘换热效率按式（11）计算：

$$\eta = \frac{t_o - t_i}{t_o - t_w} \times 100 \quad\text{······························}(11)$$

式中：

η——湿帘换热效率，单位为百分率（%）；

t_o——通过湿帘前的空气干球温度，单位为摄氏度（℃）；

t_i——通过湿帘后的空气干球温度，单位为摄氏度（℃）；

t_w——通过湿帘前的空气湿球温度，单位为摄氏度（℃）。

4.5.4 湿帘通风阻力

湿帘通风阻力按式（12）计算：

$$\Delta p = p_1 - p_2 \quad\text{·····································}(12)$$

式中：

Δp——湿帘通风阻力，单位为帕（Pa）；

p_1——通过湿帘前空气的静压，单位为帕（Pa）；

p_2——通过湿帘后空气的静压，单位为帕（Pa）。

5 测试方法

5.1 结构特性和吸水特性

5.1.1 试样状态

5.1.1.1 湿帘外形尺寸、波纹高度和波纹角度的测量可在自然干燥状态和试验干燥状态下进行。

5.1.1.2 湿帘吸水率和湿涨率测量用湿帘试样应为试验干燥状态的试样。

5.1.2 试验设备和仪器

5.1.2.1 金属直尺：分度值应达到 0.5 mm，最大允许误差应不超过±0.15 mm。

5.1.2.2 直角尺：分度值应达到 0.5 mm，最大允许误差应不超过±0.15 mm。

5.1.2.3 卡尺：分度值/分辨力应达到 0.02 mm，最大允许误差应不超过±0.05 mm。

5.1.2.4 电子秤：分度值/分辨力应达到 1 g，最大允许误差应不超过±1 g。

5.1.3 方法

5.1.3.1 试样的宽度、高度和厚度

试样的宽度、高度和厚度应与湿帘的宽度、高度和厚度方向一致。

5.1.3.2 波纹高度 h_f

5.1.3.2.1 取样：湿帘宽度方向不少于 10 层，高度 200 mm，厚度 100 mm 或湿帘自然厚度。制样时，尽量避免试样在宽度方向受力。

5.1.3.2.2 放置：以湿帘宽度方向垂直于水平面，放置于平台上。

5.1.3.2.3 将直角尺基座靠放在平台上，沿湿帘高度方向间隔不少于 50 mm 选取测量位置，用直角尺刻度边读出湿帘外侧波纹纸波峰之间的距离，测点数不少于 3 点，记为 W_{s1}、W_{s2}…W_{sn}，见图 5。

5.1.3.2.4 记录试样的波纹纸层数 N_s。

5.1.3.2.5 按式（13）计算波纹高度：

$$h_f = \frac{W_{s1} + W_{s2} + \cdots + W_{sn}}{n_h \times N_s} \quad\text{·····························}(13)$$

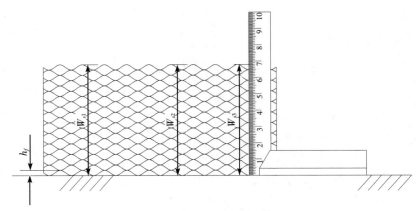

图 5　波纹高度测量

式中：

h_f——波纹高度，单位为毫米（mm）；

W_{s1}、W_{s2}…W_{sn}——各测点试样宽度，单位为毫米（mm）；

n_h——测点数；

N_s——试样波纹纸层数。

5.1.3.3　波纹角 α、β

5.1.3.3.1　取样：宽度方向不少于 20 层，厚度 100 mm 或湿帘自然厚度，高度大于厚度的 5 倍。

5.1.3.3.2　放置：如图 2 所示方向，将试样放置于平台上，使通风端面和波纹纸平面（单层波纹纸的同侧波纹棱线所在的平面）与平台垂直。

5.1.3.3.3　相邻两层波纹纸的波纹角 α 和 β 分别进行测量和计算。

5.1.3.3.4　在波纹纸平面内测量单条波纹棱线的水平面投影长度（即试样厚度 D_s）和单条波纹棱线在两端面的高度差 $H_{d\alpha}$ 和 $H_{d\beta}$，测量位置应均匀分布，不少于 3 处。各测点波纹角按式（2）和式（3）计算。

5.1.3.3.5　按式（14）和式（15）计算波纹角平均值：

$$\bar{\alpha} = \frac{\alpha_1 + \alpha_2 + \cdots + \alpha_{n_\alpha}}{n_\alpha} \quad\cdots\cdots\cdots\cdots\cdots\cdots\cdots\cdots\cdots\cdots\cdots\cdots\cdots\cdots\cdots\cdots (14)$$

$$\bar{\beta} = \frac{\beta_1 + \beta_2 + \cdots + \beta_{n_\beta}}{n_\beta} \quad\cdots\cdots\cdots\cdots\cdots\cdots\cdots\cdots\cdots\cdots\cdots\cdots\cdots\cdots\cdots\cdots (15)$$

式中：

$\bar{\alpha}$、$\bar{\beta}$——波纹角平均值，单位为度（°）；

α_1、α_2…α_{n_α} 和 β_1、β_2…β_{n_β}——各测点波纹角，单位为度（°）；

n_α、n_β——分别为 α 角和 β 角测点个数。

5.1.3.4　吸水率 c

5.1.3.4.1　取样：宽度方向不少于 10 层，高度 200 mm，厚度 200 mm 或湿帘自然厚度，数量 3 个。

5.1.3.4.2　处理试样达到试验干燥状态后，称量其质量，记为 m_d。

5.1.3.4.3　处理试样达到饱和浸湿状态后，称量其质量，记为 m_w。

5.1.3.4.4　按式（4）计算单个试样的吸水率 c_1、c_2 和 c_3。

5.1.3.4.5　按式（16）计算吸水率平均值：

$$\bar{c} = \frac{c_1 + c_2 + c_3}{3} \quad\cdots\cdots\cdots\cdots\cdots\cdots\cdots\cdots\cdots\cdots\cdots\cdots\cdots\cdots\cdots\cdots (16)$$

式中：

$\bar{c}$——吸水率平均值，单位为百分率（%）；

c_1、c_2 和 c_3——各试样的吸水率，单位为百分率（%）。

5.1.3.5 湿涨率 λ

5.1.3.5.1 取样:同5.1.3.4.1。

5.1.3.5.2 处理试样达到试验干燥状态后,测量其宽度、高度和厚度,分别记为 W_d、H_d 和 D_d。

5.1.3.5.3 处理试样达到饱和浸湿状态后,测量其宽度、高度和厚度,分别记为 W_w、H_w 和 D_w。

5.1.3.5.4 分别按式(5)、式(6)和式(7)计算单个试样的宽度湿涨率、高度湿涨率和厚度湿涨率,记为 λ_W、λ_H 和 λ_D。

5.1.3.5.5 按式(17)、式(18)和式(19)计算平均值:

$$\overline{\lambda_W} = \frac{\lambda_{W1} + \lambda_{W2} + \lambda_{W3}}{3} \quad\cdots\cdots\cdots\cdots\cdots\cdots\cdots\cdots\cdots\cdots (17)$$

$$\overline{\lambda_H} = \frac{\lambda_{H1} + \lambda_{H2} + \lambda_{H3}}{3} \quad\cdots\cdots\cdots\cdots\cdots\cdots\cdots\cdots\cdots\cdots (18)$$

$$\overline{\lambda_D} = \frac{\lambda_{D1} + \lambda_{D2} + \lambda_{D3}}{3} \quad\cdots\cdots\cdots\cdots\cdots\cdots\cdots\cdots\cdots\cdots (19)$$

式中:

$\overline{\lambda_W}$、$\overline{\lambda_H}$ 和 $\overline{\lambda_D}$——分别为宽度湿涨率平均值、高度湿涨率平均值和厚度湿涨率平均值,单位为百分率(%);

λ_{W1}、λ_{W2} 和 λ_{W3}——各试样宽度湿涨率,单位为百分率(%);

λ_{H1}、λ_{H2} 和 λ_{H3}——各试样高度湿涨率,单位为百分率(%);

λ_{D1}、λ_{D2} 和 λ_{D3}——各试样厚度湿涨率,单位为百分率(%)。

5.2 力学特性

5.2.1 试样状态

5.2.1.1 进行干态抗压强度和干态剥离强度试验的试样应达到试验干燥状态。

5.2.1.2 进行湿态抗压强度和湿态剥离强度试验的试样应达到饱和浸湿状态。

5.2.1.3 进行强化湿态剥离强度试验的试样应达到强化浸湿状态。

5.2.2 试验设备和仪器

5.2.2.1 试验机应满足 GB/T 16491 中 1 级的技术要求。

5.2.2.2 抗压强度用试验装置中的压板应大于与试样接触的尺寸。试验机应有浸湿状态试验时的防水保护措施。

5.2.2.3 剥离试验用夹持头宽度应大于试样宽度。

5.2.3 方法

5.2.3.1 抗压强度 σ_y

5.2.3.1.1 取样:宽度可为10层、15层或20层,厚度为湿帘自然厚度或与宽度相等,高度200 mm,数量3个。

5.2.3.1.2 测量并记录试样宽度、厚度和波纹纸层数。

5.2.3.1.3 在试样高度方向施加预紧力(5±2)N。

5.2.3.1.4 以 50 mm/min 的移动速度压缩试样,压缩量应不少于 60 mm。

5.2.3.1.5 力随位移变化的数据采集间隔应不大于 0.1 mm。

5.2.3.1.6 记录位移量增加而第一次出现载荷不增加时的力值 F_y。

5.2.3.1.7 按式(8)计算每个试样的抗压强度 σ_{y1}、σ_{y2} 和 σ_{y3}。

5.2.3.1.8 按式(20)计算抗压强度的平均值:

$$\overline{\sigma_y} = \frac{\sigma_{y1} + \sigma_{y2} + \sigma_{y3}}{3} \quad\cdots\cdots\cdots\cdots\cdots\cdots\cdots\cdots\cdots\cdots (20)$$

式中:

$\overline{\sigma_y}$——抗压强度的平均值,单位为牛每平方毫米(N/mm²);

σ_{y1}、σ_{y2} 和 σ_{y3}——各试样抗压强度,单位为牛每平方毫米(N/mm²)。

5.2.3.2 剥离强度 f_T

5.2.3.2.1 取样:参见图6,在湿帘高度和厚度方向形成的平面内截取矩形试样,试样长度方向为剥离方向,宽度方向与其中一层波纹纸的波纹方向平行,通过手工剥离的方法使试样保证有完整的两层波纹纸。试样宽度 b_{kt} 应保证平行于波纹棱线的方向,每排胶粘点数应相同并不少于3点,多余胶粘点应手工剥开。试样长度 l_{kt} 应保证减去夹持区长度 l_0 后的剩余长度内不少于5排胶粘点。夹持区长度 l_0 不小于15 mm,试样数3个。

5.2.3.2.2 手工将夹持区的胶粘点剥开,将两层波纹纸分别放入试验机的上下夹持头夹紧。

5.2.3.2.3 以50 mm/min的移动速度拉试样至全部拉开。

5.2.3.2.4 力随位移变化的数据采集间隔应不大于0.1 mm。

5.2.3.2.5 记录不少于2次出现的拉力峰值,F_{T1}、F_{T2}、…、F_{TN}。

5.2.3.2.6 按式(9)计算各试样剥离强度 f_{T1}、f_{T2}、f_{T3}。

5.2.3.2.7 按式(21)计算剥离强度的平均值:

$$\overline{f_T} = \frac{f_{T1} + f_{T2} + f_{T3}}{3} \quad\cdots\cdots\cdots\cdots\cdots\cdots\cdots\cdots\cdots\cdots\cdots\cdots (21)$$

式中:

$\overline{f_T}$——剥离强度的平均值,单位为牛每胶粘点(N/胶粘点);

f_{T1}、f_{T2} 和 f_{T3}——各试样的剥离强度,单位为牛每胶粘点(N/胶粘点)。

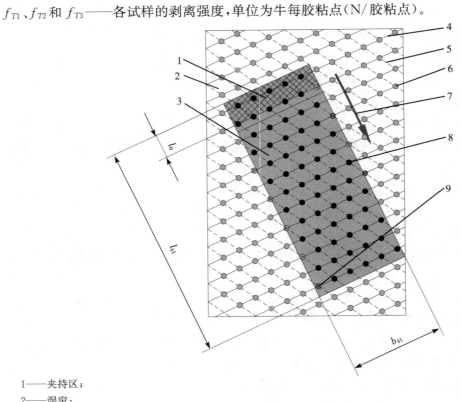

1——夹持区;	6——胶粘点;
2——湿帘;	7——剥离方向;
3——试样;	8——有效胶粘点;
4——上层波谷线;	9——剥开胶粘点。
5——下层波峰线;	

图6 剥离试验取样

5.3 热工及风阻特性

5.3.1 基本要求

热工及风阻特性试验应在风洞中进行。

5.3.2 风洞技术要求

5.3.2.1 风洞应采用直流式结构。

5.3.2.2 安放风洞的空间应保证在风洞进风口和出风口周围不存在大于 1 m/s 的气流。

5.3.2.3 风洞试验段应包括湿帘安装试验段和过帘风速测试段两部分,试验段的流速均匀性应不大于1%,流速稳定性应不大于0.5%。

5.3.2.4 湿帘安装试验段的湿帘出风侧洞体材料的传热系数应不大于 2 W/(m²·℃)。

5.3.2.5 风洞湿帘安装试验段横截面的宽度和高度尺寸分别应不小于 0.5 m,并且不小于待测湿帘厚度的 4 倍,试验段长度应不小于横截面水力直径的 2.5 倍。

5.3.2.6 湿帘装置应设置在湿帘安装试验段的中部,风洞应保证湿帘前后及通过湿帘的气流稳定,气流速度调节范围至少应满足过帘风速 0.5 m/s～3.0 m/s,过帘风速大于 3.0 m/s 时应考虑湿帘出风侧可能有水滴产生,结构上应考虑排水。

5.3.2.7 湿帘装置应采用上淋水结构,供水系统应确保向湿帘连续供水,供水流量应不小于每平方米顶层面积 90 L/min,配水装置应使水均匀到达湿帘顶层。供水系统管路应设置流量测试仪器,最大允许误差应不超过±2%测量值。

5.3.2.8 过帘风速测试段应位于湿帘出风侧,可与湿帘安装试验段为同截面风管,也可与湿帘安装试验段不同截面风管。与湿帘安装试验段同截面风管时,湿帘出风侧试验段可作为过帘风速测试段的一部分,其长度应不小于横截面水力直径;与湿帘安装试验段不同截面风管时,过帘风速测试段长度应不小于横截面水力直径的 5 倍。

5.3.2.9 风洞驱动系统应在给定转速下能稳定工作,使满足过帘风速范围要求内的风速连续可调。

5.3.3 测试仪器及传感器

5.3.3.1 温度测量

5.3.3.1.1 干、湿球温度测量用传感器测量范围应满足 0℃～50℃温度区间的测量,分辨力应不低于0.1℃,最大允许误差应不超过±0.2℃。湿球温度测量采用温度传感器测温包缠绕棉纱虹吸管浸水的方法。

5.3.3.1.2 湿帘出风侧干球温度测量截面与湿帘的距离应在 300 mm～500 mm 的范围。

5.3.3.1.3 湿帘进风侧干球和湿球温度测量截面可位于进风口整流段的出风侧,也可位于进风口整流段的进风侧。

5.3.3.2 静压测量

5.3.3.2.1 静压测量用压力传感器最大允许误差应不超过±1 Pa。

5.3.3.2.2 静压测量截面与湿帘的距离应在 100 mm～300 mm 的范围。

5.3.3.3 气流速度

5.3.3.3.1 气流速度测量用传感器应满足测量截面试验风速的测量范围,最大允许误差应不超过±5%测量值。

5.3.3.3.2 气流速度测量截面离开湿帘的距离应不小于湿帘过流面水力直径的 2 倍,设置与湿帘安装试验段不同截面的过帘风速测试段时,气流速度测量截面应位于过帘风速测试段的中部。

5.3.4 试验步骤

5.3.4.1 启动湿帘供水系统,供水流量调整到每平方米顶层面积(60±5) L/min。

5.3.4.2 开启风机，运行时间不少于 30 min。

5.3.4.3 调整风机转速，改变过帘风速，设定试验工况点。记录湿帘进风侧干湿球温度、湿帘出风侧干球温度、湿帘前后静压差和气流速度。相同工况测量，连续记录不少于 3 次，两次间隔时间 5 min～15 min。按式(10)、式(11)和式(12)计算各工况点的过帘风速 v_1、$v_2\cdots v_n$，湿帘换热效率 η_1、η_2、$\cdots$、η_n 和湿帘通风阻力 Δp_1、$\Delta p_2\cdots\Delta p_n$。按式(22)、式(23)和式(24)计算各工况点过帘风速、湿帘换热效率和湿帘通风阻力的平均值：

$$\bar{v} = \frac{v_1 + v_2 + \cdots + v_n}{n} \quad\cdots\cdots\cdots\cdots\cdots\cdots\cdots\cdots\cdots\cdots\cdots\cdots (22)$$

$$\bar{\eta} = \frac{\eta_1 + \eta_2 + \cdots + \eta_n}{n} \quad\cdots\cdots\cdots\cdots\cdots\cdots\cdots\cdots\cdots\cdots\cdots\cdots (23)$$

$$\overline{\Delta p} = \frac{\Delta p_1 + \Delta p_2 + \cdots + \Delta p_n}{n} \quad\cdots\cdots\cdots\cdots\cdots\cdots\cdots\cdots\cdots\cdots (24)$$

式中：

$\bar{v}$——某工况点过帘风速平均值，单位为米每秒(m/s)；

$\bar{\eta}$——某工况点湿帘换热效率平均值，单位为百分率(%)；

$\overline{\Delta p}$——某工况点湿帘通风阻力平均值，单位为帕(Pa)；

n——某工况点试验次数。

5.3.4.4 在不同过帘风速下测量湿帘换热效率和湿帘通风阻力，绘制湿帘换热效率 η 和湿帘通风阻力 Δp 随过帘风速 v 的变化曲线，即 $\eta-v$ 曲线和 $\Delta p-v$ 曲线。测量工况点应不少于 5 点。

附录

中华人民共和国农业部公告
第 1390 号

《茭白等级规格》等 122 项标准业经专家审定通过,我部审查批准,现发布为中华人民共和国农业行业标准。自 2010 年 9 月 1 日起实施。

特此公告

二〇一〇年五月二十日

附 录

序号	标准号	标准名称	代替标准号
1	NY/T 1834—2010	茭白等级规格	
2	NY/T 1835—2010	大葱等级规格	
3	NY/T 1836—2010	白灵菇等级规格	
4	NY/T 1837—2010	西葫芦等级规格	
5	NY/T 1838—2010	黑木耳等级规格	
6	NY/T 1839—2010	果树术语	
7	NY/T 1840—2010	露地蔬菜产品认证申报审核规范	
8	NY/T 1841—2010	苹果中可溶性固形物、可滴定酸无损伤快速测定 近红外光谱法	
9	NY/T 1842—2010	人参中皂苷的测定	
10	NY/T 1843—2010	葡萄无病毒母本树和苗木	
11	NY/T 1844—2010	农作物品种审定规范 食用菌	
12	NY/T 1845—2010	食用菌菌种区别性鉴定 拮抗反应	
13	NY/T 1846—2010	食用菌菌种检验规程	
14	NY/T 1847—2010	微生物肥料生产菌株质量评价通用技术要求	
15	NY/T 1848—2010	中性、石灰性土壤铵态氮、有效磷、速效钾的测定 联合浸提—比色法	
16	NY/T 1849—2010	酸性土壤铵态氮、有效磷、速效钾的测定 联合浸提—比色法	
17	NY/T 1850—2010	外来昆虫引入风险评估技术规范	
18	NY/T 1851—2010	外来草本植物引入风险评估技术规范	
19	NY/T 1852—2010	内生集壶菌检疫技术规程	
20	NY/T 1853—2010	除草剂对后茬作物影响试验方法	
21	NY/T 1854—2010	马铃薯晚疫病测报技术规范	
22	NY/T 1855—2010	西藏飞蝗测报技术规范	
23	NY/T 1856—2010	农区鼠害控制技术规程	
24	NY/T 1857.1—2010	黄瓜主要病害抗病性鉴定技术规程 第1部分:黄瓜抗霜霉病鉴定技术规程	
25	NY/T 1857.2—2010	黄瓜主要病害抗病性鉴定技术规程 第2部分:黄瓜抗白粉病鉴定技术规程	
26	NY/T 1857.3—2010	黄瓜主要病害抗病性鉴定技术规程 第3部分:黄瓜抗枯萎病鉴定技术规程	
27	NY/T 1857.4—2010	黄瓜主要病害抗病性鉴定技术规程 第4部分:黄瓜抗疫病鉴定技术规程	
28	NY/T 1857.5—2010	黄瓜主要病害抗病性鉴定技术规程 第5部分:黄瓜抗黑星病鉴定技术规程	
29	NY/T 1857.6—2010	黄瓜主要病害抗病性鉴定技术规程 第6部分:黄瓜抗细菌性角斑病鉴定技术规程	
30	NY/T 1857.7—2010	黄瓜主要病害抗病性鉴定技术规程 第7部分:黄瓜抗黄瓜花叶病毒病鉴定技术规程	
31	NY/T 1857.8—2010	黄瓜主要病害抗病性鉴定技术规程 第8部分:黄瓜抗南方根结线虫病鉴定技术规程	
32	NY/T 1858.1—2010	番茄主要病害抗病性鉴定技术规程 第1部分:番茄抗晚疫病鉴定技术规程	
33	NY/T 1858.2—2010	番茄主要病害抗病性鉴定技术规程 第2部分:番茄抗叶霉病鉴定技术规程	
34	NY/T 1858.3—2010	番茄主要病害抗病性鉴定技术规程 第3部分:番茄抗枯萎病鉴定技术规程	
35	NY/T 1858.4—2010	番茄主要病害抗病性鉴定技术规程 第4部分:番茄抗青枯病鉴定技术规程	

（续）

序号	标准号	标准名称	代替标准号
36	NY/T 1858.5—2010	番茄主要病害抗病性鉴定技术规程　第5部分:番茄抗疮痂病鉴定技术规程	
37	NY/T 1858.6—2010	番茄主要病害抗病性鉴定技术规程　第6部分:番茄抗番茄花叶病毒病鉴定技术规程	
38	NY/T 1858.7—2010	番茄主要病害抗病性鉴定技术规程　第7部分:番茄抗黄瓜花叶病毒病鉴定技术规程	
39	NY/T 1858.8—2010	番茄主要病害抗病性鉴定技术规程　第8部分:番茄抗南方根结线虫病鉴定技术规程	
40	NY/T 1859.1—2010	农药抗性风险评估　第1部分:总则	
41	NY/T 1464.27—2010	农药田间药效试验准则　第27部分:杀虫剂防治十字花科蔬菜蚜虫	
42	NY/T 1464.28—2010	农药田间药效试验准则　第28部分:杀虫剂防治阔叶树天牛	
43	NY/T 1464.29—2010	农药田间药效试验准则　第29部分:杀虫剂防治松褐天牛	
44	NY/T 1464.30—2010	农药田间药效试验准则　第30部分:杀菌剂防治烟草角斑病	
45	NY/T 1464.31—2010	农药田间药效试验则　第31部分:杀菌剂防治生姜姜瘟病	
46	NY/T 1464.32—2010	农药田间药效试验则　第32部分:杀菌剂防治番茄青枯病	
47	NY/T 1464.33—2010	农药田间药效试验则　第33部分:杀菌剂防治豇豆锈病	
48	NY/T 1464.34—2010	农药田间药效试验则　第34部分:杀菌剂防治茄子黄萎病	
49	NY/T 1464.35—2010	农药田间药效试验准则　第35部分:除草剂防治直播蔬菜田杂草	
50	NY/T 1464.36—2010	农药田间药效试验则　第36部分:除草剂防治菠萝地杂草	
51	NY/T 1860.1—2010	农药理化性质测定试验导则　第1部分:pH值	
52	NY/T 1860.2—2010	农药理化性质测定试验导则　第2部分:酸(碱)度	
53	NY/T 1860.3—2010	农药理化性质测定试验导则　第3部分:外观	
54	NY/T 1860.4—2010	农药理化性质测定试验导则　第4部分:原药稳定性	
55	NY/T 1860.5—2010	农药理化性质测定试验导则　第5部分:紫外/可见光吸收	
56	NY/T 1860.6—2010	农药理化性质测定试验导则　第6部分:爆炸性	
57	NY/T 1860.7—2010	农药理化性质测定试验导则　第7部分:水中光解	
58	NY/T 1860.8—2010	农药理化性质测定试验导则　第8部分:正辛醇/水分配系数	
59	NY/T 1860.9—2010	农药理化性质测定试验导则　第9部分:水解	
60	NY/T 1860.10—2010	农药理化性质测定试验导则　第10部分:氧化—还原/化学不相容性	
61	NY/T 1860.11—2010	农药理化性质测定试验导则　第11部分:闪点	
62	NY/T 1860.12—2010	农药理化性质测定试验导则　第12部分:燃点	
63	NY/T 1860.13—2010	农药理化性质测定试验导则　第13部分:与非极性有机溶剂混溶性	
64	NY/T 1860.14—2010	农药理化性质测定试验导则　第14部分:饱和蒸气压	
65	NY/T 1860.15—2010	农药理化性质测定试验导则　第15部分:固体可燃性	
66	NY/T 1860.16—2010	农药理化性质测定试验导则　第16部分:对包装材料腐蚀性	
67	NY/T 1860.17—2010	农药理化性质测定试验导则　第17部分:密度	
68	NY/T 1860.18—2010	农药理化性质测定试验导则　第18部分:比旋光度	
69	NY/T 1860.19—2010	农药理化性质测定试验导则　第19部分:沸点	
70	NY/T 1860.20—2010	农药理化性质测定试验导则　第20部分:熔点	
71	NY/T 1860.21—2010	农药理化性质测定试验导则　第21部分:黏度	
72	NY/T 1860.22—2010	农药理化性质测定试验导则　第22部分:溶解度	
73	NY/T 1861—2010	外来草本植物普查技术规程	
74	NY/T 1862—2010	外来入侵植物监测技术规程　加拿大一枝黄花	
75	NY/T 1863—2010	外来入侵植物监测技术规程　飞机草	
76	NY/T 1864—2010	外来入侵植物监测技术规程　紫茎泽兰	

（续）

序号	标准号	标准名称	代替标准号
77	NY/T 1865—2010	外来入侵植物监测技术规程　薇甘菊	
78	NY/T 1866—2010	外来入侵植物监测技术规程　黄顶菊	
79	NY/T 1867—2010	土壤腐殖质组成的测定　焦磷酸钠—氢氧化钠提取重铬酸钾氧化容量法	
80	NY/T 1868—2010	肥料合理使用准则　有机肥料	
81	NY/T 1869—2010	肥料合理使用准则　钾肥	
82	NY 1870—2010	藏獒	
83	NY/T 1871—2010	黄羽肉鸡饲养管理技术规程	
84	NY/T 1872—2010	种羊遗传评估技术规范	
85	NY/T 1873—2010	日本脑炎病毒抗体间接检测　酶联免疫吸附法	
86	NY 1874—2010	制绳机械设备安全技术要求	
87	NY/T 1875—2010	联合收割机禁用与报废技术条件	
88	NY/T 1876—2010	喷杆式喷雾机安全施药技术规范	
89	NY/T 1877—2010	轮式拖拉机质心位置测定　质量周期法	
90	NY/T 1878—2010	生物质固体成型燃料技术条件	
91	NY/T 1879—2010	生物质固体成型燃料采样方法	
92	NY/T 1880—2010	生物质固体成型燃料样品制备方法	
93	NY/T 1881.1—2010	生物质固体成型燃料试验方法　第1部分:通则	
94	NY/T 1881.2—2010	生物质固体成型燃料试验方法　第2部分:全水分	
95	NY/T 1881.3—2010	生物质固体成型燃料试验方法　第3部分:一般分析样品水分	
96	NY/T 1881.4—2010	生物质固体成型燃料试验方法　第4部分:挥发分	
97	NY/T 1881.5—2010	生物质固体成型燃料试验方法　第5部分:灰分	
98	NY/T 1881.6—2010	生物质固体成型燃料试验方法　第6部分:堆积密度	
99	NY/T 1881.7—2010	生物质固体成型燃料试验方法　第7部分:密度	
100	NY/T 1881.8—2010	生物质固体成型燃料试验方法　第8部分:机械耐久性	
101	NY/T 1882—2010	生物质固体成型燃料成型设备技术条件	
102	NY/T 1883—2010	生物质固体成型燃料成型设备试验方法	
103	NY/T 1884—2010	绿色食品　果蔬粉	
104	NY/T 1885—2010	绿色食品　米酒	
105	NY/T 1886—2010	绿色食品　复合调味料	
106	NY/T 1887—2010	绿色食品　乳清制品	
107	NY/T 1888—2010	绿色食品　软体动物休闲食品	
108	NY/T 1889—2010	绿色食品　烘炒食品	
109	NY/T 1890—2010	绿色食品　蒸制类糕点	
110	NY/T 1891—2010	绿色食品　海洋捕捞水产品生产管理规范	
111	NY/T 1892—2010	绿色食品　畜禽饲养防疫准则	
112	SC/T 1106—2010	渔用药物代谢动力学和残留试验技术规范	
113	SC/T 8139—2010	渔船设施卫生基本条件	
114	SC/T 8137—2010	渔船布置图专用设备图形符号	
115	SC/T 8117—2010	玻璃纤维增强塑料渔船木质阴模制作	SC/T 8117—2001
116	NY/T 1041—2010	绿色食品　干果	NY/T 1041—2006
117	NY/T 844—2010	绿色食品　温带水果	NY/T 844—2004, NY/T 428—2000
118	NY/T 471—2010	绿色食品　畜禽饲料及饲料添加剂使用准则	NY/T 471—2001
119	NY/T 494—2010	魔芋粉	NY/T 494—2002
120	NY/T 528—2010	食用菌菌种生产技术规程	NY/T 528—2002
121	NY/T 496—2010	肥料合理使用准则　通则	NY/T 496—2002
122	SC 2018—2010	红鳍东方鲀	SC 2018—2004

中华人民共和国农业部公告
第 1418 号

《加工用花生等级规格》等 44 项标准业经专家审定通过，我部审查批准，现发布为中华人民共和国农业行业标准，自 2010 年 9 月 1 日起实施。

特此公告

二〇一〇年七月八日

附　录

序号	标准号	标准名称	代替标准号
1	NY/T 1893—2010	加工用花生等级规格	
2	NY/T 1894—2010	茄子等级规格	
3	NY/T 1895—2010	豆类、谷类电子束辐照处理技术规范	
4	NY/T 1896—2010	兽药残留实验室质量控制规范	
5	NY/T 1897—2010	动物及动物产品兽药残留监控抽样规范	
6	NY/T 1898—2010	畜禽线粒体DNA遗传多样性检测技术规程	
7	NY/T 1899—2010	草原自然保护区建设技术规范	
8	NY/T 1900—2010	畜禽细胞与胚胎冷冻保种技术规范	
9	NY/T 1901—2010	鸡遗传资源保种场保护技术规范	
10	NY/T 1902—2010	饲料中单核细胞增生李斯特氏菌的微生物学检验	
11	NY/T 1903—2010	牛胚胎性别鉴定技术方法　PCR法	
12	NY/T 1904—2010	饲草产品质量安全生产技术规范	
13	NY/T 1905—2010	草原鼠害安全防治技术规程	
14	NY/T 1906—2010	农药环境评价良好实验室规范	
15	NY/T 1907—2010	推土（铲运）机驾驶员	
16	NY/T 1908—2010	农机焊工	
17	NY/T 1909—2010	农机专业合作社经理人	
18	NY/T 1910—2010	农机维修电工	
19	NY/T 1911—2010	绿化工	
20	NY/T 1912—2010	沼气物管员	
21	NY/T 1913—2010	农村太阳能光伏室外照明装置　第1部分:技术要求	
22	NY/T 1914—2010	农村太阳能光伏室外照明装置　第2部分:安装规范	
23	NY/T 1915—2010	生物质固体成型燃料术语	
24	NY/T 1916—2010	非自走式沼渣沼液抽排设备技术条件	
25	NY/T 1917—2010	自走式沼渣沼液抽排设备技术条件	
26	NY 1918—2010	农机安全监理证证件	
27	NY 1919—2010	耕整机　安全技术要求	
28	NY/T 1920—2010	微型谷物加工组合机　技术条件	
29	NY/T 1921—2010	耕作机组作业能耗评价方法	
30	NY/T 1922—2010	机插育秧技术规程	
31	NY/T 1923—2010	背负式喷雾机安全施药技术规范	
32	NY/T 1924—2010	油菜移栽机质量评价技术规范	
33	NY/T 1925—2010	在用喷杆喷雾机质量评价技术规范	
34	NY/T 1926—2010	玉米收获机　修理质量	
35	NY/T 1927—2010	农机户经营效益抽样调查方法	
36	NY/T 1928.1—2010	轮式拖拉机　修理质量　第1部分:皮带传动轮式拖拉机	
37	NY/T 1929—2010	轮式拖拉机静侧翻稳定性试验方法	
38	NY/T 1930—2010	秸秆颗粒饲料压制机质量评价技术规范	
39	NY/T 1931—2010	农业机械先进性评价一般方法	
40	NY/T 1932—2010	联合收割机燃油消耗量评价指标及测量方法	
41	NY/T 1121.22—2010	土壤检测　第22部分:土壤田间持水量的测定　环刀法	
42	NY/T 1121.23—2010	土壤检测　第23部分:土粒密度的测定	
43	NY/T 676—2010	牛肉等级规格	NY/T 676—2003
44	NY/T 372—2010	重力式种子分选机质量评价技术规范	NY/T 372—1999

中华人民共和国农业部公告
第 1466 号

《大豆等级规格》等 33 项行业标准报批稿业经专家审定通过、我部审查批准,现发布为中华人民共和国农业行业标准,自 2010 年 12 月 1 日起实施。

特此公告

二○一○年九月二十一日

附　录

序号	标准号	标准名称	代替标准号
1	NY/T 1933—2010	大豆等级规格	
2	NY/T 1934—2010	双孢蘑菇、金针菇贮运技术规范	
3	NY/T 1935—2010	食用菌栽培基质质量安全要求	
4	NY/T 1936—2010	连栋温室采光性能测试方法	
5	NY/T 1937—2010	温室湿帘　风机系统降温性能测试方法	
6	NY/T 1938—2010	植物性食品中稀土元素的测定　电感耦合等离子体发射光谱法	
7	NY/T 1939—2010	热带水果包装、标识通则	
8	NY/T 1940—2010	热带水果分类和编码	
9	NY/T 1941—2010	龙舌兰麻种质资源鉴定技术规程	
10	NY/T 1942—2010	龙舌兰麻抗病性鉴定技术规程	
11	NY/T 1943—2010	木薯种质资源描述规范	
12	NY/T 1944—2010	饲料中钙的测定　原子吸收分光光谱法	
13	NY/T 1945—2010	饲料中硒的测定　微波消解—原子荧光光谱法	
14	NY/T 1946—2010	饲料中牛羊源性成分检测　实时荧光聚合酶链反应法	
15	NY/T 1947—2010	羊外寄生虫药浴技术规范	
16	NY/T 1948—2010	兽医实验室生物安全要求通则	
17	NY/T 1949—2010	隐孢子虫卵囊检测技术　改良抗酸染色法	
18	NY/T 1950—2010	片形吸虫病诊断技术规范	
19	NY/T 1951—2010	蜜蜂幼虫腐臭病诊断技术规范	
20	NY/T 1952—2010	动物免疫接种技术规范	
21	NY/T 1953—2010	猪附红细胞体病诊断技术规范	
22	NY/T 1954—2010	蜜蜂螨病病原检查技术规范	
23	NY/T 1955—2010	口蹄疫接种技术规范	
24	NY/T 1956—2010	口蹄疫消毒技术规范	
25	NY/T 1957—2010	畜禽寄生虫鉴定检索系统	
26	NY/T 1958—2010	猪瘟流行病学调查技术规范	
27	NY 5359—2010	无公害食品　香辛料产地环境条件	
28	NY 5360—2010	无公害食品　可食花卉产地环境条件	
29	NY 5361—2010	无公害食品　淡水养殖产地环境条件	
30	NY 5362—2010	无公害食品　海水养殖产地环境条件	
31	NY/T 5363—2010	无公害食品　蔬菜生产管理规范	
32	NY/T 460—2010	天然橡胶初加工机械　干燥车	NY/T 460—2001
33	NY/T 461—2010	天然橡胶初加工机械　推进器	NY/T 461—2001

中华人民共和国农业部公告
第 1485 号

　　根据《中华人民共和国农业转基因生物安全管理条例》规定，《转基因植物及其产品成分检测　耐除草剂棉花 MON1445 及其衍生品种定性 PCR 方法》等 19 项标准业经专家审定通过和我部审查批准，现发布为中华人民共和国国家标准。自 2011 年 1 月 1 日起实施。

　　特此公告

二〇一〇年十一月十五日

附　录

序号	标准名称	标准代号
1	转基因植物及其产品成分检测　耐除草剂棉花 MON1445 及其衍生品种定性 PCR 方法	农业部 1485 号公告—1—2010
2	转基因微生物及其产品成分检测　猪伪狂犬 TK⁻/gE⁻/gI⁻毒株(SA215 株)及其产品定性 PCR 方法	农业部 1485 号公告—2—2010
3	转基因植物及其产品成分检测　耐除草剂甜菜 H7‐1 及其衍生品种定性 PCR 方法	农业部 1485 号公告—3—2010
4	转基因植物及其产品成分检测　DNA 提取和纯化	农业部 1485 号公告—4—2010
5	转基因植物及其产品成分检测　抗病水稻 M12 及其衍生品种定性 PCR 方法	农业部 1485 号公告—5—2010
6	转基因植物及其产品成分检测　耐除草剂大豆 MON89788 及其衍生品种定性 PCR 方法	农业部 1485 号公告—6—2010
7	转基因植物及其产品成分检测　耐除草剂大豆 A2704—12 及其衍生品种定性 PCR 方法	农业部 1485 号公告—7—2010
8	转基因植物及其产品成分检测　耐除草剂大豆 A5547—127 及其衍生品种定性 PCR 方法	农业部 1485 号公告—8—2010
9	转基因植物及其产品成分检测　抗虫耐除草剂玉米 59122 及其衍生品种定性 PCR 方法	农业部 1485 号公告—9—2010
10	转基因植物及其产品成分检测　耐除草剂棉花 LLcotton25 及其衍生品种定性 PCR 方法	农业部 1485 号公告—10—2010
11	转基因植物及其产品成分检测　抗虫转 Bt 基因棉花定性 PCR 方法	农业部 1485 号公告—11—2010
12	转基因植物及其产品成分检测　耐除草剂棉花 MON88913 及其衍生品种定性 PCR 方法	农业部 1485 号公告—12—2010
13	转基因植物及其产品成分检测　抗虫棉花 MON15985 及其衍生品种定性 PCR 方法	农业部 1485 号公告—13—2010
14	转基因植物及其产品成分检测　抗虫转 Bt 基因棉花外源蛋白表达量检测技术规范	农业部 1485 号公告—14—2010
15	转基因植物及其产品成分检测　抗虫耐除草剂玉米 MON88017 及其衍生品种定性 PCR 方法	农业部 1485 号公告—15—2010
16	转基因植物及其产品成分检测　抗虫玉米 MIR604 及其衍生品种定性 PCR 方法	农业部 1485 号公告—16—2010
17	转基因生物及其产品食用安全检测　外源基因异源表达蛋白质等同性分析导则	农业部 1485 号公告—17—2010
18	转基因生物及其产品食用安全检测　外源蛋白质过敏性生物信息学分析方法	农业部 1485 号公告—18—2010
19	转基因植物及其产品成分检测　基体标准物质候选物鉴定方法	农业部 1485 号公告—19—2010

中华人民共和国农业部公告
第 1486 号

　　根据《中华人民共和国兽药管理条例》和《中华人民共和国饲料和饲料添加剂管理条例》规定，《饲料中苯乙醇胺 A 的测定　高效液相色谱—串联质谱法》等 10 项标准业经专家审定通过和我部审查批准，现发布为中华人民共和国国家标准，自发布之日起实施。

　　特此公告

二〇一〇年十一月十六日

附　录

序号	标准名称	标准代号
1	饲料中苯乙醇胺 A 的测定　高效液相色谱—串联质谱法	农业部 1486 号公告—1—2010
2	饲料中可乐定和赛庚啶的测定　液相色谱—串联质谱法	农业部 1486 号公告—2—2010
3	饲料中安普霉素的测定　高效液相色谱法	农业部 1486 号公告—3—2010
4	饲料中硝基咪唑类药物的测定　液相色谱—质谱法	农业部 1486 号公告—4—2010
5	饲料中阿维菌素药物的测定　液相色谱—质谱法	农业部 1486 号公告—5—2010
6	饲料中雷琐酸内酯类药物的测定　气相色谱—质谱法	农业部 1486 号公告—6—2010
7	饲料中 9 种磺胺类药物的测定　高效液相色谱法	农业部 1486 号公告—7—2010
8	饲料中硝基呋喃类药物的测定　高效液相色谱法	农业部 1486 号公告—8—2010
9	饲料中氯烯雌醚的测定　高效液相色谱法	农业部 1486 号公告—9—2010
10	饲料中三唑仑的测定　气相色谱—质谱法	农业部 1486 号公告—10—2010

中华人民共和国农业部公告
第 1515 号

　　《农业科学仪器设备分类与代码》等 50 项标准业经专家审定通过,我部审查批准,现发布为中华人民共和国农业行业标准,自 2011 年 2 月 1 日起实施。

　　特此公告。

二〇一〇年十二月二十三日

序号	标准号	标准名称	代替标准号
1	NY/T 1959—2010	农业科学仪器设备分类与代码	
2	NY/T 1960—2010	茶叶中磁性金属物的测定	
3	NY/T 1961—2010	粮食作物名词术语	
4	NY/T 1962—2010	马铃薯纺锤块茎类病毒检测	
5	NY/T 1963—2010	马铃薯品种鉴定	
6	NY/T 1151.3—2010	农药登记用卫生杀虫剂室内药效试验及评价　第3部分：蝇香	
7	NY/T 1964.1—2010	农药登记用卫生杀虫剂室内试验试虫养殖方法　第1部分：家蝇	
8	NY/T 1964.2—2010	农药登记用卫生杀虫剂室内试验试虫养殖方法　第2部分：淡色库蚊和致倦库蚊	
9	NY/T 1964.3—2010	农药登记用卫生杀虫剂室内试验试虫养殖方法　第3部分：白纹伊蚊	
10	NY/T 1964.4—2010	农药登记用卫生杀虫剂室内药效试验及评价　第4部分：德国小蠊	
11	NY/T 1965.1—2010	农药对作物安全性评价准则　第1部分：杀菌剂和杀虫剂对作物安全性评价室内试验方法	
12	NY/T 1965.2—2010	农药对作物安全性评价准则　第2部分：光合抑制型除草剂对作物安全性测定试验方法	
13	NY/T 1966—2010	温室覆盖材料安装与验收规范　塑料薄膜	
14	NY/T 1967—2010	纸质湿帘性能测试方法	
15	NY/T 1968—2010	玉米干全酒糟（玉米DDGS）	
16	NY/T 1969—2010	饲料添加剂　产朊假丝酵母	
17	NY/T 1970—2010	饲料中伏马毒素的测定	
18	NY/T 1971—2010	水溶肥料腐植酸含量的测定	
19	NY/T 1972—2010	水溶肥料钠、硒、硅含量的测定	
20	NY/T 1973—2010	水溶肥料水不溶物含量和pH值的测定	
21	NY/T 1974—2010	水溶肥料铜、铁、锰、锌、硼、钼含量的测定	
22	NY/T 1975—2010	水溶肥料游离氨基酸含量的测定	
23	NY/T 1976—2010	水溶肥料有机质含量的测定	
24	NY/T 1977—2010	水溶肥料总氮、磷、钾含量的测定	
25	NY/T 1978—2010	肥料汞、砷、镉、铅、铬含量的测定	
26	NY 1979—2010	肥料登记　标签技术要求	
27	NY 1980—2010	肥料登记　急性经口毒性试验及评价要求	
28	NY/T 1981—2010	猪链球菌病监测技术规范	
29	NY 886—2010	农林保水剂	NY 886—2004
30	NY/T 887—2010	液体肥料密度的测定	NY/T 887—2004
31	NY 1106—2010	含腐殖酸水溶肥料	NY 1106—2006
32	NY 1107—2010	大量元素水溶肥料	NY 1107—2006
33	NY 1110—2010	水溶肥料汞、砷、镉、铅、铬的限量要求	NY 1110—2006
34	NY/T 1117—2010	水溶肥料钙、镁、硫、氯含量的测定	NY/T 1117—2006
35	NY 1428—2010	微量元素水溶肥料	NY 1428—2007
36	NY 1429—2010	含氨基酸水溶肥料	NY 1429—2007
37	SC/T 1107—2010	中华鳖　亲鳖和苗种	
38	SC/T 3046—2010	冻烤鳗良好生产规范	
39	SC/T 3047—2010	鳗鲡储运技术规程	
40	SC/T 3119—2010	活鳗鲡	
41	SC/T 9401—2010	水生生物增殖放流技术规程	
42	SC/T 9402—2010	淡水浮游生物调查技术规范	

（续）

序号	标准号	标准名称	代替标准号
43	SC/T 1004—2010	鳗鲡配合饲料	SC/T 1004—2004
44	SC/T 3102—2010	鲜、冻带鱼	SC/T 3102—1984
45	SC/T 3103—2010	鲜、冻鲳鱼	SC/T 3103—1984
46	SC/T 3104—2010	鲜、冻蓝圆鲹	SC/T 3104—1986
47	SC/T 3106—2010	鲜、冻海鳗	SC/T 3106—1988
48	SC/T 3107—2010	鲜、冻乌贼	SC/T 3107—1984
49	SC/T 3101—2010	鲜大黄鱼、冻大黄鱼、鲜小黄鱼、冻小黄鱼	SC/T 3101—1984
50	SC/T 3302—2010	烤鱼片	SC/T 3302—2000

中华人民共和国卫生部
中华人民共和国农业部　公告

2010 年第 13 号

　　根据《食品安全法》规定，经食品安全国家标准审评委员会审查通过，现发布《食品安全国家标准食品中百菌清等 12 种农药最大残留限量》(GB 25193—2010)，自 2010 年 11 月 1 日起实施。

　　特此公告。

二〇一〇年七月二十九日

中华人民共和国卫生部
中华人民共和国农业部　公告

2011 年第 2 号

　　根据《食品安全法》规定，经食品安全国家标准审评委员会审查通过，现发布食品安全国家标准《食品中百草枯等 54 种农药最大残留限量》(GB 26130—2010)，自 2011 年 4 月 1 日起实施。

　　特此公告。

二〇一一年一月二十一日